航天科技图书出版基金资助出版

航天器操作的微重力环境构建

朱战霞　袁建平　等 著

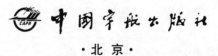

中国宇航出版社

·北京·

图书在版编目（CIP）数据

航天器操作的微重力环境构建 / 朱战霞等著. --北京:中国宇航出版社,2013.2

ISBN 978 - 7 - 5159 - 0392 - 7

Ⅰ.①航… Ⅱ.①朱… Ⅲ.①航天器—操作方式 Ⅳ.①V448

中国版本图书馆 CIP 数据核字（2013）第 041486 号

责任编辑　马　航　　责任校对　祝延萍　　封面设计　文道思

出　版
发　行　　**中国宇航出版社**

社　址　北京市阜成路 8 号　　　　　邮　编　100830
　　　　　(010)68768548

网　址　www.caphbook.com

经　销　新华书店

发行部　(010)68371900　　　　　(010)88530478(传真)
　　　　　(010)68768541　　　　　(010)68767294(传真)

零售店　读者服务部　　　　　　　北京宇航文苑
　　　　　(010)68371105　　　　　(010)62529336

承　印　北京画中画印刷有限公司

版　次　2013 年 2 月第 1 版　　2013 年 2 月第 1 次印刷

规　格　880×1230　　　　　　　开　本　1/32

印　张　12.125　　　　　　　　字　数　384 千字

书　号　ISBN 978 - 7 - 5159 - 0392 - 7

定　价　98.00 元

前　言

由于航天器发射和运行的空间环境特点,决定了航天任务具有高风险、高成本的特征,因而,航天器及其元器件不能在空间进行多次重复试验。这样一来,地面的实验和验证就显得特别重要。

地面实验伴随着航天器的设计、制造和运行过程,是进行总体性能评价、关键参数确定、元器件测试、各种系统验证的必不可少的环节之一。随着空间操作技术的出现,地面实验更成为各种复杂空间操作活动可行性、可靠性、最优性等评价和验证的重要手段。而地面实验的置信度(亦即地面实验反映空间真实情况的接近程度)取决于地面实验条件和环境的构建。

对航天器的飞行、操作和运行来说,力学环境的影响是最主要的,它不仅影响诸如轨道、姿态等航天器总体特性,还会影响诸如太阳帆板、机械臂等活动部件的动态特性和操作过程,影响结构、机构、材料、电子器件等性能。由航天器与地球等星体的时空关系和运动特性形成的微重力环境构建,是航天器设计、制造、测试,特别是运行、操作过程验证与重现最为必要的地面设施。

地面微重力环境实验可以解决航天器设计、测试、操作等过程中诸多问题。在空间力学效应的地面模拟中可以实验轨道特征,如非线性状态的非开普勒轨道、多引力场作用轨道、强控制作用轨道、连续推力轨道、多模拼接轨道等;姿态特征,如强控制作用下的大姿态运动、姿态/轨道耦合运动、复合体运动、变构型运动、变质量体运动等;协同特征,如多体、柔/刚复合的航天器协同控制,多航天器的编队、绕飞、停靠等相对运动控制,中/远程交会式相对运动控制,近距离交会(加注、维修状态)式协调控制等;操作特征,如空间机器人(机械臂)操作过程模拟,表面力/体积力模拟,系统/子系统操作过程模拟,机械运动、表面运动、间隙运动、润滑效果的天/地差异性模拟等。

在地面构建或模拟空间微重力环境/效应并不是现在才开始的,但面向空间操作的微重力环境/效应构建是本研究团队近十年来研究的主要内容。本书首先综合介绍了已有的实验方法,包括失重飞机实验、落塔实验、吊丝系统、气浮台实验、中性浮力实验,它们目前正在大量应用之中。然后介绍了本团队研究的成果:液体浮力/电磁力混合悬浮系统、空间操作地面实验的相似性理论研究、基于键合图理论的地面实验相似程度分析、混合悬浮实验测试方法、Cyber 空间辅助的模拟实验方法等。此外,我们还在实验室搭建了混合悬浮原理性实验系统,取得了可信的数据和实验结果。

第 2 章到第 6 章主要对现有的方法进行了介绍。其中第 2 章"失重飞机实验"由杨鹏飞、朱战霞和商澎完成,商澎曾带领研究生赴法国参加了失重飞机的飞行实验。第 3 章"落塔实验"由陈小前、黄奕勇、李京浩和李晓龙完成,他们曾在中科院空间中心的落塔上进行了在轨加注系统的实验。第 4 章"吊丝系统"由黄攀峰和孟中杰完成。第 5 章"气浮台实验系统"由黎康、牟小刚和朱志斌完成,他们都曾完成过类似实验。第 6 章"中性水池实验"由黄英和朱战霞完成,其中关于浮力控制部分反映了其最新研究成果。

第 7 章到第 11 章介绍了本团队的研究成果。其中由袁建平、朱战霞和明正峰完成的第 7 章"混合悬浮系统"介绍的系统克服了现有系统的不足,提出的新方法具有提供长时间、三维微重力模拟、大范围六自由度运动空间、悬浮高度任意调节的能力。第 8 章"空间操作地面实验的相似性理论研究"由袁建平、赵育善、朱战霞和何兆伟完成,该章与赵育善、何兆伟和朱战霞完成的第 9 章"基于键合图理论的地面实验相似程度分析",系统地给出了地面微重力实验和实际空间运动之间的相似度分析方法。第 10 章"混合悬浮实验测试方法"由朱战霞和明正峰完成,主要介绍了悬浮系统整体性能测试方法和实验过程的参数测量方法。第 11 章"Cyber 空间辅助模拟实验方法"由宁昕和朱战霞完成,他们将数字空间技术用于微重力实验,并将二者有机地结合起来。最后要说的是,第 1 章"绪论"由朱战霞和袁建平完成,其中朱战霞除参加本书其他章节的写作外,还负责全书的策划和统稿工作。

本书适合航天领域和其他与微重力环境相关专业的技术人员和科研工作者阅读,也适合相关院校的高年级学生和研究生参考。

作 者

2012 年 11 月

目　录

第 1 章　绪　论

人类长期以来对广袤无垠的宇宙空间充满了向往和遐想，渴求了解深奥的宇宙和遥远的星球。随着科技水平的逐渐提高，近几十年来，空间技术和工程的蓬勃发展，使人类登上月球、探测火星并准确撞击彗星，所有这些空间活动都说明了人类已经开始将脚步成功迈向深空。

随着人类空间活动的深入和范围的扩大，满足各类应用的空间飞行器应运而生，其中包括各种用途和功能的航天器、航天飞机、大型空间站，以及近年来发展起来的强调机动能力的新概念空间航天器等。

纵观每一种空间飞行器的研制过程，都经历了概念研究、总体设计、关键技术攻关和验证、地面实验、飞行实验等过程。其中在地面进行相关关键技术的验证是一个非常重要且必不可少的环节。考虑到航天器运行环境的特殊性，要求地面实验必须考虑空间的环境特点，通过对不同空间环境的地面模拟，完成航天器及其设备在该环境中的性能测试和运行情况的检验，以便及时发现和消除设计和制造过程中的某些缺陷，确保航天器入轨之后在真实空间环境中的正常运行。因此，在进行地面物理实验时，必须首先解决空间环境的模拟和构建技术，包括空间微重力环境、空间辐射环境、空间粒子环境等。对航天器的飞行、操作和运行来说，力学环境的影响是最主要的，因此，需要首先模拟和构建空间力学环境效应，其中最主要的就是构建微重力环境效应。

1.1　空间操作与地面实验

航天技术发展的强大生命力首先来自于它旺盛的应用需求。时至今日，人类不仅初步掌握了进入空间和利用空间的技术，而且将由简单的空间应用进步到通过空间操作完成复杂的、系统的、战略/战术的、军事/民用的、政治/经济的使命，空间设施的功能将由辅助、支援、协同上升为主导、主宰，同时空间操作也更加强调各种空间设施的能力。

空间操作（Space Operation）包罗了几乎所有的空间活动，并且其内涵仍在扩展之中，因此，目前还没有统一的定义。广义讲，空间操作是指执行复杂空间任务所进行的一系列空间活动，例如空间交会对接、碎片规避、来袭规避、反侦察反干扰机动、轨道转移/提升、轨道与姿态重置、近距离观察与检查、在轨释放有效载荷、在轨维修、模块更换、燃料补充、在轨装配与重构、报废与销毁机动等，涉及的空间范围可以从地球附近一直延伸到深空，涉及的关键技术包括操作任务规划、新型轨道设计技术、推进技术、自主导航与控制、新型能源技术、遥远测控通信技术等。空间操作活动的分类如图 1-1 所示[1]。空间操作技术水平是空间系统能力提升的体现，并通过合适的空间机动完成动作体现。因此，空间操作是未来空间活动的必然。

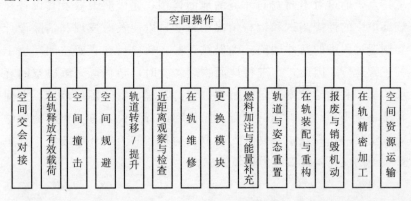

图 1-1　空间操作活动的分类

由以上定义可以看出，对于地球轨道范围内的空间操作，空间大范围快速轨道机动和控制技术是实现这类空间操作任务的最基本、也是最关键的技术。航天器的这种机动需要人为施加控制力，其运行轨道不再符合开普勒定律。基于传统的开普勒理论的轨道机动控制方法和技术亦不能完全满足未来空间操作的要求，需要新的轨道设计方法和机动动力学与控制理论的支撑。但是新理论、新方法的应用必须经过实验的检验。

同样对于深空的空间操作而言，航天器处于复杂的多体力场中，基于二体问题的理论和方法亦不能适应这种复杂力学环境中的轨道设计和精确控制，必须在研究空间多体动力学的基础上寻找新的轨道设计理论和方法。但是由于多体问题本身的高度非线性，目前还不能从理论上精确求解，只能在某些假设下得到特解，从理论上获得多体系统动力学的精确解仍然是一个难题。因此，必须探寻新的解决方式。实验是解决问题最可靠的途径，可以借助于实验手段探索解决问题的方案，同时验证已有理论的正确性。

另外，对于未来的复杂空间操作，还将涉及大量的单项关键技术、新型系统、新型机构等，其可靠性、可用性、适用性都必须经过检验和验证。

因此，从未来空间操作和航天技术发展方面看，地面实验不仅是一个系统测试、评估、性能验证的重要环节，而且前移到系统设计之中。

1.2 空间环境对航天器的影响[2-5]

1.2.1 空间环境的范围

空间环境是影响空间飞行的基本环境条件，对航天器的运动和各系统的工作有显著影响。空间环境的内容包括真空、电磁辐射、高能粒子辐射、等离子体、微流星体、行星大气、磁场和引力场等。根据空间存在的物质、辐射和力场的时空分布特性，空间环境又可分为行星际空间环境和地球空间环境。

行星际空间是一个广阔的极高真空的环境，存在着太阳连续发射的电磁辐射、爆发性的高能粒子辐射、稳定的等离子体流（称太阳风）及行星际磁场，其环境特性主要受太阳活动的影响，此外，还包括来自外界的银河宇宙射线和微流星体等。

地球空间环境包括地球高层大气、电离层和磁层中的各种环境条件，也存在着太阳电磁辐射、太阳宇宙射线、银河宇宙射线和微流星体等。

1.2.2　空间环境对航天器本体性能的影响

航天器在外层空间飞行时所处的环境条件，可分为自然环境和诱导环境。自然环境指由空间自然物体直接产生、在航天器上引发响应的环境。诱导环境是指航天器某些系统工作时或在空间环境作用下二次产生的环境，例如，轨道控制推力器点火和太阳电池翼伸展引起的振动、冲击环境，航天器上的磁性材料和电流回路在空间磁场中运动产生的感应磁场，航天器上有机材料逸出物沉积在其他部位造成的分子污染等。本节中的空间环境主要是指航天器运行所经历的空间自然环境，包括微重力、真空、太阳辐照、电磁辐射、粒子辐照、磁场、微流星体与空间碎片等环境。

1.2.2.1　微重力环境的影响

重力广泛存在于宇宙空间，但在航天器轨道条件下重力的作用可以忽略。如果航天器是一个质点，且没有非引力场的作用，则它应处于完全失重状态，事实上这是不可能的。因此航天器总是处于微重力条件下，约有 10^{-4} g（g 为地球的引力加速度值）的重力加速度，形成微重力环境。微重力环境首先对航天器的飞行动态特性产生决定性的影响，其次影响着各种空间操作活动。此外，对植物生长、遗传以及人的内分泌系统、心血管功能、血液和淋巴系统、肌肉和骨骼系统、前庭功能都会产生影响和变化。另外，微重力环境中物体和器件的存放、拿取等也与地面不同，这就影响空间组装、加注、维修等复杂操作活动。空间微重力环境和效应已成为空间技术发展和空间生物科学发展的基础。

1.2.2.2 真空环境的影响

航天器运行的轨道高度不同，真空度也不同。航天器入轨后始终运行在高真空与超真空环境下，会受到以下影响。

（1）重量损失

航天器中的一些材料和器件长期处在高真空环境中会发生一些特殊的物理和化学变化。真空环境会加速其他环境条件对材料和器件的影响。在真空环境下，各种材料会失去内部的溶解气体和表面的吸附气体，材料产生出气现象。在材料出气、辐射损伤和其他环境效应的长期共同作用下，材料的重量会逐渐减小，即材料重损。材料的重损率与材料的性能有密切的关系，它是鉴定材料空间性能的重要指标。

（2）压力差效应

压力差效应在 $10^5 \sim 10^2$ Pa 的粗真空范围内发生。当航天器及其运载工具上的密封容器进入稀薄气体层后，容器内外压差增加约 0.1 MPa，加剧了容器的受力。因此，容器的结构强度设计必须考虑这种压力差产生的机械力，此真空环境可能使密封舱变形或损坏，增大贮罐中液体或气体的泄漏，缩短使用时间。

（3）真空放电效应

航天器在发射过程中，往往要经历 1 kPa～1 Pa 的低气压环境，航天器入轨后，由于结构材料出气，也能使某些部件在空间维持上述气压范围，一些高压器件和电路可能发生气体放电击穿，以致造成功能减退或永久性损伤。

另外，航天器入轨后处于高真空环境，压力小于 1.5×10^{-4} Pa（压力值随高度增加迅速减小，90 km 时为 0.2 Pa，200 km 时为 1.5×10^{-4} Pa，500 km 时为 10^{-6} Pa），很容易产生真空放电效应（一般发生在 $10^3 \sim 10^{-1}$ Pa 的低真空范围）。当真空度达到 1×10^{-2} Pa 或更高时，在真空中相距一定距离的两个金属表面，在受到一定能量的电子碰撞时，从金属表面会激发出更多的次级电子。它们与两金属面发生多次往复碰撞，使放电成为稳定态，同时由于受电子碰撞金属温度升高，可使附近气体压力升高，甚至造成严重的电晕放电。真空放电可导致射频空腔、波导管等性能下降，甚至产生永久性失效。

（4）热辐射效应

在空间真空环境下，航天器与外界的传热主要通过辐射形式，因此航天器表面的辐射特性对其温度控制起着重要作用，这与地面情况相差很大。为了使航天器保持在允许的热平衡温度下，其热设计必须考虑在空间真空环境下传热以辐射为主导的效应。

（5）干摩擦、粘着与冷焊效应

干摩擦、粘着与冷焊效应一般发生在 10^{-7} Pa 以上的超高真空环境。地面上，固体表面总吸附有 O_2 和 H_2O 膜及其他膜，在不加注润滑剂的情况下，它们构成边界润滑剂，起减小摩擦系数的作用。在真空中，固体表面吸附的气膜、污染膜及氧化膜被部分或全部消除，从而形成清洁材料表面。表面间出现干摩擦、粘着或冷焊，将加速轴承的磨损，减少其工作寿命，使电机滑环、电刷、继电器和开关触点接触不良，甚至使航天器上一些活动组件出现故障，如天线或重力梯度杆无法伸展、太阳电池帆板、散热百叶窗无法打开等。总之，支承、传动、触点等位置都可能出故障。

1.2.2.3　空间太阳辐照环境的影响

太阳发射的波长从 10^{-14} m 的 γ 射线到 10^{-4} m 的无线电波，其不同波长辐射的能量大小不同，可见光的辐射能量最大，接近于 6 000 K 的黑体辐射能量。可见光和红外部分的能量占太阳电磁辐射总能量的 90% 以上。

当航天器吸收红外和可见光的能量后，将影响航天器的温度。航天器吸收热量的多少取决于结构外形、涂层材料和飞行轨道。这部分能量是航天器热量的重要来源之一，会影响航天器本体的温度，热设计处理不当会造成航天器温度过高或过低，影响航天器的正常工作。

太阳紫外辐射的能量在总能量中的比例虽然很小，但是长期的紫外辐照会使航天器的一些表面材料受到辐射损伤，如增大温控涂层的吸收率、降低太阳电池片的效率。紫外线照射到航天器金属表面，由于光电效应而产生许多自由电子，使金属表面带电，航天器表面电位升高，它将干扰航天器的电系统。紫外线会改变温控涂层的光学性质，使表面逐渐变暗，材料对太阳辐射的吸收率显著提高，影响航天器的温度控制。长寿命航天器的温控设计必须考虑紫外线对涂层的影响。

1.2.2.4 粒子辐照环境的影响

地球辐射带中的高能带电粒子、银河宇宙射线和太阳耀斑喷发出的太阳宇宙射线，它们的能量高，有一定的贯穿能力和破坏能力。

地球和木星辐射带、银河宇宙线和太阳宇宙线的高能带电粒子不仅对航天器的表面材料有影响，而且在航天器内部形成内辐射环境，使一些材料和器件的性能变化，甚至造成永久性辐射损伤。在宇宙航行史上曾发生过高能带电粒子损坏飞船船体的实例。如1972年7月9日美国在太平洋上空进行了一次核爆炸（代号星鱼，当量达1 400 kt），它所形成的人工辐射带很强，航天器测量到的最大强度达109电子数/（$cm^2 \cdot s$），使当时在太平洋上空运行的美国子午仪4B等4颗航天器先后停止了工作。其原因是暴露在航天器外的太阳能电池遭到破坏。

在粒子辐照环境中，易受损伤的材料和器件是太阳电池、光学表面、有机材料、半导体器件和集成电路等。主要原因是高能电子照射到物体表面，破坏了表面物质的晶体结构，造成缺陷或使表面物质的分子、原子电离，从而改变其性能。另外，高能电子受物质阻挡而减速，并将发出 X 射线，它比带电粒子有更大的穿透本领，会进入飞行体内部，对舱内仪器或航天员造成不良影响。

1.2.2.5 空间碎片环境的影响

空间碎片分为自然碎片（如流星、陨石等）和人工垃圾。随着人类空间活动的增加，轨道上停止工作的航天器也越来越多，很多助推火箭末级、未排完的推进剂也留在轨道上，它们与轨道上的物体相碰撞，导致破片或爆炸，产生大量的空间碎片；美国、苏联均进行过用动能武器摧毁航天器的反卫星试验，这些人为摧毁的航天器也形成大量的碎片；固体火箭排出物中的大量氧化铝颗粒也属于空间垃圾。空间碎片对航天器的危害主要包括：具有足够动量的碎片能打穿舱壁，使舱内氧气泄露并威胁舱内的航天员和仪器；碎片可穿透航天服，从而威胁舱外活动的航天员的生命安全；太阳电池盖片和遥感器物镜都是脆性体，超高速颗粒碰撞会损坏脆性体表面，产生严重的斑痕，造成太阳电池阵损坏，温控涂层性能改变等。

1.2.2.6　微流星体环境对航天器的影响

微流星体通常指直径在 1 mm 以下，质量在 1 mg 以下的固体颗粒。它们在太阳引力作用下运动，其速度相当于地球的平均速度，约 10～30 km/s，最大速度可达 72 km/s。

当速度很快的微流星体与航天器相撞时，释放出巨大能量，对航天器造成很大危害。质量小的微流星体主要对航天器表面起沙蚀作用，使表面粗糙、热控涂层特性遭到破坏；对光学表面、太阳电池等影响也很大，使透光性能变化、表面材料熔化与汽化等。

质量较大的微流星体由于能量较大，还能使航天器表面产生裂痕或穿透壳壁。实测结果表明，主要危害来自于质量低于 10^{-7} g、直径小于 $100~\mu m$ 的微流星体。这种微流星体数量大、碰撞机会多，但由较大微流星体造成的壳壁破裂机会很小。这与航天器壳壁厚度有关：当铝制壳壁厚度为 1 mm 时，每平方米表面几十年才可能有一次破裂的碰撞；若铝制壳壁厚度为 0.1 mm，在近地空间则可能每年有一千次产生破裂的碰撞。

严重的微流星体环境效应的事实，迫使国际上花了相当大的代价来探测微微流星体环境，有用发射航天器来直接测量的，亦有用雷达、摄影等测量的。1969—1970 年，美国国家航空航天局依据探测到的微流星体环境制定了微流星体环境条件标准：一个是近地球环境标准，另一个是外层空间环境标准。

1.2.2.7　其他环境效应的影响

(1) 等离子体环境

探测结果表明,距地面 70～3 000 km 的高度范围内,分布有电离层等离子体,等离子体环境对轨道上运行的航天器会引起航天器附加电阻力、使探测仪器产生假信号、高压太阳阵电源系统漏电、大型天线增益下降和指向精度减小等。

(2) 磁层亚磁暴环境效应

磁层亚磁暴是磁层的强烈扰动。当磁层发生亚暴时,航天器与热等离子体相互作用,能量高达几千甚至几万电子伏的电子积累在航天器表面上,可使其负电位达到几千伏,甚至几万伏。因此,在外形复杂、材料性质不同的航天器表面上出现不等量的电位。电位差高达一定数量级时发生放电,它既可以造成电介质击穿、元件烧毁、光学敏感面被污染等直接的有害效应,也可以电磁脉冲的形式使航天器产生充电放电效应,从而导致电源系统损坏、通信系统增益变化、逻辑系统误动作、消旋机构失灵、天线指向改变、环境探测数据畸变等。

(3) 分子污染

在空间环境作用下,有机材料的各种逸出物和火箭羽烟等物质,通过分子流动和物质迁移而沉积在航天器的其他部位上造成污染,称为分子污染。严重的分子污染会降低观测窗和光学镜头的透明度,改变温控涂层的性能,减小太阳电池的光吸收率,增大电气元件的接触电阻等。

1.2.3　空间环境对航天器运动特性的影响

航天器在空间的运行轨道和运动特性主要由天体的引力场决定。行星大气、太阳电磁辐射和等离子体对航天器的作用力远小于天体的引力,但是长期的影响则不可忽略。

(1) 空间环境对航天器轨道运动的影响

距离行星表面较近时,行星周围的气体会对运行于其中的航天器产生气动力，最主要的表现为行星大气阻力，大气阻力会改变航天器的轨道形状和大小，是决定航天器在轨寿命的主要因素。太阳光压作用在航天器表面，会产生光压力，长期作用下可影响航天器的运动轨道，同时光压力也可作为一种动力或者控制力，例如太阳帆行星际飞行，就是利用光压力提供运行所需的动力。另外，太阳连续发出的等离子体流（太阳风）也可能被用作行星际飞行的动力。在地球环境空间，作用在航天器上的各种空间环境力的量级如表 1-1 所示。

表 1-1　地球空间环境对航天器作用力的大小比较

摄动因素	低轨道（约 500 km）	中高轨道（约 2 000 km）	地球同步轨道（约 35 800 km）
月球引力	8.2×10^{-7}	5.5×10^{-6}	0.5×10^{-6}
太阳引力	3.0×10^{-7}	3.0×10^{-6}	0.2×10^{-6}
大气阻力	3.3×10^{-7}	0	0
太阳辐射压力	1.6×10^{-7}	1.6×10^{-7}	-10^{-9}
其他摄动力	10^{-8}	10^{-8}	—

注：表中数值都是和地球表面处单位质量航天器所受均匀球形地球引力相比得到的，单位为 m/s^2。计算大气阻力时面质比取 0.022 5，阻力系数取 2.2。

（2）空间环境对航天器姿态运动的影响

行星大气、太阳电磁辐射、引力场和磁场对航天器绕质心的姿态运动所产生的力矩分别是气动力矩、光压力矩、引力梯度力矩和磁力矩。这些力矩对航天器姿态控制的影响主要表现为干扰力矩，有的也可被用作控制力矩，各种力矩的大小与航天器所处的空间环境以及航天器的结构外形和姿态控制的方式有关。一般来说，航天器在距地面 1 000 km 以内运行时，气动力矩起主要作用。距地面 1 000 km 左右的自旋稳定航天器，其磁力矩可引起自旋轴绕地磁场方向进动。航天器上的磁性材料和电流回路在空间磁场中运动所产生的感应磁场与空间磁场相互作用会使自旋速度减慢，自旋衰减速率与航天器的转动惯量及转动速度有关，还与外磁场强度成正比。因此，低轨道航天器，特别是需要进行长时间工作的、姿态精度要求比较高的航天器，必须考虑磁场的影响。

1.3 微重力实验的意义

在前述的各种空间环境效应中，微重力环境的意义最为突出。无论对航天器飞行特性的影响、航天器构件的影响还是载人飞行中生存环境它都是全新的概念，并且已经成为科学家全新的工作场所。

1.3.1 微重力实验对科学研究的重要意义[6-11]

随着 20 世纪 60 年代载人航天的发展，科学家不断尝试利用航天器中的失重环境进行科学实验。例如空间材料加工实验，最早是在载人飞船上进行的，1969 年 10 月 11 日，苏联航天员在联盟 6 号上用电子束法、等离子法和熔化电极法进行了焊接试验。之后微重力科学实验迅猛发展，并取得了可喜的成绩。已有研究发现，微重力环境对流体行为、材料加工、生物技术、燃烧过程、药品分离等有明显利用价值，因此在微重力环境下进行相关科学实验具有非常重要的意义。

（1）微重力实验对流体研究的重要意义

首先，微重力流体物理实验是进行火箭和航天器储液灌等流体管理的基础，通过研究微重力环境下的流体物理特性和行为，可以为轨道上的航天器内流体运动特性研究和有效管理奠定基础。其次，微重力生物流体力学实验是空间生物技术研究的基础。空间微重力环境下流体的某些特性会发生改变，对流、沉降、静水压趋于消失，球面气/液界面随机出现，如何利用这些现象是一个重要的科学问题。例如在微重力环境中，沉淀或斯托克斯沉降的消失，可使多组分的液体有限或无限地保持悬浮，可进行晶体过程研究，以及发泡、凝聚、分散漂移诸现象的稳定性研究等。另外，微重力环境下流体特性会导致物质传输过程发生显著改变，从而严重影响细胞营养物质运输和新陈代谢过程，通过空间生物流体力学实验，可以更深入地研究细胞在微重力环境下的分化、凋亡、黏附、聚集等生物学功能改变及其分子调控机制特性，从而可以拓展空间细胞/组织工程以及空间制药技术，深化重力直接与间接作用影响空间细胞生物学行为的认识，进而为量化航天员生理改变提供对抗措施和定量依据。

（2）微重力实验对空间生物技术和空间生物加工具有重要意义

首先是空间生物大分子晶体生长技术的实验研究。大分子结晶学是研究生物大分子结构与功能的有力工具，受到制药工业、化学工业和生物技术工业的青睐和支持，特别是用于以结构为基础的药物设计和蛋白质工程，因此微重力实验对大分子晶体生长技术具有重要意义。其次是生物分离技术。近年来生物技术发展很快，一些专治疑难病症内源性药物不断出现。但是，由于地球重力的影响，这些内源性药物因所谓的生物技术下游问题无法工业化生产。而生物技术下游问题，主要是指由于重力沉降和热对流的影响，无法进行细胞大规模悬浮培养和制备型生物分离。微重力环境下液体特性会发生变化，原有的重力沉降和热对流趋于消失，可以进行大规模和高密度悬浮培养和生物分离，于是空间制药计划在世界范围内引起了强烈反响。

（3）空间医学和生理学研究

随着空间开发的深入，人在空间逗留时间也愈来愈长。大量的飞行实验已经证明，人在空间可以生活一年以上没有性命之忧，但有不少问题却严重影响人在空间的工作和生活。例如前庭器官引起的空间运动病、心血管变化，体液由下身转移到上身，以及肌肉萎缩和骨质降解，大量钙质从小便中排出，神经细胞发育迟缓等。为了保证航天员健康的工作和生活，近年来开始通过组织培养方法从生理学角度研究上述疾病的发病机理，例如，用组织培养法研究空间微重力环境中神经原细胞的发育生理学，肌肉细胞的能量代谢和造骨细胞的骨质代谢。随着空间生命科学的发展和实验手段的改进，这方面的研究将会更系统、更深入。

（4）微重力燃烧过程研究

该研究对载人航天器的防火安全具有重要意义。特别是闷烧

（一种主要在多孔可燃材料内部发生的无焰燃烧现象）和电子电气元部件过热及由此引发的着火和燃烧，一般认为，它是载人航天器舱内和地面设施发生火灾的重要形式和原因。微重力条件下的相关研究可为研究闷烧机理和火灾探测技术提供依据。

（5）微重力环境中的无容器加工科学实验

用静电力、电磁力、声辐射压力就可克服剩余加速度，使液滴或熔融体维持在一定位置，不用器壁帮助，这对测量晶体材料的热物理性质和加工超纯材料是有益的。由于没有杂散晶核，故能使熔融材料在凝固前过冷，而过冷对固体最终微结构有重大影响，有可能获得亚稳相和未进入平衡态凝固的固体样品，也有可能在通常不能形成玻璃的系统中获得非晶相，还可能以无容器技术消除杂散晶核来检验各种单晶核理论，用于新型复合材料的研究。另外在微重力环境下，熔融液体悬浮在气体中，凝固后可形成极圆的球或泡，悬浮在空间形成液滴的力学过程，甚至可延伸到天体形成的研究之中。

因此，在微重力环境中可进行许多重力环境中很难完成的科学研究，特别是这种环境对流体或固体变成流体后的宏观过程和现象有较大的影响。

1.3.2　微重力实验对载人航天的重要意义

世界载人航天的发展过程中，离不开航天员的训练过程，其中之一就是微重力环境下航天员的适应性训练。我国载人航天发展迅速，神七成功上天完成出舱活动说明我国已经掌握了舱外活动技术。这些技术的成功离不开地面实验系统。

在空间，需要保障航天员和航天器在各种空间环境下工作的可靠性和协调性，尽早发现和排除各个工作阶段存在的故障隐患，以便为可靠的飞行打下基础。因此需要首先在地面实验系统进行训练，主要包括：

1）训练和评估航天员与飞船在空间环境条件下的接口、协调关系，使航天员获得在空间环境条件下对飞船硬件的实际操作经验。

2）训练和评估用于空间环境的运动部件公差值和润滑的合理性。

3）训练和评估空间操作工具的实用性与功能性。

4）训练和评估出舱生命背包的合理性与可靠性。

5）使航天员适应飞船内环境，并提高航天员在飞船内的心理素质。

6）对失重环境下的舱外装配操作进行地面模拟试验，为太空舱外装配操作工具的研制和操作流程的制订提供地面试验支持。

7）检验航天器在各种条件下是否满足载人的要求，以及航天员在工作与生活上的适应性。

8）在失重环境条件下，航天员对飞船进行操作训练等。

1.3.3　微重力实验对新型航天器研制的意义

航天器的发展经历了由简单到复杂，由单一功能到多功能的过程，其间各种技术的突破都经历了简单或者复杂的地面物理实验和测试。

为了配合航天技术的发展，20 世纪 60 年代，美国国家航空航天局（NASA）在 Lewis 研究中心相继建立了两座落塔（井），专门用于研究微重力环境下各种仪器设备的运行，马歇尔空间中心的三自由度气浮仿真系统，主要用于进行航天器控制技术的验证。1968 年，美国国家航空航天局在马歇尔航天飞行中心建造了第一个中性浮力模拟系统，用于模拟空间微重力环境，在当时的航天器研制和航天员训练中完成了大量的试验。

20 世纪 70 年代以后到 90 年代，各种地面物理仿真系统发展非常迅速，气浮平台、中性浮力水池等地面微重力模拟设施完成了大量实物测试和仿真以及相应关键技术攻关成果的验证，同时也为故障航天器的修复提供了程序验证。例如 1973 年，美国发射天空实验室后，太阳帆板出现故障不能展开，导致电能供应不足，使舱温升高。美国国家航空航天局下达紧急任务，利用中性浮力模拟器开展地面模拟试验，制定出航天员出舱活动程序，再让飞行中航天员按此程序及时出舱修理，排除故障，保证了正常运行。1987 年苏联量子号舱与和平号空间站对接故障的排除试验，采用了中性浮力模拟试验与空间修理操作同步进行的方式，顺利地排除了故障，实现成功对接。

1.3.3.1　新型航天器研制过程中各种性能的评估和指标确定

针对具体任务目标的新型航天器的研制，需要提出具体战术技术性能指标，在这些指标的约束下进行设计和研制。在设计和研制过程中，要求判断总系统和各个分系统的性能是否满足要求，诸如：

1）任务执行程序是否合理？

2）总体方案是否合理？

3）失重环境下新型航天器的外形、质量分布、结构设计是否合理？

4）失重环境下新型航天器的内部布局是否合理？

5）不同结构、不同方案对性能的影响程度。

6）航天器综合效能如何等。

这就需要能够完成以上性能评估和实验的地面实验系统。这种实验系统需要提供与航天器真实运行环境相近的环境。

1.3.3.2　新型航天器各子系统性能评估及可靠性验证

子系统的研制需要对其性能和可靠性进行评估和验证，主要包括以下几类。

1）各种活动结构运行的可靠性测试，例如太阳帆板、天线等活动部件在失重环境下的展开测试和可靠性分析测试。

2）各种子系统物理力学性能的可靠性测试，航天器各结构的性能是否满足飞行条件下的强度、刚度、气密性及可靠性的要求。

3）子系统各种通信和电路的可靠性测试，航天器各系统间的供电线路、指令信息工作程序的准确性和可靠性。

4）各子系统结构组装的可靠性测试，设备的加工质量、焊接质量、装配质量等。

5）各子系统自身运行精度和性能指标的可达性测试，例如释放子系统的可靠性和精度、GNC 子系统的导航控制精度、加注子系统运动精度和加注量的控制精度等。

1.3.3.3　新型航天器研制过程中关键技术攻关结果验证

新概念航天器研制过程中的关键技术攻关成果，需要对其进行检验性评估，这些关键技术可能包括：

1）空间自主交会与对接技术；

2）系统在轨自主运行技术；

3）组合体的动力学与控制技术；

4）变构形变质量的平台自主控制与智能管理技术；

5）空间通用接口技术；

6）空间遥操作技术；

7）多航天器协同运行技术等。

以上技术都属于目前航天技术中还不成熟或者没有完全解决的技术，在新型航天器的研制过程中可能涉及，需要对攻关成果进行检验。

1.3.4　微重力实验对空间操作的意义

空间操作是复杂的空间任务实施过程，充分的地面实验不仅是必要的而且是必须的。微重力实验的主要任务有：

1）操作任务的可实现性检验。综合验证操作过程的动力学、控制、推进等协同性，验证交会、加注、维修等操作任务的可实现性。

2）验证空间机动的快速性、机动性、可达性，包括各种设计轨道的合理性、可实现性、机动的敏捷性和精准性、GNC 系统的有效性。

3）验证强控制力作用下非开普勒运动的可实现性，包括拼接轨道的合理性、多体运动的协同性、姿/轨耦合控制的最优性、漂浮基座复合运动的精准可控性等。

4）验证操作活动的有效性，包括相对运动的可控性、空间机构设计的合理性（考虑天地差异性）、活动部件表面磨擦、滑动特性等。

1.4 微重力环境模拟和构建的方法与种类

1.4.1 地面微重力环境构建的范围

物体的重力是指地球对物体的引力。当物体在地球表面或地球周围的空间运动时，其质量是不变的（不考虑相对论效应），但重力却随着位置的变化而变化。特别是物体离开地球表面向上运动时，距离地球表面越远，重力越小，因为引力与物体到地心的距离成反比。尽管如此，仅靠引力的变化获得微重力条件是不容易的。例如，航天飞机和空间站的轨道高度一般在 $200\sim450$ km 之间，在这个高度范围内，物体重力大约是在地球表面时的 90%。如果要获得地球表面百万分之一的微重力，物体应离开地球 6.37×10^6 km，这个距离几乎是月球到地球距离的 17 倍。但是当物体围绕地球运动时，由于离心力抵消重力，即使是 400 km 左右的低轨道飞行，也会产生微重力环境。因此，从效应的角度看，微重力是指重力效应大大减小的一种状态；从表观的角度看，微重力环境是系统的表观重力小于引力所产生的实际重力的一种状态。

对于空间航天器轨道、姿态和运动特性的地面实验，由于地面和空间重力（引力）环境差异较大，为了得到近似真实运行环境下的各种性能，必须首先在地面建立微重力环境模拟系统。根据模拟效果的不同可以将微重力环境模拟方法分为两大类：一类是模拟或者再现环境，另一类为模拟环境效应。模拟或者再现环境的方法主要是指人为制造的短时间失重环境，包括在空中沿特定轨迹的飞行法和在地面上的自由落体法。实现手段包括探空火箭、高空气球、微重力落塔和失重飞机搭载等。模拟微重力环境效应的方法主要是指利用一些手段克服物体的重力，包括漂浮法、力平衡法、中性浮力模拟法。漂浮法是利用气浮或者液浮将试件托起，以提供一定的自由运动。力平衡法是根据试件的设计特点，设计不同的支持结构，以抵消重力的作用。例如，利用控制斜面的角度进行太阳阵在微重力条件下的展开实验；利用液压作动筒、副弹簧等构成的去重支架和低重力模拟台，进行光学望远镜及天线的形变实验等。中性浮力模拟方法是将试件全部浸没在水中，利用增加配重或者漂浮器使试件所受重力和浮力大小相同，使试件呈现随遇平衡的状态，以模拟微重力效应[2]。

　　另外在空间生物学和空间流体研究领域，除了上天搭载试验外，还有多种模拟失重环境或者模拟失重条件下生物学效应的装置及方法，例如在细胞核组织层次上有回转器、旋转培养器、随机回转器，在生物整体水平上有鼠尾吊模型、人头低位卧床等，这些方法在一定程度上可以模拟失重的生物学效应，但都不是从力学本质上的失重环境模拟。最近出现的一种大梯度强磁场抗磁性物质悬浮失重模拟技术，是利用大梯度强磁场对水、蛋白质、脂类等抗磁性物质的磁场力，部分或者全部抵消重力，产生悬浮现象。该磁场力是一种体积力，试件的各个部分均受到磁场力的作用，且作用持久、稳定性好，属于力学本质上的失重[8]。

1.4.2　地面微重力实验需要解决的基本问题

　　（1）空间力学效应的地面模拟

　　航天器的运动特性取决于作用力，无论是否考虑摄动力和控制力，其在空间的运动仍然受各种天体引力环境和微重力环境的影响，地面实验过程中必须首先能够等效模拟这些环境或力学效应。

　　微重力学效应有不同的表现形式，这取决于不同的研究对象、不同的操作任务或不同的过程特征，例如：

　　1）轨道特征。特别是非线性状态的非开普勒轨道、多引力场作用轨道、强控制作用轨道、连续推力轨道、多模拼接轨道等。

2）姿态特征。特别是强控制作用下的大姿态运动、姿态/轨道耦合运动、复合体运动、变构型运动、变质量体运动等。

3）协同特征。多体、柔/刚性复合的航天器协同控制，多航天器的编队、绕飞、停靠等相对运动控制，中/远程交会式相对运动控制，近距离交会（加注、维修状态）式协调控制等。

4）操作特征。空间机器人（机械臂）操作过程模拟，如：表面力/体积力模拟，系统/子系统操作过程模拟，机械运动、表面运动、间隙运动、润滑效果的天/地差异性模拟等。

（2）实验系统与空间系统之间的等效性

地面实验的目的是为了解释或者验证航天器在空间运动时的各种特性，但由于地面实验环境及其时空特性与空间不同，需要建立地面实验/运动参数与空间对应参数的等效性。包括长度的等效性（实验轨道与实际轨道）。时间的等效性（实验速度与实际速度）、实验模型尺寸与航天器尺寸的等效性等。本书第 8 章将重点介绍相似性研究和系统设计的研究成果。

（3）可控性与可测性

这是实验系统和实验装置的基本要求。可控性是指可以按照人的意愿实现空间操作的某个过程，运动参数达到某个范围，关键参数可变的调节、重现、重置、时间压缩或变换等。可测性是不言而喻的，但它的复杂性还表现在测量参数、方式的选取，不可测量参数的换算，接触式测量引起原始数据的变化，引入的误差等。

本书第 7 章介绍的"混合悬浮系统"就是为了既满足地面微重力效应又同时满足实验系统的可控性和可测性而提出的，本研究团队拥有自主知识产权。

（4）地面实验空间与数字空间的融合

在地面实验时，要求必须能够再现或者模拟实际空间操作过程，这就有必要研究地面实验物理空间与网络数字空间的交融技术。对真实空间轨道上运行的航天器的操作，是基于所建立的网络电磁环境进行的，本身就体现了数字空间/物理空间（Cyberspace and Physical space，简称 C‑P）之间的融合。实际物理空间中的航天器是一个真实存在的实体，它自身的运动是一个真实的物理过程，人为对其进行的控制和操作也是一个实际存在的物理过程，在时间空间范畴遵循实际事物发生的自然规律。而数字空间是一个虚拟空间，真实的航天器、空间运行环境、操作过程等都通过数字化模型来表达和反映，它可以完全独立于物理空间中的实体和运动，并可超越实际运动的时空属性（例如时间压缩或延伸等）。空间操作过程中通常是利用数字空间生成和传输指令来控制物理空间，同时又利用物理空间实际数据对数字空间进行完善和补充，通过二者的有机融合，实现航天器运动的控制。因此，对于同一个物体及其运动过程，物理空间和数字空间都可以进行描述和反映，于是在这两个系统之间必然存在联系，即物理/数字空间的交融（C‑P交融）。同样的，模拟和再现空间操作过程的地面实验，也离不开数字/物理空间的融合。一方面，基于电磁信号和数字信号的控制指令是实现具体地面实验过程的有效手段，数字空间模型的精确性直接影响实验效果，结合地面实际实验过程中的真实运动参数和条件，可以对数字空间的模型进行修正和完善，使其更接近于实际物理过程。另一方面受地面实验条件的限制，不可能对所有空间操作过程进行地面模拟，这时可以基于数字空间对不能模拟的实验过程进行数据推演，不仅能取得相同的效果，而且补充和完善了物理空间的不足。因此，研究并获得数字/物理空间交融的方法，是进行空间操作地面实验的基础。

1.5　本书主要内容

在地面构建或模拟空间的微重力环境/效应并不是现在才开始的，从第一颗人造航天器的设计、实验开始，特别是随着载人航天、空间科学研究工作的发展，地面的微重力实验越来越受到重视，但面向空间操作的微重力环境/效应构建是本研究团队近十年来研究的主要内容。本书先概括性地介绍了已有的实验方法，包括失重飞机实验、落塔实验、吊丝系统、气浮台实验、中性浮力实验，它们目前已大量应用。之后介绍了本团队的部分研究成果：液体浮力＋电磁力的混合悬浮系统、相似性研究与设计及实验方法与精度分析、Cyber 空间辅助的模拟实验方法。

参 考 文 献

[1] 袁建平，朱战霞. 空间操作与非开普勒运动 [J]. 宇航学报，2009，30 (1)：42-45.

[2] 柯受全，等. 航天器环境工程和模拟试验（上、下）[M]. 导弹与航天丛书/航天器工程系列. 北京：中国宇航出版社，2007，1.

[3] （美）文森特·L·皮塞卡（Pisacane. V. L.）著. 空间环境及其对航天器的影响 [M]. 张育林，陈小前，闫野，译. 北京：中国宇航出版社，2011.

[4] 黄本诚，等. 空间环境对航天器的影响 [J]. 环境技术，1993 (2)：1-9.

[5] Vincent L. Pisacane. The space environment and its effects on space systems [M]. Published by the American Institute of Aeronautics and Astronautics，2008.

[6] 奚日升. 微重力效应的物理解释及其应用 [J]. 空间科学学报，2002，22 (4)：346-356.

[7] 胡文瑞，龙勉，康琦，等. 中国微重力流体科学的空间实验研究 [J]. 科学通报，2009，54 (18)：2615-2626.

[8] 刘承宪. 21 世纪空间生命科学和空间生物技术发展机遇与挑战 [J]. 空间科学技术，2000，20 (S1)：37-47.

[9] 曹建平，尹大川，骞爱荣，等. 抗磁性物质磁悬浮方法在空间生物学与生物技术中的应用 [J]. 空间科学学报，2011，1 (1)：63-72.

[10] 刘春辉. 微重力科学与应用研究（上）[J]. 宇航学报，1996，17 (4)：110-114.

[11] 刘春辉. 微重力科学与应用研究（下）[J]. 宇航学报，1997，18 (2)：98-103.

第 2 章　失重飞机实验

2.1　实验简介及国内外现状

2.1.1　失重飞机的原理

失重飞行基本原理：根据动力学原理，在地球引力范围内，只有当物体加速或减速过程中所受的惯性力与地球引力相抵消时，才能使物体处于真实的失重状态，即表观重力为零。

依据上述原理，飞机在地球引力场内飞行时，通过特定的操作可以在短时间产生类似自由落体的状态，形成一种失重环境。失重飞机就是能够完成这种飞行的飞机，一般由现有飞机改装而成，每个架次可以连续进行多次抛物线飞行，在每个抛物线飞行时，出现"超重—失重—超重"交替的变化，其过程如图2-1所示。

失重飞机通过在空中沿抛物线轨迹机动飞行来实现对失重环境的模拟。其物理过程并不复杂，首先飞机沿抛物线轨迹飞行到特定位置，之后飞机引擎推力减小直至到零，在此情况下飞机及其载荷进入自由落体状态，此时飞机及载荷的表观重力为零。

飞机失重抛物线飞行可分为以下 4 个阶段。

1）平飞加速段。飞机起飞后，爬升至一定高度，然后平飞加速。

2）爬升加速段。飞机以一定的航迹角加速（一般来说 45°～47°）飞行，使它达到失重机动飞行中的最大速度，此过程为超重过程，典型的超重加速度为 1.5～1.8 倍重力加速度，持续大约 20 s。

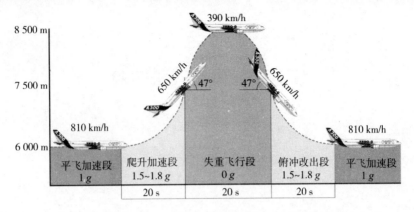

图 2-1　失重飞机的抛物线飞行示意图

3）失重飞行段。当飞机飞到一定距离时，飞行员同时连续地操作操纵杆和油门杆，使飞机飞出一个抛物线形状的机动飞行，它的上升段相当于物体的垂直上抛运动，下降段相当于物体的自由落体运动，加速或减速运动的惯性力恰好与重力抵消，使飞机处于失重状态，此过程大约持续 20 s。

4）俯冲改出段。飞机滑行到一定距离时，以一定的俯冲角（一般来说 45°~47°）飞行到抛物线最低处，再以一定的法向过载值（加速度为 1.5~1.8 倍重力加速度）拉起改出，即结束一次失重飞行。

失重飞机一次常规飞行需 2~3 h，一次飞行中可进行多次失重实验或航天员训练。以上数据是来自法国空间局 A300 ZERO-G 抛物线飞机，其他抛物线飞机的超重加速度和持续时间可能会略有不同，其具体数据比较见表 2-1。

2.1.2　失重飞机的优缺点

作为能够产生失重环境的地基实验平台，失重飞机不仅使科研人员、企业、甚至中小学生有机会进行失重条件下生物学、医学、物理学、材料学和相关技术的实验研究，而且同时利用该平台进行的一些研究也为代价昂贵的国际空间站的实验或仪器测试完成了大量的前期工作。

　　利用失重飞机进行的科学实验研究具有时间窗口灵活、实验装置设计自由度大、研制周期短、失重过程可重复等优点，可以用于进行微重力环境下的生命体特性实验、简单空间机构操作实验、仪器对接实验、零部件更换实验等。这种方法已被美国、俄罗斯和欧空局等广泛采用，并取得了大量极具价值的成果。但是这种方式的失重时间很短，每次最长几十秒，不适合长时间连续实验。

　　相比国际空间站、探空火箭等大型平台，将商业飞机改装而成的抛物线飞机优点显而易见：

　　1）在进行更深入的研究前，抛物线飞机能提供飞行机会，进行初步验证；

　　2）易于验证项目的可行性和更长时间失重条件下实施项目的必要性；

　　3）抛物线飞机允许进行多次可重复实验，可行性及可靠性更高；

　　4）抛物线飞机飞行准备时间短、飞行频次高、实验周期短，允许对可能存在的实验设计缺陷及时更正并开展下一次飞行；

　　5）相比真正的空间飞行任务，抛物线飞机的飞行成本及维护成本相对较低；

　　6）抛物线飞机给科普提供了绝佳的接触机会，可以认识空间科学研究，为未来该领域的研究教育吸引大量的青年人才。

　　但受硬件条件和周边条件限制，抛物线飞机也有不可回避的不足：

　　1）抛物线飞行所能提供的失重时间很短，每个抛物线飞行仅能够产生$20\sim25$ s的失重，无法真正满足持续长时间的科学研究或测试的需求；

　　2）抛物线飞机飞行过程中受气流的影响，飞机可能会发生抖动，进而导致重力水平不能达到理想的失重水平，可能会给科学研究带来一定的影响；

　　3）抛物线飞机所能提供的是以"正常重力—超重—失重—超重

一正常重力"为周期的变重力环境,以部分生命科学或材料科学研究为例,超重和失重对实验结果的单独作用难以区分,导致与其他真实或模拟失重条件下的实验结果较难比对或发生不一致的情况;

　　4)抛物线飞行能否按计划进行很大程度上取决于天气;

　　5)抛物线飞机舱室大小和飞机形状的限制,有时并不能真正满足一些科学实验的需求。

2.1.3　国内外发展

　　从 20 世纪 50 年代起,人类为了发展航天事业,就开始把喷气式教练机或运输机改装为失重飞机。现在,世界上许多国家,例如俄罗斯、美国、法国、加拿大、比利时、荷兰、中国和日本等国都有了自己的失重飞机,其中常用的和大型的失重飞机主要是俄罗斯的 IL - 76MDK、美国的 KC - 135、法国的快帆号和空中客车以及日本的 MU300。表 2 - 1 中列出了这几种失重飞机的主要性能比较[1]。

表 2 - 1　世界主要失重飞机性能比较

国别与机型	俄罗斯 IL - 76	美国 KC - 135A	法国 Caravelle	法国 A300	日本 MU - 300
机况	4 发动机 (运输机改装) 46.6×50.5×14.8 (m^3)	4 发动机 (波音 707 改装) 46×44×14.1 (m^3)	双发动机(快帆 6R - 234 改装) 32×34.3×8.9 (m^3)	空中客车 A300 B2No3 改装	双发动机
实验室	14.2×3.45×3.4 (m^3) 长方形 1 大后货门 2 乘客门	18×3.25×2 (m^3) 半圆形 1 侧面货门 1 乘客门	12.5×2.7×1.9 (m^3) 半圆形 3 乘客门	20×5×2.5 (m^3)	4.67×1.50× 1.45 (m^3)
电力 照明 设施	3 kVA 27 VDC 20 卤光灯	10 kVA 28 VDC 20 卤光灯	10 kVA 29 VDC 氖气连续照明	20 kVA 适合照相和 录像的照明	
装填料	(飞抛物线时) 地板加垫	(飞抛物线时) 地板和墙壁	地板和墙壁	地板和墙壁	

续表

国别与机型	俄罗斯 IL - 76	美国 KC - 135A	法国 Caravelle	法国 A300	日本 MU - 300
乘客容量/人	17	23	21	40	8
实验容量/项	8	10	8	15	3
微重力时间/s（$<0.5\ g$）	25～28	25	17～20	20～25	30
一次起落抛物线条数	15～20	20～30	40	40	30

　　美国用于失重训练的飞机是一种经改装的有 4 个引擎的 KC - 135 喷气式运输机，图 2 - 2 为其典型飞行轨迹[2]。在抛物线上部可以获得微重力环境，持续时间最长为 30 s，通常获得 $1×10^{-1}\ g$ 的时间为 6～7 s。飞机上有体积较大的机舱，可供较大尺寸和多方位运动实验使用。除了 KC - 135 之外，美国还在刘易斯研究中心装备了一架 DC - 9 失重飞机，用于演练和测试拟装在国际空间站上的各种实验设备。

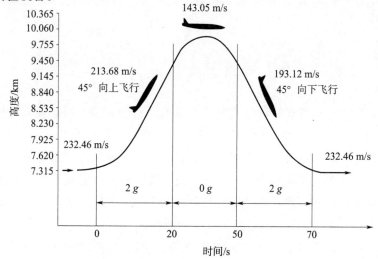

图 2 - 2　KC - 135 飞机微重力操作的飞行轨迹

　　法国国家空间研究中心（CNES）于 1988 年开始使用快帆号失重飞机，之后又改装了一架空中客车 A300 大型飞机（A300ZERO - G)，并于 1996 年 5 月正式交付使用。A300 ZERO - G 是目前世界上最大的和飞行频次最高的失重飞机，可以装下全尺寸的欧洲空间局研制的哥伦布（Columbus）载人试验舱进行相应实验和测试。A300 ZERO - G 每次飞行可持续 2.5 h 左右，期间共进行 30 次抛物线飞行。两次抛物线飞行之间为间隔 2 min 的正常飞行，每 5 次为一组。每组抛物线飞行完成后，飞机进行 5 min 的水平飞行，然后执行下一组的抛物线飞行。从 1996 年至今，A300 ZERO - G 共进行了百次左右的抛物线飞行活动。欧洲空间局、德国宇航中心（DLR）、日本宇宙航空研发开发机构（JAXA）、中国航天员中心和西北工业大学及日本东芝、NEC 等世界著名空间机构和公司都曾利用 A300 ZERO - G 的抛物线飞行进行过生命科学、材料科学和设备检测等科学研究。

　　我国在 20 世纪 70 年代曾研制改装过一架歼 5 失重飞机，这也是国际上第三架失重飞机。它曾经完成了许多科学实验，并在 70 年代选拔航天员时立下功劳，但是因空间小、年代久远，现已放弃使用。

2.2　系统结构和实验方法

　　失重飞机搭载的科学实验与常规地面科学实验不同，最大的区别在于失重飞机搭载的实验装置要求具有很高的安全性和可靠性。对于每个实验单元，禁止使用易燃材料，对于易破碎和易泄露的材料或工质要求作相应处理，在飞行过程中不能产生任何漂浮物，电源要采取熔断保护，机壳必须可靠地与飞机相连。总之，系统设计必须以失重飞机及飞行人员的安全为前提。

　　本节以俄罗斯的 IL - 76MDK 失重飞机搭载的科学实验为例对失重飞机的结构进行简单描述。俄罗斯的 IL - 76MDK 能够提供较大的安装空间和电源供给，对于空间尺寸较大的科学实验系统十分有利。

2. 2. 1　系统构成[3]

该系统采用了集成设计思想，各实验装置在满足接口要求的条件下，分别单独进行研制，之后与失重飞机公用平台进行集成连接。除各实验装置外，系统还具有两个模块：微重力测量仪和公用平台。微重力测量仪用来测量失重飞机的微重力水平，并将微重力信号送至公用平台。公用平台负责电源分配和熔断保护，采集各实验装置的工程遥测和科学实验数据，根据微重力信号向各实验装置发出进入和退出失重的遥控指令。各实验装置和微重力仪通过总线方式与公用平台相连，形成以公用平台为中央控制单元的星形结构，整个实验系统与失重飞机之间只有简单的电源和机械接口，其系统结构图如图 2 - 3 所示，图中虚框部分是公用平台。

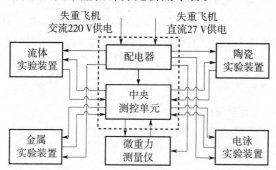

图 2 - 3　IL - 76MDK 失重飞机实验系统结构框图

系统硬件模块包括公用平台、微重力测量仪、流体实验装置、金属实验装置、电泳实验装置和陶瓷实验装置等 6 个单元。系统硬件的外部接口是指公用平台与失重飞机之间的接口界面，包括机械和电源两个接口。内部接口是指系统各单元与公用平台的接口关系，各实验单元之间没有接口关系。

（1）机械结构和接口

按照模块化要求，系统各单元机柜设计成同等高度，这样便于在顶部采取统一加固措施。长和宽方向的设计较自由，但必须保证安装孔与地板安装点一致。由于飞机在起飞和降落过程中，受到的振动冲击较大，因此必须对系统各单元采取加固措施，以提高可靠性，包括增加结构的强度和刚度、采用快闪存储设备代替传统硬盘、摄像装置采取防震措施等。

（2）电源接口

失重飞机提供两路电源，分别是直流 27 V 和交流 220 V。两路电源首先进入公用平台配电器，通过开关控制和熔断器后进入配电网络，由配电网络按要求分配到相应的实验单元。由于失重飞机提供的 220 V 电源没有地线，公用平台采取了相应的隔离措施，以保证系统安全。

（3）遥控遥测接口

遥控指令是中央测控单元在适当时刻向实验装置发送的控制命令，用于控制实验系统按照预定的工作流程运行。系统采用 3 种遥控指令，分别是零时基指令、进/出失重控制指令和工作模式切换指令，采用标准的光隔离 OC 门驱动电路接口。遥测是判断系统状态和故障分析的重要手段，系统为每个实验单元分配了 1～10 个遥测点（含备份通道），遥测点的选择应能很好地反映研究对象的工作状态，不应过多，但也不能缺少重要的状态信息，采用标准 12 位 A/D 接口。

（4）数据采集接口

原则上，各实验装置的科学数据自行采集存储。对于微重力仪和流体实验装置，由于数据量大，因此由公用平台采集并存储，完成一次飞行后将数据拷贝给用户。公用平台有两个数采通道，分别是高速遥测通道和高速复接通道。高速遥测通道用于采集流体实验数据，硬件接口与遥测接口相同，但采用不同的通道分配和存储格式，采集速率为 100 Hz。高速复接通道采用数字复接技术，源数据按特定格式封装于数据帧，数据码型为 PCM 码，用于采集微重力数据。

系统软件包括中央测控单元软件和实验单元软件。软件采用结构化、模块化和系统集成的设计方法。各实验单元作为相对独立的子系统，具有各自的 CPU 和应用软件，并且多数采用嵌入式结构，任务也比较单一，因此选择汇编语言比较合适。对于中央测控单元，测控和数据采集任务量大，进程调度频繁，在系统测试时对人机界面也有一定的要求，所以采用高级语言。按照系统集成的设计思想，各实验单元软件依据上述接口规范设计，封装其内部实现形式和细节。中央测控单元软件是系统的核心，它控制了整个系统的流程，包括指令、遥测和数据采集。图 2-4 是中央测控单元软件的主流程框图。

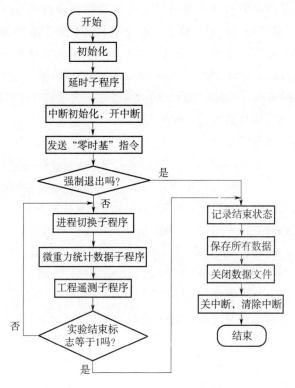

图 2-4　中央测控单元软件主流程框图[3]

2.2.2　实验项目实施方法

　　抛物线飞行对于飞行过程的安全性和可靠性有很高要求，这一点在世界各国抛物线飞行实验方法的制定中均有明显体现。以法国国家空间研究中心 A300 ZERO-G 抛物线飞机为例，其所有飞行项目均在法国飞行测试中心统一协调和核准下完成。每次项目飞行前，其文件、设备及人员均需要通过多项严格的审核和批准手续。项目具体实施过程如下。

2.2.2.1　项目相关文件及人员的安全评估和审核

（1）飞行安全策略

研究项目申请人必须在项目实施的不同阶段向 Novespace 公司（法国空间局管理运营抛物线飞行的下属机构）提交实验描述和风险分析的相关文件以供审核。此外，参与飞行实验的人员均需要提前参加关于飞行安全知识的培训。Novespace 公司和法国国家空间研究中心负责最终的考核，所有的飞行实验均需通过安全考核方可继续进行。

（2）飞行项目的相关文件准备

一般在飞行开始前三个月，所有飞行项目组需向 Novespace 公司提交详细的实验项目信息，包括飞行或实验目的，实验情况的描述，设备尺寸，质量、耗电量，所需飞行次数，实验研究所需人员数目及人员职责，实验研究所需的特殊设备或特殊环境条件（温度、压力以及地面支持等），初步风险估计及控制，项目负责人的详细联系方式等。飞行开始前两个月，所有上述各项信息的详细情况需提交至 Novespace 公司接受飞行控制专家的审核。

（3）项目评估确认

项目评估确认是飞行前对实施项目进行的最后一次审核，项目组需提供项目的变更情况以接受最终的评估审核。同时，所有的飞行仪器设备也会最终确定能否进行飞行，或需要进一步进行修改。

（4）参与飞行人员健康评估

为保证飞行过程的顺利实施，所有参与飞行实验的人员需要由专属机构进行体检。一次体检的有效期为一年。所有体检结果信息需在飞行开始前至少 6 周提交至 Novespace 公司。

（5）飞行安检

距飞行开始前一个月，Novespace 公司会公布抛物线飞行的详细日程表，并于飞行当天或前一天对各个飞行项目进行安全检查。

人体志愿者参与的生物医学实验研究。所有包括人体的实验研究项目需提交一份法语实验方法。此外实验需要经过伦理学委员会的批准，需根据法国相关法律申请相关的健康保险、意外保险等。

2.2.2.2　实验研究设备与抛物线飞机的耦合

（1）实验设备的设计

受限于抛物线飞机中空间及其他相关资源的限制，飞行项目所使用的仪器设备需经过特殊设计加工。首先设备结构需要能承受飞机起飞和降落时产生的超重负荷，大约在 1.5～9 倍正常重力水平。其次需要能承受抛物线飞行时产生的大约 2.5 倍正常重力，同样对于抛物线飞行时的自由漂浮设备，其在各个方向上都应能承受约 2.5 倍的重力水平。同时，设备设计时还需要考虑到对振动以及可能气压剧烈变化的承受能力，如有必要，需要预先在压力舱中进行测试。

（2）实验设备的安装固定

为了保证仪器设备以及操作人员在抛物线飞行中的安全，一般所有的设备均需要通过统一的固定接口固定在飞机上。为安全起见，Novespace 公司对固定方式及固定稳定性均有严格的限制，如施加在固定接口的负荷等。所有仪器设备的基座需要预先准备直径 12 mm 的孔，以便通过统一的螺栓固定在抛物线飞机的固定接口。受到气流的影响抛物线飞机在失重飞行阶段可能会产生微小重力，并不能实现真正的失重环境。如实验对失重程度的要求较高，需要完全的零重力，实验单元可以不固定在舱室内，以便在失重阶段不接触舱壁，而是漂浮在舱室内。但基于安全考虑，漂浮实验单元的质量与尺寸均须严格限制，一般质量需要限制在 25 kg 内。

2.2.2.3　飞行项目的组织实施

为保证项目的顺利实施，飞行实验项目组需要在飞行开始前 6 个月制定详细的计划。飞行过程中，取决于实验研究的需要，

Novespace 公司安全工作人员可以协助进行安全保障工作。通常，固定仪器设备的实验不需要安全工作人员辅助，但漂浮仪器设备可能会需要 1～2 名工作人员协助。此外，为协助实验数据收集及后续处理过程，Novespace 公司会通过机载加速度计提供当前飞行的加速度或重力水平。

　　尽管提供失重环境的地面平台相对经济，但每次抛物线飞行仍然耗资不菲。各个国家的抛物线飞行管理部门均设法提高利用效率，尽最大程度降低成本。由于每次参与抛物线飞行的实验项目多达 20 项，这也对飞行的顺利实施提出了挑战，因此严格的时间表应运而生，表2-2 所示为 A300 ZERO-G 单次抛物线飞行的时间表。

表 2-2　A300 ZERO-G 单次抛物线飞行项目组织的时间表

任务时间安排	飞行任务	飞行人员
1 年之前		
2 个月之前	提交实验研究及硬件相关文件 提交风险分析文件	医学检查
6 周之前	安全评估	
4 周之前		飞行情况评估
1 周之前	提交实验设备等硬件 设备组装 地面模拟实验	父母授权（如有必要） 公司出具豁免法律责任及声明
7～1 天之前	设备装载，固定及电气连接	
1 天之前	安检	飞行前确认
飞行日	飞行实验	
飞行最后 1 天	卸载设备	

2.3　失重飞机实验案例分析

　　世界各国，特别是美国、法国、俄罗斯及德国的抛物线飞机，已经进行过上百次飞行，完成的众多失重实验研究涵盖了力学、材料科学、生命科学以及空间飞行用仪器验证、航天员训练等多个学科领域。本节分别以美国国家航空航天局的抛物线飞机 C - 9 和法国国家空间研究中心的 A300 ZERO - G 进行的两次飞行实验作为案例进行分析。

2.3.1 案例一：不同重力水平、重心以及质量对人体运动生物力学的影响

实验平台：美国国家航空航天局抛物线飞机 C - 9。

2.3.1.1 实验目的

随着人类登陆月球或火星计划的不断进展，人类对于月球和火星环境的了解也逐步加深。在未来的探索月球或火星的过程中，航天员不可避免地会进行出舱活动。人们现在还不知道如何保证航天员在变重力、重心及自身质量的情况下高效率地完成探索任务，其中厚重的航天服对航天员活动能力的影响是毋庸置疑的。

这项实验的目的是借助抛物线飞机提供的失重环境了解人体在变重力环境下的活动能力以及身着航天服时的人体动力学，以期为优化设计新一代舱外活动服提供数据和理论支持。研究人员期望能够了解航天服质量、航天员体重、压力、航天员重心、航天员外形体征指标以及其活动能力之间的相互关系。

2.3.1.2 实验内容

概括来说，这项实验研究的主要内容有如下几条：

1）研究变重力水平对人体运动生物力学的影响，并研究人体如何应对这一变化。

2）研究航天服的质量对人体运动生物力学的影响，并研究人体如何应对这一变化。

3）研究航天服的重心（人体重心）对人体运动生物力学的影响，并研究人体如何应对这一变化。

4）研究两套不同配置的航天服对航天服质量航天员运动生物力学的影响，并研究人体如何应对这一变化。

2.3.1.3　实验步骤

（1）实验志愿者的选择

参加该实验的志愿者来自曾参与航天服开发研究的志愿者，此外一部分航天员也被选拔参与到该实验中。最终 7 名航天员参与了该实验的数据收集过程。

（2）实验平台及航天服

研究人员使用的抛物线飞机实验平台来自美国国家航空航天局约翰逊飞行控制中心低重力中心（Reduced Gravity Office，RGO）。该实验平台用于测试和评估空间设备和实验流程，也用于进行低重力水平对人体活动影响的实验。该抛物线飞机（C-9）每个抛物线飞行能够产生大约 25 s 的失重环境，最多容纳 20 名实验人员进行飞行，C-9 的舱室长约 13.7 m，宽 2.64 m，高 2.03 m，提供实验设备所需的电源等辅助条件。

运动生物力学研究中普遍采用的测力台和动作捕捉系统等也被装备在抛物线飞机上，分别用于监测飞行过程中舱壁对人体的作用力及捕捉人体的运动情况。

此外，实验过程中还装备了大量辅助实验设备，如航天服质量调整系统（用于调整作用在人体上的航天服质量），模拟航天员从事工作的铁铲以及装满人工石头的箱子（因为在阿波罗登月计划中航天员曾使用铁铲转移袋子）。

实验所用航天服代号为 Mark III，该航天服属于组合式航天服，由多个软硬组件构成，能够实现人体各个关节多个自由度的活动，并能够保持其内部适度的气压。为尽最大程度模拟空间真实情况，随抛物线飞机飞行的也包括航天服的多个支持分系统，如生命支持系统、通信系统等。

（3）抛物线飞行实验步骤及数据分析

利用飞行过程中产生的不同失重水平（0.1 g，0.17 g，0.3 g）模拟月球和火星的重力水平，结合可调节的航天服质量，调节飞行过程中作用于人体的质量，不同组合产生的质量如表 2-3 所示。

表 2-3　实验中不同重力水平和不同航天服质量组合

	人体质量/kg	航天服质量/kg	重力水平/g	作用于人体的重力/N
	80	120	0.1	196
不同重力水平	80	120	0.17	333
	80	120	0.3	588
	80	89	0.17	282
不同航天服质量	80	120	0.17	333
	80	181	0.17	435

受试人员根据计划在不同的负荷下完成多种预定任务，如行走、屈膝、捡石头、铲石块等。实验采集的机舱地面反作用力及人体动作等数据进一步处理后确定人体重心、人体的空间位置、运动数据及动力学数据等。

2.3.1.4　实验结果

人体运动动力学数据用于揭示人体如何存储、吸收、转化及消耗能量，通常用于帮助理解周围环境与人体力的相互作用。但 C-9 抛物线飞机并不能提供单一稳定的力学环境，飞行过程中受试人员完成任务时可能会受到飞机的微小作用力。

研究结果表明受试者在自选速度行走时，其速度受重力环境影响波动较大，特别是在穿着航天服时更为明显。未穿着航天服时行走移动速度明显较快。但随着航天员对环境、航天服的熟悉及专注力的增加，上述影响逐渐减小。

不同重力水平时，穿着航天服的受试者对地面反作用力的反应个体差异较大，从 0.1 BW（Body Weight，体重）至约 0.8 BW。未穿航天服的志愿者在 0.17 g 的重力水平下受到的地面反作用力最小。

不同重力水平对受试者的行动节奏也有一定程度的影响。结果表明高重力水平时（0.3 g），受试者行动节奏个体差异较小，说明高重力水平使受试者的行动更容易控制。相反，在低重力水平时

（0.1 g），受试者控制行动节奏较为困难。

人体运动学参数通常用来描述人体关节的活动情况，动作捕捉结果表明：不同重力水平运动时各关节角度不同。未穿航天服时，0.17 g 重力水平下行走时踝关节的最大角度均显著减小，明显不同于正常重力水平下行走时踝关节的角度。低重力水平下，受试者行走时膝关节的角度变化幅度同样明显减小，但髋关节角度变化受重力水平的影响并不明显。

综上所述，生物力学研究结果表明高重力水平使人体更容易控制行走姿势，而低重力水平明显减弱了人体维持稳定步态的能力。但是在高重力水平运动时人体的能量消耗也同样较大，说明利用较大的地面反作用力维持人体稳定性会消耗人体更多的能量。另一方面，人体若承受较大负荷时，完成任务的稳定性有所增加。

尽管以上结果说明了低重力水平对诸多人体运动生物力学指标的影响，但由于参与实验的志愿者人数较少，并且实验结果个体差异性较大，要想得出确切的结论尚需要进一步的研究。同时，受抛物线飞机舱室容积以及所产生重力水平的限制，志愿者完成稳定行走步态的能力也受到一定程度的限制。基于以上考虑，未来进一步的研究可能会需要更多的受试人员参与。此外，抛物线飞行实验研究的实验结果也需要与其他地基模拟失重手段下的实验结果进行比较。

2.3.2　案例二：骨细胞对变重力水平的响应研究

长期航天飞行中失重环境会导致航天员严重的骨质流失。骨质流失不仅会导致骨骼的力学承受能力下降而引发骨折，另外流失的骨矿物质需要肾脏代谢出体外，也容易引发肾结石等疾病。研究人员试图开发多种对抗措施预防骨质流失的发生，但迄今为止，其对抗骨质流失的效果还不令人满意。

实验平台：法国国家空间研究中心抛物线飞机 A300 ZERO - G

2.3.2.1 实验目的

目前关于失重环境导致的骨质流失机理尚不十分清楚，证据表明骨细胞（骨骼组织中分布最为广泛的细胞，由成熟的成骨细胞分化而来，埋藏于骨基质中的骨陷窝内，通过突出相互连接或与成骨细胞、破骨细胞传递信息）在骨组织对重力的感受过程中起"感受细胞"的作用并调节控制骨形成和骨吸收的动态平衡过程。因此探讨骨细胞对失重环境的响应对于揭示失重导致骨质流失的细胞分子生物学机制有指导性意义。该项研究的目的在于探讨骨细胞对抛物线飞机产生的变重力环境的响应。

2.3.2.2 实验内容

利用骨细胞系 MLO - Y4，研究抛物线飞行产生的变重力环境对细胞形态、骨架、细胞内相关蛋白和基因表达情况的影响。

2.3.2.3 实验步骤

1）将细胞培养于根据抛物线飞行需求而特殊设计开发的细胞培养装置内。

2）装置固定在 A300 ZERO - G 抛物线飞机上。

3）抛物线飞机飞行 30 个抛物线，每个抛物线飞行周期产生约 22 s 的失重环境（残余重力约为 0.05 g），其产生的最大超重加速度约为 1.8 g。

4）飞行结束后，部分细胞被固定并染色，进行后续的形态学观察。

5）另一部分细胞进行化学裂解，进行间隙连接蛋白 Cx - 43 的表达情况研究。

2.3.2.4 实验结果

1）细胞染色结果表明飞行前后细胞形态并未发生明显变化。

2）细胞面积和细胞高度并没有发现明显变化。

3）地面对照培养的细胞骨架蛋白微丝蛋白（F - Actin）正常分布在细胞周边和细胞质中并呈丝状结构，微管（α - Tubulin）以其组织中心向四周呈发散状分布，细胞核形状正常。但飞行后，微丝蛋白多集中于细胞周边，并且微丝蛋白在细胞质中几乎无分布。微管蛋白分布的组织中心消失，并且开始向细胞核周围聚集。与对照组相比较，细胞核并没有发生明显变化（图2-5）。

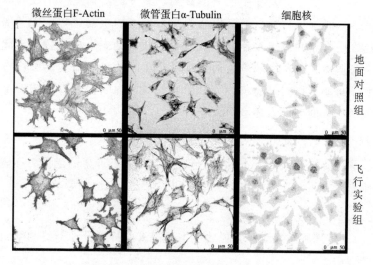

图2-5　染色细胞微丝蛋白、微管蛋白
以及细胞核飞行实验组和地面对照组的形态对比

4）间隙连接是骨细胞与骨细胞以及周边效应细胞相互传递信息的重要通道。间隙连接蛋白的表达在一定程度上可以反应骨细胞对外传递信息的活跃程度。蛋白表达检测结果表明抛物线飞行导致间隙连接蛋白表达下降。

总结以上结果，作为骨组织中的重力"感受"细胞，骨细胞对重力变化十分敏感。尽管抛物线飞行产生的变重力环境没有导致细胞形态发生明显变化，但细胞骨架结构以及间隙连接蛋白的变化比较明显，进一步说明了细胞骨架可能是细胞中感受外界力学环境变化的重要结构。

2.4　结束语

目前，真正的空间飞行成本仍然很高。随着人类探索太空步伐的加快，如登陆月球、火星乃至探索彗星计划的相继开展或实施，空间科学研究仍然需要抛物线飞机这一实验平台进行前期的研究或测试工作，所以在未来的长期时间内，抛物线飞机仍会继续存在并发挥其不可替代的作用。

随着其他产生或模拟失重环境设备的不断发展，如中性浮力水池逐渐成为训练航天员使用最为广泛的设备；抗磁悬浮作为新兴的模拟失重环境的方法，也开始逐渐应用在生命科学、材料科学等研究领域。使用抛物线飞行这一平台开展的科学研究或测试将会更加集中于对抛物线飞行缺点不敏感的项目中，如持续时间或超重失重交替的重力环境对其影响可忽略的实验项目等。

但鉴于未来人类航天事业的快速发展，特别是美国对私人载人航天项目（特别是近地轨道飞行）的鼓励与提倡，也许在不远的将来，可以研制专门的空天飞机，从地面起飞后进入低地球轨道环绕飞行，提供真正的空间轨道微重力环境，完成实验后飞回大气层安全着陆。

参 考 文 献

[1] 于喜海，陈金质，孙海龙．失重模拟技术的发展及其比较研究 ［J］．环模技术，1998，(2)：22 - 28.

[2] 柯受全，等．航天器环境工程和模拟实验（上、下）［M］．航天器工程系列，导弹与航天丛书．中国宇航出版社，2007.

[3] 吕从民，席隆，赵光恒，等．基于失重飞机的微重力科学试验系统 ［J］．清华大学学报（自然科学版），2003，(8)：1064 - 1068.

[4] http：//baike. baidu. com/view/3464489. htm.

[5] http：//www. iouter. com/n7136c16p2. aspx.

[6] http：//baike. soso. com/v423344. htm.

[7] http：//ask. baby. sina. com. cn/ask/question - detail/qid/2056658.

[8] 陈春雨，王德汉．失重飞机抛物线飞行与应用 ［J］．航天医学与医学工程，1994，(4)：299 - 303.

[9] Parabolic Flight Campaign with A300 ZERO - G: User's Manual ［M］. Edition 5，July 1999，Novespace，Paris / France.

[10] Steven P. Chappell, et al. NASA/TP - 2010 - 216137 Report: Final Report of the Integrated Parabolic Flight Test: Effects of Varying Gravity, Center of Gravity, and Mass on the Movement Biomechanics and Operator Compensation of Ambulation and Exploration Tasks. December 2010.

[11] ShengMeng Di, Peng Shang, et al. Graviresponses of Osteocytes Under Altered Gravity. Advances in Space Research , 2011, (48): 1161 - 1166.

[12] Airong Qian, Peng Shang, et al. Development of a Ground - based Simulated Experimental Platform for Gravitational Biology. IEEE Transactions On Applied Superconductivity. 2009, 19 (2): 42 - 46.

第3章 落塔实验

3.1 落塔实验原理及国内外发展现状

为确保航天器飞行成功及航天员安全，各航天大国对微重力科学与应用均进行了深入研究。由于问题复杂，基础研究就成为工作的重点且大部分是在地面完成的，落塔是地面研究的重要手段。本节主要介绍落塔实验的原理、实验方法及国内外主要落塔设施。

3.1.1 实验原理

在许多微重力实验中，要求重力加速度小于 $10^{-3}\,g$。落塔法是通过在微重力塔（井）中执行自由落体运动，从而产生微重力实验环境的一种方法。一般通过在地面上建造高塔或者挖深井（落井一般利用废弃的矿井）来实施。目前美国、日本、德国等都建立了微重力落塔。

为了模拟空间的微重力环境，应该保证实验过程的抗干扰、抗震和精密测试等要求，这就对落塔的建筑和质量提出了特殊要求，致使设施的建设费用昂贵，但因它能提供可靠的、重复的地面实验，相对于卫星、航天飞机乃至失重飞机，还是较为高效、经济的。表3-1对几种常用运动型微重力实验方法进行了比较。

由表3-1可以看出，落塔的优点是实验费用低，实验的时间选择和实验次数不受过多限制，实验重复性好，有利于实验结果的分析。此外，落塔还有微重力水平高、初始条件易于保证、数据采集方便、费用低、易于操作、干扰小等优点。但是落塔实验也存在不足之处，例如失重时间短（几秒），这使得需要较长失重时间的实验无法在落塔中进行，导致落塔应用有很大局限性。针对它的缺点，国外近年建设了高深度落井，使可用实验时间达 10～11 s，以满足某些研究工作的需要。

表 3 - 1　运动型微重力实验方法比较

实验工具	抛物飞行	落塔	探空火箭	无人轨道设备	有人空间站
实例	Novespace Airbus NASA KC - 135 NASA DC49	NASA Glenn (USA) INTA Madrid（E） ZARM Bremen (D) JAMIC (J) MG - LAB (J)	Mini - TEXUS TEXUS MAXUS	EURECA	MIR IML ISS
失重时间	20 s	2.2～10 s	几分钟	几周～几月	几小时～几月
微重力水平	$10^{-2}\sim10^{-4}\ g$	$10^{-5}\sim10^{-6}\ g$	$10^{-4}\sim10^{-5}\ g$	$10^{-5}\ g$	$10^{-3}\sim10^{-5}\ g$
人工接入	是	否	否	否	是
自动实验操作	推荐	必须	推荐	必须	推荐
数据上传/下传	不可以	可以	可以	可以（间歇的）	可以（间歇的）
重复性	数次/年	每天	1～2/年	不固定	不固定
硬件更换复杂度	低	高	无	无	低
实地支持	不需要	需要	需要	需要	不需要

图 3 - 1 给出了几种运动型微重力实验设施所能提供的微重力水平和持续时间的对比结果，可见，落塔可模拟的微重力水平与空间设施的微重力水平相当，因此，该方法可以提供与空间真实微重力环境基本相同的模拟水平，是一种最接近真实情况的地面微重力实验设施。

3.1.2　国内外现状

40 年来，微重力应用研究推动着微重力环境科学迅速发展。受条件限制，采用落塔法在地面实现微重力条件的时间很短，使地面实验研究难度增加。

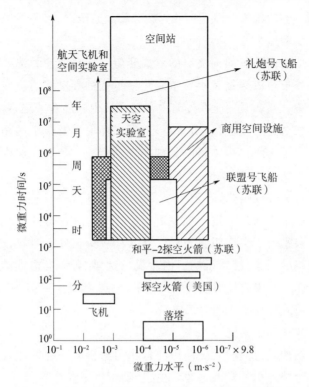

图 3-1　运动型微重力实验设施特征时间和微重力水平

　　从 20 世纪六七十年代开始，针对不同实验内容及目的，各国相继建立了用于微重力实验的落塔，如德国不莱梅大学 ZARM 研究中心、日本微重力中心（JAMIC）、美国国家航空航天局路易斯研究中心、中国科学院国家微重力实验室等。

3.1.2.1　国内落塔介绍

3.1.2.1.1　中国科学院国家微重力实验室落塔

　　该落塔高度超过百米，其自由落体实验设施的主要技术性能为：微重力时间 3.5 s，微重力水平 $10^{-5}g$，减速过载近似半正弦波，平均 8 g，峰值 12 g。

　　这套设施由实验舱组件、减速回收系统、释放系统、控制系统、测量系统以及辅助设施组成。这里仅概要介绍技术先进并具有原始创新性的实验舱组件、减速回收系统和释放系统。

（1）实验舱

实验舱为内外舱间抽真空的双层套舱结构。设计时选取了轴对称的气动外形，以尽量减小下落时舱体承受的气动阻力。内舱中装有实验装置，实验时内舱在外舱内真空环境中随外舱一起自由下落，内外舱间相对速度很小（<1 m/s）。真空环境以及很小的相对速度有效地减小了内舱自由下落时受到的气动阻力，从而确保内舱中的微重力水平达到 $10^{-5}g$，甚至更高。

（2）分离释放机构

该设施采用的是电磁释放装置。这套机构由卷扬机组件、83 m工作面组装平台、电磁吸头组件、外舱被吸头组件、内舱被吸头组件、外舱机械锁紧/解锁机构、内舱机械锁紧/解锁机构、零米工作面控制操作台、中心控制室控制操作平台控制系统，以及83 m工作面高空吊篮式操作工作间等组成。

（3）减速回收系统

本设施的减速回收系统使用的是我国独特的弹性可控减速回收装置，这套装置由三端互逆机/电换能器（以下简称换能器）、钢丝绳索钢质圆环、高强度编织网袋（以下简称网袋）、高强度弹性橡皮筋绳组（以下简称橡皮筋绳组）、耗能电阻箱工控机控单元以及紧急制动筒等组成。

3.1.2.1.2　中国科学院工程热物理研究所落塔

工程热物理研究所22 m落塔自由落体实验设施有效落差18 m。按照国际上现有落塔设施均采用的自由下落工作模式，此落塔仅能提供1.7 s的微重力时间，微重力水平为 10^{-4} g，属于小型简易落塔。当时国家微重力实验室设施正在实施二期工程，而出于微重力燃烧实验研究需要，在22 m落塔自由落体设施上发展了泛能上抛工作模式。由于采用了信息控制技术和泛能换能技术，工程热物理研究所22 m落塔成功地实现了上抛工作模式。落塔的微重力实验时间已达2.8 s，（这相当于一个60 m高度的落塔能提供的微重力实验时间），实验成功率达 100%，加速过程产生的初始扰动的影响可控制在 0.1 s 左右，微重力水平≤10^{-4} g，领先于美国和德国落塔的上抛工作模式，在此项实验技术上处于国际领先地位。

整个系统的工作程序如图 3-2 所示。

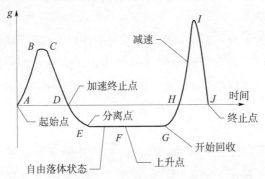

图 3-2 中科院工程热物理研究所落塔工作程序

（1）准备

采用双舱结构，外舱（阻力罩）在上升、下降的运动过程中承受周围大气的阻力。实验装置安装在内舱中。实验开始时内舱座落在外舱底部，处于待命状态。内、外舱均密封。

（2）起动、加速

在过程控制工作站的指令下，三端泛能换能器开始按照预置的加速曲线将实验舱逐渐加速至所需的速度。一个典型的工作曲线如图 3-2 所示。

（3）内舱（实验装置）进入自由落体状态

实验舱组件在加速终止点（D）后的 D-E 段逐渐减速，由于减速度仍然小于 1 g，所以内舱仍然座落在外舱底部。内、外舱作为一个实验舱组件一起运动。在到达 E 点时实验舱组件达到 1 g 的减速度，此后外舱以略大于 1 g 减速度继续运动，此时内舱与外舱分离而悬浮于外舱之中，并以相对于外舱极小的相对速度呈自由落体状态运动，从而进入微重力状态。这个过程是一个渐变的过程，连续平衡地过渡，从而有效地控制和减小了上抛加速过程引起的初始扰动。

（4）上升

内舱悬浮在外舱中以自由落体状态向上减速运动，沿 E-F 段直至达到上升点 F。此时，外舱在过程控制工作站的指令下以略大于 $1\,g$ 的减速度运动。外舱略先于内舱达到上升点。

（5）下落

内舱通过上升点后，仍然悬浮在外舱中以自由落体状态沿 F-G 段向下加速运动，直到开始减速回收为止。此时，外舱在过程控制工作站的指令下以略小于 $1\,g$ 的加速度向下加速运动，直至开始减速回收为止。

（6）减速回收

当内舱平稳座落到外舱底部时，内、外舱又形成一个统一的组合件。此时在过程控制工作站的指令下，实验舱组件按照预置的减速曲线运动，沿 G-H-I-J 段减速直至完全停止运动（终止点），从而实现平稳回收。

3.1.2.1.3　我国 BISE 54 m 微重力落塔设备

我国北京强度环境研究所（BISE）自 20 世纪 70 年代起从事与火箭和航天器相关的微重力环境研究工作，对液体静平衡、晃动、出流、重定位、毛细网筛和蓄留器、液—气传感器等进行试验研究。近年来开展合金冷凝等微重力材料加工试验研究，配合试验开展了计算机微重力计算与分析研究。

（1）主体结构

该落塔塔高 54 m，原为振动试验塔，有效落高为 40 m，微重力时间为 2.8 s。地面附属建筑内备有超声波清洗机、洁净贮存柜、照相洗印室、高压充气系统、仪器调试与实验舱总装区域等。试验前起吊系统将组装调试好的舱体吊至塔顶，起吊过程中用定向绳定向，防止舱体转动。释放前舱内电池工作，向仪器设备供电。

（2）实验舱

实验舱体由内、外两部分组成：下落过程中外舱受到空气阻力作用，内舱在外舱内部静止空气中下落。在落程终点前瞬间，内舱落在外舱底板上一起被减速回收，外舱直径 1.2 m、长 4.15 m、质量 400 kg。内舱长 0.7 m、宽 0.5 m、高 0.6 m、质量 60 kg。舱内安装有试验件、电源、控制系统、助推系统、照相测量系统、照明系统、干扰机构等。

依据试验要求，内舱上装有助推系统产生向上或向下的推力，使加速度值在 $7.5 \times 10^{-3} \sim 10^{-1}$ g 变化。助推系统由气瓶、电磁阀、减压器和喷嘴组成，气源为高压冷气。

依试验对外舱阻力系数的要求不同，外舱结构有变化。要求小阻力时，外舱头部为尖锥形，阻力系数 0.2、下落时间 2.86 s。要求大阻力时，舱尾部安装阻力板，阻力板直径 2.3 m，共有 8 块，阻力系数可达 3.35。安装 4 块阻力板下落时间为 2.99 s，安装 8 块阻力板下落时间为 3.05 s。

（3）减速回收系统

实验舱自由落体后进入回收舱减速。回收舱高 4.95 m，直径 3.5 m，内装膨体聚苯乙烯小球作为制动材料，实验舱所受过载及进入深度与实验舱头部外形及小球的比重、大小有关。经试验比较，选用比重 0.1、目数 30 的聚苯乙烯小球，减速时间 110 ms，平均过载 32 g。依靠小球流动摩擦、压缩变形及间隙的空气弹簧效应达到制动作用。

3.1.2.2　国外主要落塔及实验

3.1.2.2.1　德国不莱梅大学 ZARM 研究中心

建立在德国不莱梅（Bremen）应用空间技术和微重力中心（简称 ZARM 研究所）的落塔是目前国际上最大的地面微重力研究实验装置之一（图 3-3），该设备实行自动和集中控制，每天可进行 3～4 次自由落体试验，此外，备有多个实验舱，用户可同时平行进行试验的准备与调试工作，加快了试验工作的进展。自 1990 年 9 月正式投入运行以来，它已

图 3-3　Bremen 落塔

完成了许多重要的研究计划，取得了一系列成果，对空间科学研究和发展作出了巨大贡献，已成为世界瞩目的微重力研究中心和基地。

（1）主体结构

图 3-4 为 Bremen 落塔的内部结构图。落塔采用混凝土结构，

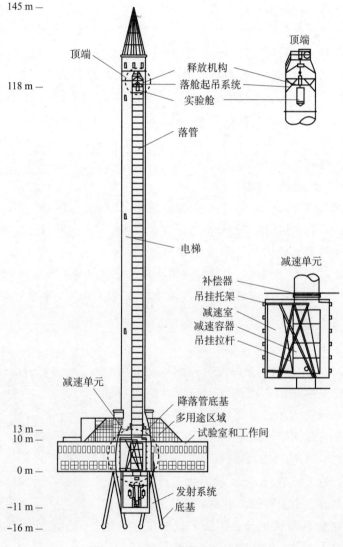

图 3-4　Bremen 落塔内部结构图

地面以上部分高 145.5 m，地面以下部分深 12 m。内含一个钢结构落管，高 110 m、管径 3.5 m，实验舱即在落管中垂直下落，落管完全独立，与外边的混凝土塔体没有任何接触，这样就保护落管不受外界影响。底部为减速室，高 10 m、直径 9 m，减速室中填充了 8 m 厚的聚苯乙烯塑料小球，作为实验舱落下时的阻尼器。4 根支柱由塔底向下延伸 16 m，用以将舱体减速作用的载荷传递给地球。

落塔内部的落管及减速室总体积为 1 700 m^3，为了减少落管内空气阻力，由三级真空泵抽成真空，抽空能力为 3 200 m^3/h，大约 2 h 可抽空至 1 Pa。实验舱自由下落 110 m 距离，下落时间为 4.74 s，终点速度 175 km/h，微重力水平为 10^{-6} g。

2004 年 12 月，ZARM 在塔底 10 m 深的室内安装了弹射系统，如图 3 - 5 所示。12 个巨大的压力罐均匀地分布在落管真空室的周围，压力罐与真空落管之间的压力差推动弹射器中间的活塞将实验舱发射上去。弹射系统可将 300～500 kg 的实验舱在 0.28 s 的时间内加速到 175 km/h，这个速度可使实验舱升到塔顶，然后再次下落，总共可以得到 9.5 s 的微重力实验时间。

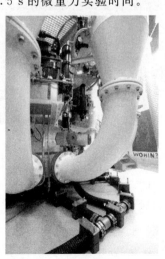

图 3 - 5 Bremen 落塔弹射系统

（2）实验舱

如图 3-6 所示，实验舱为圆柱体，直径 800 mm、高 1.6 m 或 2.4 m（由实验需求决定）、最大载荷 500 kg。标准实验舱包含一个计算机平台和电源供应系统。电源供应系统的电压为 28 V、电流为 10 A；数据及视频总线为 32＋52 测试通道（1.6 Mbit/s）；可通过遥控、电视手段直接观察实验过程。

（3）分离释放机构

起吊舱体时将舱体置放于由导轨制导的小车上，以避免起吊时舱体摆动。舱体释放时使用电控的电气动释放系统，可消除力矩与振动的干扰。

图 3-6　Bremen 落塔实验舱

（4）减速回收系统

为保护舱内试件及敏感仪器，由一高 8.5 m 的柱形缓冲舱回收下落舱体。回收舱内充满膨体聚苯乙烯塑料球。小球流动产生摩擦、受压变形以及球间隙空气弹簧等因素使其减速过载达 35 g。

（5）实验

实验舱在自由落体过程中可以提供良好的微重力环境，它可从事如流体物理、材料科学、物理化学、化学和生物学等广泛领域的研究。其中大多为基础性研究，特别是进行地面重力场中无法发现的现象的研究。

欧空局是不莱梅落塔的重要客户，与 ZARM-FAB 在 2000 年 1 月签订了一份长达 4 年的合同，合同期间共进行了 174 次落塔实验。下面简要介绍几个欧空局支持的落塔实验。

①关于积灰的燃烧实验

关于积灰研究的落塔实验是由不莱梅大学的 J. Reimann 和 S. Will 主持的，通过 2002—2007 年在 Bremen 落塔进行的一系列实验，提高了对积灰的认识。落塔的微重力环境为研究喷射流扩散火焰和认识微粒初始、成长过程提供了理想平台。

　　这些实验运用一系列燃料（甲烷、乙烯、丙烷和庚烷等）和气流设定研究层流扩散火焰，图 3-7 为层流乙烯扩散火焰。烟灰微粒特性的研究则通过二维原位测量完成，这些测量揭示了相对于常重力状态、微重力状态下积灰条件和微粒特性的改变。

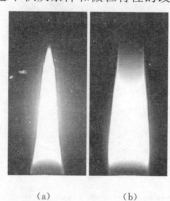

（a）　　　　　　（b）

图 3-7　（a）常重力和（b）微重力下的层流乙烯扩散火焰

②尘埃和颗粒状物体研究

　　1994—2009 年间，这个项目进行了 300 多次落塔实验，对尘埃到行星的形成过程和太阳系中的微小天体等课题进行了研究。这个项目主要包括工艺、布朗运动、发光体、颗粒状物体、行星环、尘埃碰撞等主题（见图 3-8）。

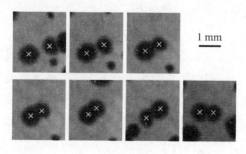

1 mm

图 3-8　两个 0.5 mm 尺寸的微粒（用×标记）以 4 mm/s
的速度碰撞，整个过程约 2 s

③生命起源研究

20世纪50年代，斯坦利·米勒教授等提出在行星引力作用下积聚在行星表层的气体、水和尘埃等物质经过电击可以形成氨基酸，地球上的生命起源于陨石带来的氨基酸。在欧空局的合同中，将开发一种先进的米勒-尤里型测量装置（MUE）作为国际空间站（ISS）上微重力科学实验箱的一种有效载荷（见图3-9）。这些研究旨在探索太阳星云环境中生命起源之前的有机化合物合成反应过程。实验设计在二氧化硅微粒表面形成薄冰层，之后使微粒通过持续释放电击的区域，模拟相似于初始MEU的

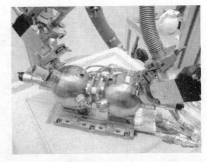

图3-9　米勒-尤里型测量装置

电击和化学反应，使化学反应在冷冻玻璃瓶中进行，不同玻璃瓶中充满不同气体混合物，这跟米勒教授早先的实验一致。

3.1.2.2.2　德国FAMEX落塔

德国713.5 m高的FAMEX落塔设备位于下萨克森州哈茨山巴特格鲁郊区，是由矿井改建而成，自由落体时间11 s，微重力水平为 $10^{-4} \sim 10^{-5} g$。1993年年底投入使用，重点进行微重力物理、化学、生物的基础研究，也进行材料加工方法、工艺过程、推进剂流体行为、燃烧等应用与实用研究。

（1）主体结构

竖井深713.5 m，直径是4.5 m，自由落体试验段高度为600 m，下落时间为11 s，制动距离约为100 m，紧急制动距离为20 m。井内装有两根导轨，舱体沿导轨下滑，导轨采用磁浮非接触滑动。落井下部有液压制动系统及弹性绳紧急制动系统，井上部有悬吊分离系统。地面上附属建筑群有多个试验室、试验准备间、车间及生活服务设施。实验室可进行包括化学、生物化学、光学、控制技术、照相摄像、X射线等许多专业项目的试验。实验准备间用于进行试件

与仪器设备的安装调试及舱体总装。清洁室用于对部件及流体试验件进行清洗安装。控制室对试验进行监控，采集试验数据与图像。计算机室对图像与数据进行处理分析。车间包括有机加工车间、精密仪器车间、装配车间、电子车间。

（2）实验舱

自由下落实验舱由内外舱组成。外舱长 4 m，直径 1.5 m，最宽处 2.2 m，重 600 kg。内舱长 1.6 m，直径 0.8 m、重 300 kg。内舱装有实验舱架、动力源、数据监控系统、数据传输系统等。实验前内外舱悬吊于分离释放机构上。下落开始，内外舱分开。有导向的外舱下落时，其上的助推器工作以克服空气阻力。内舱在外舱内无阻力自由下落，控制系统确保在整个下落过程中内外舱之间保持一定的距离，并使内舱在自由下落全程结束前瞬间轻轻落在外舱底部上。内外舱之间可依要求抽空，实验舱微重力水平可达 $10^{-4} \sim 10^{-5} g$。下落过程，控制系统、助推系统与舱体间的数据交换是由激光光学数据传输设备完成的。

（3）其他系统

实验舱下落时，所受空气阻尼与其下落速度的平方约成正比。此外，舱体导向下落，井壁与舱体反作用亦带来附加阻尼。为克服上述阻尼，在舱体上安置助推系统以产生连续的推力。

①混合型冷气助推系统

冷气助推的优点是可产生小推力且易于控制，因而常被用于微重力落塔实验中。在 FAMEX 落塔中，使用两个或多个独立工作的冷气助推器。可控助推器喷嘴产生主推力，可调节助推器喷嘴产生可导向的补偿推力，以弥补主推力与空气阻力之差额。

②磁助推系统

直线性马达推力系统给舱体提供高速可控推力，且对舱体扰动小。直线性定子沿下落方向安置，产生传播磁波，由可变三相电流控制其量值及速度。本系统适用于全自动工作循环。

在整个实验过程中，对数据进行实时监控，如微重力水平，试验内舱的压力、温度、湿度及试件的动态等。移动式记录和存储系统（MARS）对全部数据进行监控。它是由安装在舱内的目标系统（TARGET）及地面站内的图形和数据处理系统（HOST）所组成。模拟/数字变换器的采样速率是可编程的（最大 33 kHz）。数字声频磁带存储数据的最大记录能力为 1.5 G 字节。两台彩色工业电视监控试验全过程。监控站通过无线电将信号传给实验舱。数据传输由两台双向激光仪完成。记录的试验数据由地面站系统扫描并将试验特性图形显示。

3.1.2.2.3　日本微重力中心落塔

1991 年日本微重力中心在北海道上砂川建成了目前世界上最大的 710 m 自由落体试验设备，微重力水平达 10^{-4} g，微重力时间 10 s，试验载荷 1 000 kg，减速过载小于 10 g。该落塔由煤矿竖井改造而成，由日本石川—播磨重工业公司承建。

该设备目前主要进行燃烧、流体物理、空间材料加工等基础研究。

（1）实验室主体结构

设备的地下部分总深 710 m，下落距离为 490 m，制动距离为 200 m，紧急制动距离为 20 m，直径为 4.8 m。井内安装两根导轨，实验舱两侧装有磁导机构。舱体沿导轨下落过程中，二者不接触，井内压力保持一个大气压，温度为 20～25℃，磁场小于 4 Gs（0.4 mT）。

地上设备主要为起吊设备、释放机构、支持机构。

①舱体总装室

将装有实验设备的实验架安放于内舱，再将内舱放于载荷舱并与公用舱、推力器舱组装成一个整体。此外，在总装室中还对推力器舱充填高压气、更换电池等。实验结束后，拆卸舱体取出实验件。

②舱体运输设备

将已组装并调试好的舱体由总装室运送到竖井固定平台，实验结束后将舱体送回总装室。

③控制与监测室

用于下达分离释放指令，向舱内仪器下达工作指令。视频监控器显示落井及舱内摄像机送来的试验状态实时图像，在数据输出转换器（CTRS）上得到试验数据的图形或数字显示。

④实验设备调试室

对实验件进行处理（清洗、加热或冷却）及检测（导电性、工作性能），对设备进行校准和调试。

⑤内舱架安装室

将实验件、支持设备、测量仪器、电池等放入实验架内，调整平衡并检查结合部位。

⑥车间及维修室

对实验装置、仪器设备等进行修理与维护，对非标准设备进行检修和调试。

⑦实验件分析室

对回收实验件进行分析与整理，备有光学显微镜、精密试件切割器、腐蚀清洗设备等。

⑧数据分析室

对回收记录的图像数据等进行分析，备有图像处理仪、数据处理用计算机等。

（2）实验舱

实验舱为双舱结构，内舱置于外舱内，实验舱架置于内舱内，内舱与外舱间是真空环境。为克服外舱下落时的空气阻力，在舱体上端安装有气体助推器。下落过程内舱与外舱分开并在真空环境中飘浮，可使试件处于 10^{-5} g 微重力环境中。

实验舱分为 3 部分。公共舱内安置数据记录仪、功率源、磁导机构、助推器控制仪等。有效载荷舱安放在内舱中，助推器舱安放气体助推器。用一个光学位移传感器测定内舱位置，数据传递给控制系统对助推器进行调控，以确保内舱始终处于飘浮状态。舱体长

7.85 m，直径 1.8 m，质量 5 000 kg，由铝合金材料制成。载荷舱直径 1.3 m，长 1.4 m，最大质量 1 000 kg。

（3）分离释放机构

竖井顶部有一舱体分离释放机构，使用液压机构无干扰快速分离释放舱体。分离时内外舱体同时被释放，外舱沿导轨无接触下落。装有试件的内舱在真空环境中飘浮随外舱一起下落，可获得 $10^{-5} g$ 微重力水平。

（4）减速回收系统

舱体在自由落体终点（490 m、10 s）处的速度为 360 km/h。舱体首先进入空气制动管内，利用压缩制动管内的空气来减速，然后进入机械制动区，制动闸瓦使舱体运动逐渐终止，整个制动过程使用空气阻尼效应和机械摩擦效应的组合，使实验舱制动冲击达到最小，最大过载为 10 g。在机械制动失灵的情况下，舱体冲入紧急制动管内，紧急制动装置可使舱体在没有严重损坏的情况下在 20 m 距离内停止运动。

（5）实验

液体乙醇作为延长石油衍生资源的一种手段被广泛用于实际燃料，或作为燃料添加剂，以减少一氧化碳的排放量。最近的研究也表明，乙醇和其他含氧化合物添加到柴油燃料，可以减少颗粒物排放。B. D. Urban 等人观察酒精液滴在微重力环境中的燃烧，以及火焰扩散特性。在日本微重力中心（JAMIC）10 s 竖井液滴燃烧（SEDC）仪器完成了烟尘的影响实验，试验表明乙醇液滴在微重力条件下燃烧形成球形的火焰。由于烟尘对可测量范围内的压力的微小变化的敏感性很强，因此乙醇适合研究球形扩散火焰对烟尘形成的影响。

3.1.2.2.4　美国国家航空航天局路易斯研究中心 145 m 落井

路易斯研究中心隶属于美国国家航空航天局，拥有一座 145 m 深的落井，坐落于俄亥俄州布鲁克，最初是用于太空飞行组件和流体系统在失重或微重力环境下的研究和开发，1966 年建成以来一直运作至今。该落井目前正在为世界各地的研究服务，如微重力下的燃烧和流体物理，未来空间任务的新技术开发，并用于开发和测试飞行实验硬件，设计航天飞机或国际空间站等（见图3-10～图3-11）。

图 3-10 路易斯研究中心 145 m 落井顶部

图 3-11 路易斯研究中心 145 m 落井柱形舱平台

（1）主体结构

实验室地下部分为一个竖井，井壁厚 0.45～0.60 m，由加强混凝土浇灌，直径 8.7 m，延伸到地平线下 155 m。真空室长 143 m，直径 6.1 m，壁厚 1.6～2.5 cm，自由下落高度为 132 m。实验室地上部分的建筑内，设置控制室、清洁室、工作间、安装有真空泵起吊释放设备等。

（2）实验舱

实验舱作为一个载荷支承结构，起到承受冲击过载、保护安放在内部的研究设备的作用，其结构随每个试验的研究要求而变化。主要有三种。

1）柱形舱体。直径 1 m、高 3.4 m，总质量 1 134 kg。舱体头锥内有一冷气推力系统，可产生 0.00～0.01 g 的正向加速度。舱内容积为直径 1 m、高 1.5 m，最大载荷质量为 453.6 kg。

2）矩形舱体。宽 0.5 m、长 1.5 m、高 1.5 m，总质量 317 kg。一个冷气推力系统产生 0.03～0.037 g 正向加速度；另一个推力系统产生 0.013～0.07 g 负向加速度。舱内实验舱宽 0.4 m、长 0.61 m、高 0.41 m，最大载荷质量为 69 kg。

3）球形舱体。直径 1 m、壁厚 2.5 cm，质量 226 kg。最大载荷质量为 69 kg，此种舱体主要用于由底部向上弹射的施放方式。

（3）减速回收系统

回收系统位于落井的底部，直径 3.3 m，深近 6.1 m，里面充满了直径 3 mm 的聚苯乙烯球。自由落体后，实验舱在容器中减速，通过小球流动控制减速。舱体平均过载为 25 g，有着 35～50 g 的 20 ms 峰值区。容器放于小车上，当使用 10 s 运作形式时可预先退出，舱体向上弹射之后，小车再放回原处。

（4）其他系统

真空室内装有照明系统，以便在自由下落过程对实验舱进行观察和照相。该系统由安装在壁上的单排石英碘灯所组成，每隔 1 m 安装一盏。

起吊实验舱的吊车安装在地上建筑物内，起吊能力为 18.14 t。

运输人与仪器的电梯位于真空室外侧与竖井内侧的间隙中。载荷能力为 1.36 t，电梯面积为 1.2 m×1.8 m。

真空泵系统能在 1 h 之内使真空室的压力降到 1.333 Pa，并在整个实验过程保持这个压力，当实验结束时恢复标准大气压。由两个活塞式抽气机组成的 3.05 m×3.05 m 超声速抽气设备，具有 47 200 L/s 抽气能力。首先用它将真空室抽真空达到 3.333 kPa 压力，再用四级真空泵抽真空达到 1.333 Pa。

地面上建筑内有一清洁室，长 7.5 m，宽 6 m，最低天花板高度为 2.8 m，清洁度等级为 10 000 （Fed. Std. 209）。清洁室用于对关键试验部件进行清洗和安装，室内有蒸发罩、超声清洁器以及在清洁度等级为 100 下工作的分流站。

（5）运作形式

设备有两种运作形式：一种是使实验舱从真空室顶部自由下落，有 5.15 s 自由落体时间；另一种是利用位于真空室垂直轴上的高压气体加速器，由真空室底部向上弹射实验舱。上下全过程可达 10 s 自由落体时间。自由下落的实验舱内可获得 10^{-5} g 的微重力水平。

5 s 运作形式时，将舱体支撑轴悬吊在真空室顶部折裙板式的释放机构上。释放前 0.5 s，控制电缆由舱体支撑轴遥控抽出。通过气动剪切螺栓释放实验舱，该螺栓使折裙板处于闭合位置状态，此种释放方法给予舱体的扰动可基本忽略。

10 s 运作形式时，将实验舱安装在真空室底部的加速器上，由加速器向上弹射而释放舱体。

舱内安装一台 500 帧/秒的高速电影摄影机，1 000 W 石英碘灯照明，用于记录试验过程（见图 3－12）。

图 3－12　路易斯 145 米落井内部

3.1.2.2.5　美国国家航空航天局路易斯研究中心 24 m 落塔

　　路易斯研究中心还有一个小型的落塔，同样位于俄亥俄州。这个 24 m 的落塔在研究中心有着重要的地位。它已投入使用近 50 年，向世界各国研究人员开放，可用于微重力下的燃烧和流体动力学研究（见图 3 - 13～图 3 - 14）。

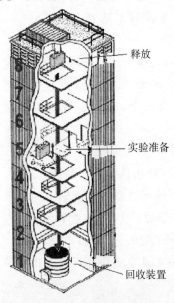

释放

实验准备

回收装置

图 3 - 13　路易斯研究中心
24 m 落塔示意图

图 3 - 14　路易斯研究中心
24 m 落塔实验载台

　　落塔下落距离 24 m，采用阻力屏蔽系统，以减少空气阻力。实验设备被包在一个长方形的铝制框架内，这是通过空气动力学设计的阻力防护罩（质量达 330 kg）。实验设备在防护罩内被悬挂在塔顶，并连接到监控设备（如高速摄像机和计算机）。下落时间 2.2 s，下落过程中重力加速度不到 10^{-5} g。最后，防护罩及实验用减速锥在 2.2 m 的沙坑中减速，最高加速率高达 70 g。

　　实验台可搭载的有效载荷质量为 159 kg，总重 487 kg，有效载荷长 96 cm、宽 40 cm、高 84 cm。

　　该落塔一天中可执行 8～12 次实验，实验成本比较低，可供美国国家航空航天局、政府和私营企业使用。实验数据通过 1 000 帧/秒的高速摄像机及用于记录数据的数据记录系统获得，如压力转换器及流速计等。

（1）重力对火焰传播的影响研究

1997 年，美国国家航空航天局路易斯研究中心在 24 m 落塔中进行了火焰传播实验研究。在充满氮气的一个封闭环境中，样品在常重力下被点燃以后进行下落，观察微重力环境下火焰的传播速度。在常重力和微重力环境下，分别对 1.0 和 0.5 个大气压的压力下火焰传播速度进行测量。实验发现，常重力和微重力环境下火焰传播速度没有表现出明显差异。

（2）微重力下的自由液面验证实验

1996 年 3 月，美国国家航空航天局和加州大学一同对微重力环境下的自由液面进行了研究。将乙醇、水和其他颜色液体放入封闭的圆形有机玻璃容器中，进行微重力实验，观察液面的变化。由于微重力时间较短，液面移动缓慢，以及容器壁不够光滑等原因，并未得到满意的实验结果，将进行进一步实验。

3.1.2.2.6　美国国家航空航天局马歇尔飞行中心 100 m 微重力落塔

美国国家航空航天局马歇尔空间飞行中心 100 m 微重力落塔位于阿拉巴马州享菠维尔市，该设备主要用于与型号研制有关的工程研究。这与路易斯研究中心落塔的研究内容有所区别。过去的几年里以微重力下的液体动力学行为研究为主（见图 3—15）。

落塔高 101.7 m，有效落高 89 m，下落时间 4.275 s。落塔内部安装了两根导轨，实验舱沿着导轨下落。为克服空气阻力及导轨的摩擦阻尼，在实验舱上部安装助推器系统。助推器可提供 35 kg 推力，微重力水平可达到 $10^{-5} \sim 4 \times 10^{-2}$ g，可以根据实验要求进行调整。

实验舱由外部阻尼舱与内部实验舱架组成。实验时，外舱沿导轨下落，内舱在外舱内下落。回收减速时，内舱落在外舱底板上一起减速制动，制动过载 25 g。外舱高 7.4 m，直径 2.2 m，重 1 642 kg，舱内实验区域高 2.4 m，直径 1.8 m。实验舱架高 0.91 m，宽 0.91 m，

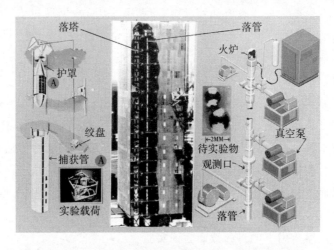

图 3-15　NASA 马歇尔飞行中心 100 m 微重力落塔

长 0.91，重 204 kg。阻尼外舱内部除实验舱外，还安装有电池、控制电路板、遥测系统等。

3.2　落塔系统结构和实验方法

落塔实验是通过在微重力塔中执行自由落体运动，从而能产生微重力实验环境的一种方法。目前美国、日本、德国、中国等都建立了微重力塔，能够实现 $10^{-4} \sim 10^{-5}$ g 量级的微重力环境。地面微重力实验设备中，落塔是最有效的研究手段之一。它可用于开展流体力学、热力学、燃烧、材料阻尼、合金冷凝等实验，具有重复性好、微重力水平高、初始条件易于保证、数据采集方便、费用低、易于操作、干扰小等优点。缺点是单次微重力实验时间过短、造价昂贵，且实验模型的尺寸受到限制，通用性差等，且不适合于空间操作这样复杂的空间活动的实验。

本节主要以当前世界著名落塔为例，从体系结构和实验方法两个方面展开介绍。

3.2.1　落塔系统结构

世界上已建成的著名落塔有美国马歇尔研究中心落塔、日本微重力中心落塔、德国不莱梅 ZARM 研究中心落塔以及中国科学院力学研究所落塔等。尽管各国落塔高度不一、结构也有所差异，但从大体上来说，整个落塔实验系统由内外两部分构成，内部主要是内层实验舱和外层隔离舱，外部主要为塔体和落塔的操作装置、释放机构、减速机构、提升机构及抽真空装置等。本节主要从实验舱组件、分离释放机构、减速回收机构和助推机构四部分对落塔体系结构进行介绍。

3.2.1.1　实验舱组件

实验舱体作为一个载荷支承结构，承受冲击过载，保护安放在内部的研究设备，其结构随实验的具体要求有所不同，主要有三种。

1）柱形舱体。舱内实验容积较大，质量可达 400～500 kg，舱体可安装冷气助推系统，以便产生正向加速度。

2）矩形舱体。舱内实验容积适中，通常有两个冷气助推系统分别产生正、负加速度。

3）球形舱体。舱内实验容积较小，质量通常在 100 kg 以下，

实验舱体通常由内外舱两部分组成，也可由内舱、外舱和公共舱三部分组成。实验装置安装在内舱中，内舱与外舱间是真空环境。下落过程中外舱受到空气阻力作用，而内舱在外舱内真空环境中下落，可以得到微重力水平很高的环境。为了克服外舱下落时的空气阻力，也可在外舱上端安装助推器。公共舱内通常安置数据记录仪、功率源、磁导机构、助推器控制仪等。

实验舱在自由落体过程中可以提供良好的微重力环境，可用来进行如流体物理、材料科学、物理化学、化学和生物学等广泛领域的研究，其中大多为基础性研究，特别是研究地面重力场中无法发现的现象。

在实验舱段设计时，通常选取轴对称的气动外形，以尽量减小下落时舱体承受的气动阻力。在减速回收过程中实验舱组件要承受较大的冲击力。总体方案上要求外舱为轻型、薄壁、受压组合壳体

结构。设计时要经过详细的受力分析（包括设计规范校核、壳体理论核算、有限元详细计算等）和反复修改完善，从而确保舱体有足够安全的强度、刚度和稳定性。

中国科学院国家微重力实验室落塔如图 3-16～图 3-17 所示，实验舱为内外舱间抽真空的双舱结构，从而能够得到 $10^{-5}g$ 的微重力水平。

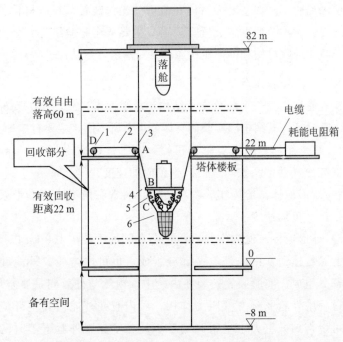

图 3-16　中科院国家微重力实验室落塔示意图

3.2.1.2　分离释放机构

分离释放机构主要利用电磁机构和机械机构实现实验舱的释放和内外舱的分离。根据实验舱结构不同，分离释放机构也有很多种不同的形式。如德国 Bremen 落塔采用的是单舱的电动/气动组合释放机构，美国国家航空航天局 LeRC 微重力研究中心采用单舱的悬吊螺栓机构和双层套舱的高强度挂线机构，日本 JAMIC 采用重型双舱中内舱无直接接触式的电磁机构。

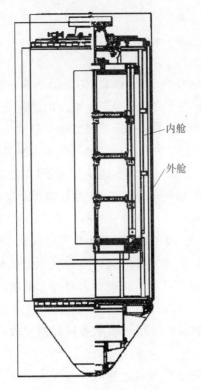

图 3 - 17　实验舱结构图

　　作为释放机构必须妥善解决两个关键技术问题：

　　1）释放过程中释放机构对实验舱的"力"的初始干扰问题；

　　2）释放机构对实验舱初始姿态的影响问题。

　　我国中科院力学研究所落塔也是采用电磁释放机构，是参照日本的无直接接触式的电磁机构的原理研制的。

3.2.1.3　减速回收系统

　　减速回收系统是当实验舱在落塔中下落至尾端时，通过一定的减速手段降低实验舱下落的速度，实现平稳回收的装置。减速回收系统是确保落塔实验顺利进行的重要保障，在实验中具有重要意义。减速回收系统利用空气阻尼效应、机械摩擦效应、弹性阻尼效应或几种效应的组合实现实验舱的减速和安全回收。常用的减速回收材料和装置有聚苯乙烯小球、制动闸机械装置、空气制动装置以及弹性回收装置等。

聚苯乙烯小球作为制动材料是传统的制动方法，我国北京强度环境研究所 54 m 微重力落塔设备、美国国家航空航天局路易斯研究中心 155 m 微重力落塔设备以及德国 ZARM 研究中心 145.5 m 微重力落塔实验设备都采用该方法进行制动。当实验舱下落后进入回收舱减速，回收舱内装有的聚苯乙烯小球与实验舱发生碰撞，小球受压变形，相互间发生位移产生摩擦，使实验舱速度减慢，实现安全回收。实验舱所受过载及进入深度与实验舱头部外形及小球的比重、大小有关，选用比重 0.1、目数 30 的聚苯乙烯小球可达到平均过载 32 g。

机械制动装置依靠实验舱舱体与导轨之间机械摩擦减速，用多孔金属材料做衬垫，具有高表面动力密度。由制动轨道产生制动反作用力，通过适当机构传到竖井结构上，使得实验舱减速。德国 FAMEX 落塔实验设备采用制动闸进行减速回收，最大过载可达到 10 g。

空气制动管通过压缩制动管内的空气来减速。通常和机械制动装置结合起来用。如日本微重力中心落塔利用空气阻尼和机械摩擦效应的组合实现减速。

弹性回收装置主要利用高强度编织网袋、高强度弹性橡皮筋以及电机等将实验舱动能转化为弹性势能实现减速回收。中国国家微重力实验室百米落塔实验设施的减速回收系统使用的是我国独有的弹性可控减速回收装置，这套装置由三端互逆机/电换能器（以下简称换能器）、钢丝绳索钢质圆环、高强度编织网袋（以下简称网袋）、高强度弹性橡皮筋绳组（以下简称橡皮筋绳组）、耗能电阻箱工控机控单元以及紧急制动筒等组成。这套装置的工作过程及原理如下。

1）换能器将钢质圆环橡皮筋绳组和网袋提升到预定高度并悬停处于待命状态。

2）当实验舱下落接触网袋前 1 s，在工控机指令下网袋组件开始在自重作用下下滑，带动换能器，此时换能器为发电机功能，换能器转动时发出的电由耗能电阻箱耗掉。这样，在自由下落的实验舱组件落入网袋时换能器已经处于转动状态，以减小换能器受到的冲击。

3) 当质量为 $600 \sim 630 \, kg$ 的实验舱组件，以 $34 \, m/s$ 速度落入网袋组件后，实验舱组件减速，而网袋组件加速下落，同时橡皮筋绳组被拉长，将实验舱组件的动能转换为弹性势能暂时储存。此时，在网袋组件加速下落拖动下，换能器加快转动，在工控机的指令下将部分实验舱组件的动能转换为电能，并由耗能电阻箱消耗掉。

4) 当换能器转速的折合线速度超过网袋组件下落速度时，实验舱组件和网袋组件在继续下落的同时，橡皮筋绳组开始收缩，释放出所储存的弹性势能，通过换能器转换为电能由耗能电阻箱消耗掉。此时实验舱组件进一步减速。

5) 实验舱组件下落速度减小至零，从固定在地面的坐标上看实验舱组件处于瞬间静止状态。此时网袋组件仍在下落，换能器还在以较高的转速转动。

6) 实验舱组件在经过瞬间静止状态后，再次进入自由下落状态。此时，换能器一方面将自身的转动动能，同时也将网袋组件和实验舱组件下落时的动能转换为电能，由耗能电阻箱消耗掉，此过程换能器进一步减速。

7) 实验舱组件再次处于瞬间静止状态。

8) 在工控机指令下，整个减速回收系统处于刹车状态。此时，实验舱组件及网袋组件以极慢的速度缓缓下滑，最后在极限位置完全停止，完成全部减速过程。

3.2.1.4　助推系统

实验舱下落时，所受空气阻尼约与其下落速度的平方成正比。此外，舱体导向下落，塔壁与舱体反作用亦带来附加阻尼。为克服上述阻尼，在舱体上安置助推系统以产生连续的推力。

（1）混合型冷气助推系统

冷气助推的优点是可产生小推力且易于控制，因而常被用于微重力落塔实验中。在 FAMEX 设备中，使用两个或多个独立工作的冷气助推器。可控助推器喷嘴产生主推力，可调节助推器喷嘴产生可导向的补偿推力，以弥补主推力与空气阻力之差额。

（2）磁助推系统

直线性马达推力系统给舱体提供高速可控推力，但对舱体扰动小。直线性定子沿下落方向安置，产生传播磁波，由可变三相电流控制其量值及速度。本系统适用于全自动工作循环。

3.2.2 实验方法

目前最为广泛采用的落塔实验方法是自由下落方法。实验开始前将实验模型安装在实验舱内，在控制指令发出后，实验装置进入自由落体状态，最后通过减速实现安全回收。实验中通常通过摄像机或 CCD 相机记录下流体在失重条件下的流动过程，通过分析影像资料研究微重力环境下液体流动过程。

随着技术的发展，出现了一些新的实验方法，如弹射发射实验方法，可从落塔底部将实验装置弹射至顶端后再自由落体落下，该方法可以大大增加微重力时间。2004 年德国 ZARM 研究中心 145.5 m 落塔在塔底 10 m 深的室内安装了弹射系统，12 个巨大的压力罐均匀地分布在落管真空室的周围，利用压力罐与真空落管之间的压力差推动弹射器中间的活塞，将实验舱发射上去。弹射系统可将实验舱升到塔顶，然后再下落，总共可以得到 9.5 s 的微重力实验时间，而在一般落塔中，500 m 高度才能得到 9.5 s 的下落时间。

3.3　落塔实验案例分析

本节以国防科技大学航天与材料工程学院空间所在国家微重力实验室进行的一次落塔实验为例，介绍落塔实验内容及流程，使读者能够对落塔实验具有更直观的了解。

本次实验是在中国科学院国家微重力实验室进行的。液体介质采用了浓度为 99.5% 的纯酒精，为了便于观察，在酒精里加了少量甲基红，使液体呈红色。本实验对两个内角流动模型进行了微重力下的液体定位实验，下面对实验情况进行介绍。

3.3.1 实验目的

1) 对内角流动机理进行研究，得出由线段和圆弧组成的不对称内角的毛细流动数据，以供分析。

2) 模拟微重力环境下，带有外侧导流板的柱形容器内的液体的毛细流动过程，检验导流板的液体管理能力。

3.3.2 实验模型和平台

3.3.2.1 实验模型

（1）弓形截面容器实验模型

通过把圆柱形容器切割成几个球冠，可以得到不同角度的不对称模型，如图 3-18 和图 3-19 所示。本模型把圆柱切成三个弓形截面，这样就可以得到角度为 30°~120° 的由线段和圆弧构成的不对称内角。把模型按照一定角度倾斜放置，可以观察微重力下液面沿内角向上流动的情形。

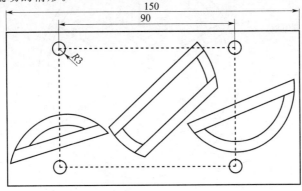

图 3-18 由线段和圆弧构成的弓形截面不对称内角模型

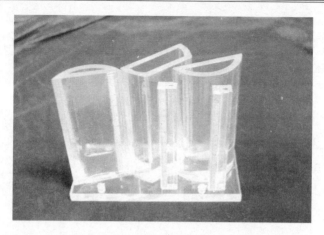

图 3 - 19　不对称内角实验模型

（2）带有外侧导流板的圆柱形容器模型

图 3 - 20、图 3 - 21 是柱形容器的截面视图。它的截面半径是 30 mm，外侧导流板的长度为 15 mm。从该柱形容器内的毛细流动仿真结果来看，液面在 1 s 内上升了约 180 mm，因此 3 s 的微重力时间是足够的。在摄像机视场范围内，可以适当加长容器的高度，以便获得更多数据。

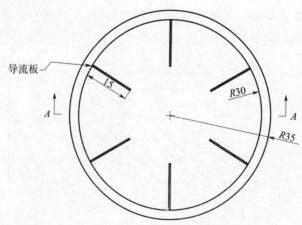

图 3 - 20　带有外导流板的柱形容器截面视图

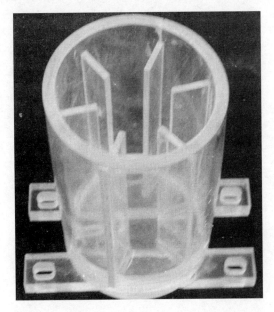

图 3-21　带有外侧导流板的圆柱形容器实验模型

3.3.2.2　实验平台

　　国家微重力实验室的落塔高 92 m，有效下落高度为 60 m，微重力时间约 3.5 s，对于小尺度模型的内角流动实验，时间是充足的。为了消除空气阻力影响，得到更高的微重力环境，本次实验采用了双舱结构。实验载荷存放在内舱，外面再套一个外舱，通过内外舱之间抽真空的方法，可以使内舱在下落过程中大幅度减少空气阻力影响。通过双舱结构，可以得到 $10^{-5} g$ 的微重力环境。内舱载荷空间为 $\geqslant \phi 550$ mm $\times 500$ mm。在回收缓冲过程中，内舱里的实验模型要能够承受 12 g 的过载。

　　图 3-22 和图 3-23 是内舱示意图，一共有三层。下面两层是实验所需的电源、通信等设备，最上面一层是载荷舱，载荷舱空间为 $\geqslant \phi 550$ mm $\times 500$ mm。

图 3 - 22　落塔实验的内舱示意图

图 3 - 23　内舱载荷层示意图

3.3.3　实验内容

本次实验采用了 3 个模型，其中一个是带有外侧导流板的圆柱形容器，另两个是截面为弓形的柱形容器。在实验之前，容器内部保持干净。实验前要用蒸馏水洗一遍，然后再用酒精进行清洗，最后在洁净环境下烘干。具体实验内容如下。

1）对弓形截面不对称内角实验模型进行落塔实验，研究液体在微重力环境下沿内角流动的情况，通过对角度为 $30°\sim120°$ 的不对称内角的流动过程进行分析，得出数据进行对比，分析内角流动规律。

2）对带有 6 个外侧导流板的柱形容器实验模型进行落塔实验，观察液面沿内角爬升情况。实验结束后，对实验录像进行图像处理，得出液面爬升的定量值，和理论计算结果进行对比。

3.3.4　实验步骤

1）实验模型的安装和调试。把实验模型安装到实验平台上，并利用摄像机观察，得到最好的视角和距离。

2）注入酒精，打开光源，盖上内舱盖进行光源调试。

3）安装模型和摄像机，固定在平台上。

4）封闭内舱，调质心。

5）把内舱放入外舱，封闭外舱，对内外舱之间进行抽真空。

6）设备吊装，准备实验。

7）进行下落实验。

8）实验结束，内外舱回收，检查模型及录像是否正常。

3.3.5　实验结果和数据处理

本次实验用高清摄像机对实验过程进行录制，并利用几个 CCD 相机对实验过程进行监控。通过对视频进行剪辑，以 25 帧/秒的频率提取图像，判读图像，分析液体沿内角流动的过程，得出内角流动规律。

（1）带有外侧导流板的圆柱形实验模型

实验过程如图 3-24 所示，当实验舱下落，进入微重力环境，液体沿着内角做自主上升流动，达到导流板顶部的时间约为 2.6 s。

从初始液面位置到液面尖端处的距离就是液面长度 L，由实验

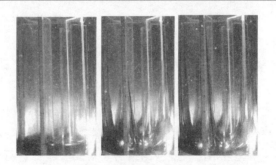

图 3 - 24　带有外侧导流板的圆柱形容器内的内角流动过程

所得图像得出液面长度随时间变化的曲线，并与理论值对比，结果如图 3 - 25 所示。

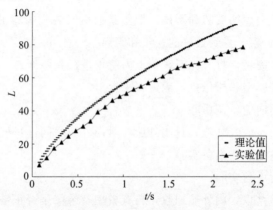

图 3 - 25　液面长度 L 随时间的变化曲线

从图 3 - 25 可以看出，一方面，实验值与理论值曲线趋势一致，在一定误差范围内理论值与实验值吻合；另一方面，实验值与理论值存在一定误差，误差来源主要有：

1）在加工模型时，容器及导流板的尺寸存在一定误差，影响实验结果；

2）因为导流板是用有机粘合剂粘贴到贮箱壁上，在内角尖端不可避免会留有一点粘合剂，不仅影响了内角的锐度，而且增加了容器壁的流阻，影响液体在内角的流动；

3）到内角流动的后期，因为液面尖端变得非常细，会造成观测上的误差；

　　4）另外，残余重力、惯性等也会产生一定误差。

　　（2）弓形截面实验模型

　　弓形截面容器中间的模型因照明等原因未能采集到完整实验数据（见图 3-26），因此本文只列出左右两侧的扇形截面模型实验结果。这两个模型的截面都由一个相同的圆切割而成，具有不同的弦切角，其参数如表 3-2 所示。

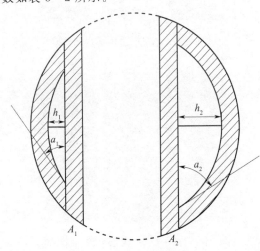

图 3-26　两个弓形截面容器模型

表 3-2　弓形模型参数

模型编号	圆弧直径/mm	弦切角 a/（°）	弓形高度 h/mm
A_1	60	37	5
A_2	60	60	12.5

　　两个模型的内角流动情况如图 3-27、图 3-28 所示。图 3-29 是内角流动过程中两个弓形容器内液面长度 L 随 $t^{1/2}$ 变化曲线。弦切角越小，内角流动速度越快。但是从曲线上看，液体在模型 A_2 和 A_1 内的上升速度相差不大，这是因为内角流动速度还和容器截面积相关，容器的截面积越大，内角流动速度也越快。

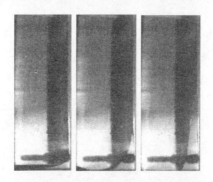

图 3 - 27　模型 A_1 内的内角流动

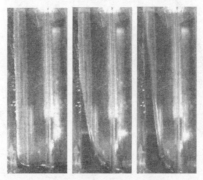

图 3 - 28　模型 A_2 内的内角流动

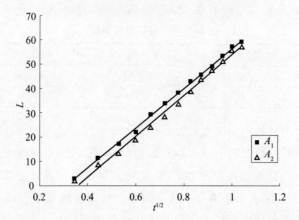

图 3 - 29　弓形容器内液面长度 L 随 $t^{1/2}$ 变化曲线

从以上三个模型的微重力实验结果看，由圆弧和直线构成的弓形不对称内角流动规律和一般内角流动规律相同，只是因其形状较复杂，计算过程更加复杂。虽然落塔实验结果与理论值存在一定误差，但是流动现象和流动趋势一致，在一定程度上验证了内角流动理论的正确性和落塔实验验证的有效性。

3.4 发展趋势

3.4.1 提高实验精度

落塔实验的实验舱空间有限，因此实验模型都是小尺寸模型，而不管是流体试验还是其他实验，都涉及微尺度现象，且很容易收到外部环境的干扰。因此合理设计实验方案，提高模型和设备的精度是落塔实验的关键环节。

在提高实验精度方面可从以下 2 点着手。

（1）不断改进实验设备以提高实验精度

实验模型以及数据采集设备等的精度直接影响实验精度，实验过程中要尽量减小模型尺寸及物理参数引起的误差，并提高实验设备的精度。随着科技的发达，新的材料和技术不断在落塔实验中得到了应用，这将有助于提高落塔实验的精度。

（2）合理设计实验方案

提高实验设备精度的方法是有限的，除此之外，通过合理设计实验方案不仅可以避免很多系统误差，还可以最大限度地发挥硬件设备的作用。例如，采用双舱结构或者在实验舱安装助推系统来减小空气阻力引起的误差；合理地安排照明和数据采集系统等。

3.4.2 实验方案创新

随着空间技术的发展，各项技术对微重力环境的依赖程度在加强，而昂贵的空间实验成本使得人们把目光转向了成本低廉的落塔。

随着各项新技术的开发，落塔的应用范围越来越广，落塔的功能也越来越强，实验方式也趋于多样化。

（1）落塔的应用范围不断扩大

一开始落塔实验大多集中在航天领域和微重力流体力学方面，而现在不仅涉及燃烧、材料学以及生物科学等领域，还有不少独创性实验，例如宇宙颗粒实验、生命起源实验等。

（2）实验方式多样化

各种领域新型实验的开展，对落塔提出了新的要求，进而促成了落塔功能多样化。首先，为了延长微重力时间，不仅加强了落塔高度，还研制出弹射系统等手段，使得落塔实验突破了时间短的限制；其次，为了应对各种微观实验要求，小规模落塔及落管得到了应用，如下落时间只有 1 s 的小型落塔等，使得落塔实验变得更加灵活。

总而言之，科技的发展使落塔的功能在不断加强。随着人们对微重力环境这一未知领域的认识不断加强，落塔也将发挥更重要的作用。

参 考 文 献

[1] 胡文瑞，徐硕昌，等．微重力流体力学［M］．北京：科学出版社，1999.

[2] E. Kufner J. Blum N. Callens. ESA's Drop Tower Utilisation Activities 2000 to 2011［J］. Microgravity Sci. Technol. 2011，23：409 - 425.

[3] 刘春辉．微重力落塔试验设备［J］．强度与环境，1993（4）．

[4] 朱芙英．中国科学院国家微重力实验室简介［J］．力学进展，2004，34（2）：284 - 285.

[5] 张孝谦，袁龙根，吴文东，等．国家微重力实验室百米落塔实验设施的几项关键技术［J］．中国科学 E 辑，2005（35）5：523 - 534.

[6] 齐乃明，张文辉，高九州，霍明英．空间微重力环境地面模拟试验方法综述［J］．航天控制，2011，29（3）：95 - 100.

[7] 刘春辉．微重力落塔试验设备［J］．强度与环境，1993，（3）：41 - 52.

[8] ZARM Drop Tower Bremen General Information［R］.

[9] The Bremen Drop Tower. http：//www. zarm. uni - bremen. de/.

[10] Clifford E. Siegert，Dounald A. Petrasb and Edward W. Otto. Time Response Of Liquid - Vapor Interface After Entering Weightlessness［M］. Nasa TN D - 2458.

[11] YongKang Chen, Steven H. Collicott. A New Design Drop Tower to Study Uncertainties in Zero - Gravity Fluids Experiments［C］. In 39th Aerospace Sciences Meeting and Exhibit, Nv, January 2001.

[12] Vodel，W. Koch，H. Nietzsche，S. Zameck Glyscinski，J. V；Neubert，R. Dittus，H. Testing Einstein's equivalence principle at Bremen Drop Tower using：LTS SQUID technique［J］. Applied Superconductivity. 2001，11（1），1379 - 1382.

[13] Vodel，W. Nietzsche，S. Neubert，R. Dittus H. Application of LTS - SQUIDs for testing the weak equivalence principle at the Drop Tower

Bremen [J] . PHYSICA. Section C. 2002，372 - 376 (1)，154.

[14]　　Samuel L. Manzello and Seul - Hyun Park. Fuel - dependent Effects on Droplet Burning and Sooting Behaviors in Microgravity [J] . Energy and Fuels，2009，23 (7)：3586 - 3591.

[15]　　Andrew J Locka，Ranjan Gangulya，Ishwar K Purib，Suresh K. Aggarwala and Uday Hegdec Gravity effects on partially premixed flames：an experimental - numerical investigation [J] . Proceedings of the Combustion Institute，2005，30 (1)：511 - 518.

[16]　　J Carreraa，R N Parthasarathy，S　R　Gollahallia. Bubble formation from a free - standing tube in microgravity [J] . Chemical Engineering Science，2006，61 (21)：7007 - 7018.

第4章　吊丝系统

4.1　吊丝系统的原理及国内外发展现状

4.1.1　吊丝系统概念及原理

吊丝系统是指通过滑轮组及吊丝将实验目标与重力补偿装置连接起来，利用重力补偿装置抵消实验目标的重力使其获得地面模拟微重力环境效应的实验系统。

吊丝系统的基本原理是利用重力补偿装置补偿实验目标向下的重力，它一般是由吊丝、滑轮、滑动小车、导轨等组成，通过随动控制方法使吊丝保持竖直，并控制向上的拉力始终等于实验目标的重力。该系统包括一个克服重力的补偿系统和一个可跟踪实验目标运动的水平移动系统，重力补偿系统包括配置机构伸缩杆和一系列滑轮[1]。

重力补偿系统主要有两种形式，即主动重力补偿和被动重力补偿。主动式补偿精度一般能达到 1.9%，被动式补偿可以达到 8.9%，且吊丝越长，偏角越小，其模拟精度就越高，当吊丝长 20 m 时也能达到 1.9% 的量级。主动控制重力补偿系统和被动补偿系统的不同之处在于抵消重力的拉力是否来自可控的电机，主动式通过控制电机使拉力保持恒定，吊丝在控制系统作用下上下伸缩，当实验目标受外力作用时，其自身重力不影响它的运动，所以主动式在控制吊丝随实验目标伸缩时能保持恒定的张力。被动式主要是通过配重块被动克服实验目标的重力，保持吊丝恒张力，实验装置相对简单，但控制精度较差[2]。

　　图 4-1 为一个简单的吊丝系统示意图。该系统为简单的主动补偿式吊丝系统，由实验目标（a 和 b 组成）、主动重力补偿系统（线轮、缠绕电动机、滑块、吊丝、拉力传感器等）及控制系统终端组成。拉力传感器等为主动重力补偿系统的测量装置，控制系统终端通过测量装置提供的信息自动控制吊丝的伸缩或运动，保证了实验目标上吊丝拉力恒定。

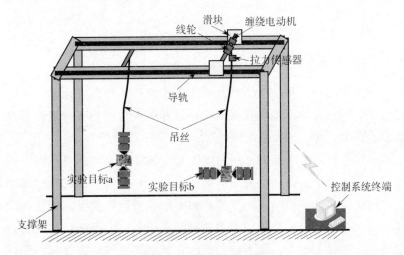

图 4-1　吊丝系统示意图

4.1.2　吊丝系统应用范围及优缺点分析

　　吊丝系统广泛应用在航天器三维空间模拟、空间机器人逼近及捕获目标等地面微重力验证实验中[3]。

　　其主要优点是结构相对简单，易于实现，实验时间不受限制，且可以进行三维空间微重力环境模拟；需要投入的成本较小，工程实现时间短，可行性强；设备总体和部件的可靠性要求不很严格，可以充分保证设备和实验人员的安全；实验时间可以自由调节并可进行重复实验，保证实验数据充分、可靠。

　　其主要缺点是重力补偿精度不够高，难以辨识吊丝系统的动摩擦力并在其控制系统中准确补偿，且实验目标可能与吊丝系统之间存在着耦合振动，可能使整个系统不稳定，吊丝系统无法实现自由漂浮空间机器人基座的自由漂浮[4]。如果需要试验航天器的运动且运动路径为曲线，则上方导轨布局复杂困难，导轨加工精度更高，且只能用来试验轻载航天器，否则运动阻力加大，重力补偿精度下降。吊丝配重实验系统不能进行流体力学、热力学、生物学（如生长发育）和一些航天医学实验。

4.1.3　吊丝系统的国内外现状

日本很早就开始发展吊丝配重实验系统，率先将吊丝配重地面实验系统应用到空间机器人的微重力实验中，研究了多吊丝配重主动控制系统；美国、加拿大等国也十分注重吊丝配重实验系统的研究，美国国家航空航天局还将吊丝配重实验系统作为航天员的训练系统之一。

日本富士通空间机电实验室研制了一套主动控制重力补偿系统来进行微重力条件下空间机器人的操作功能验证实验，实验装置如图 4-2 所示。本系统是针对多关节机器人进行设计的，所以在每个关节和手爪重心位置上设置了主动控制的吊丝子系统，通过多个吊丝的电机控制单元和行走导轨的伺服驱动单元以及控制主机的相互通信和信息处理，实时地模拟出在失重时工作的真实效果[5~7]。

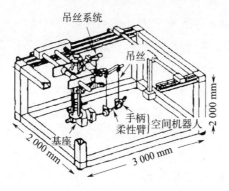

图 4-2　日本验证平台示意图

日本大阪大学和 Mitsubishi 公司等联合研制的数字仿真和伺服机械相结合的空间机器人地面实验平台仿真系统采用了吊丝重力补偿系统，实验效果良好。

美国卡耐基梅隆大学提出了用吊丝配重克服重力来模拟太空微重力环境的方法，能在地球微重力条件下进行三维空间运动。该吊丝配重系统如图 4-3 所示。

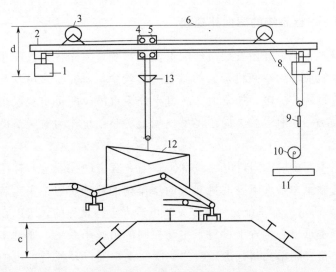

图 4-3　美国验证平台示意图

图中实线部分为吊丝重力补偿系统，虚线为空间机器人和行走平台。吊丝配重系统包括一个被动反动系统和一个可控跟踪机器人运动的水平移动系统。工作原理为：角传感器实时测量出悬挂机器人的吊丝偏离垂直方向的偏角大小，并将该偏角信号传给水平移动的电机控制系统。该水平移动系统中的移动块在电机皮带等的驱动下，去跟踪机器人运动来减小这个偏转角，以便保持悬挂机器人的吊丝垂直。吊挂点是机器人的工作重心（即一脚固定，一脚移动状态），这一系统就为机器人提供了一个不影响其运动的重力补偿系统。该方法对悬挂物体的重力补偿程度能达 85%～95%[6]。

美国国家航空航天局不仅利用吊丝系统进行航天器的微重力环

境模拟，还将其应用于航天员的微重力训练模拟。利用吊丝平衡航天员的重力，模拟空间训练，如图4-4所示。

图4-4 美国国家航空航天局航天员训练平台示意图

我国对利用吊丝系统进行重力补偿的研究不多，中国科学院合肥智能机械研究所设计了带大转动臂的地面模拟微重力实验装置，并一直致力于这类设备和技术的改进，对主动控制悬架模块做了细致的研究，如图4-5所示。该系统由滑块、吊丝和悬架体构成悬架模块的主体，支撑柱、转动臂和卷丝轮提供跟随悬架物体的空间运动，传感器对悬挂物体的位置和速度进行检测，经过控制系统计算后发出控制指令对驱动部件运动进行控制，调整转动臂、移动小车

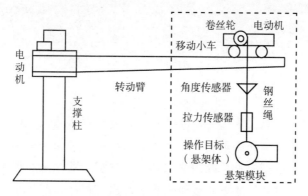

图4-5 合肥智能机械研究所重力补偿设备示意图

的位置和吊丝的拉力使悬架体的重力持续得到补偿，模拟出在太空微重力环境下的运动。此系统的优点是在水平面可以随动跟踪，在竖直方向利用电机的转矩得到恒张力，补偿后微重力加速度小于0.05 g，即补偿精度大于 95%[5-7]。

北京控制工程研究所在舱外自由移动机器人系统中分析了空间机器人地面实验系统的发展状况和优缺点，并设计了吊丝配重系统，利用纲丝绳、滑轮和配重块平衡机器人的质量，提供三维空间失重模拟环境[8]。

中国科学技术大学在三维重力补偿方法与空间浮游目标模拟实验装置研究中设计了一种主动控制重力补偿装置，如图 4-6 所示，对主动重力补偿方法进行了研究。

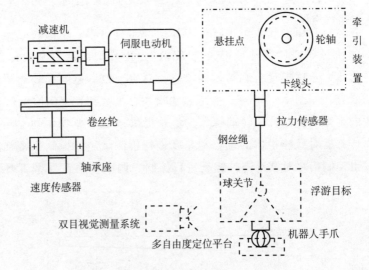

图 4-6　中科大重力补偿装置示意图

哈尔滨工业大学在空间机器人微重力模拟实验系统研究综述中也提及吊丝重力补偿系统，并分析了主动重力补偿和被动重力补偿两方法以及吊丝配重系统的优缺点。哈尔滨工业大学在低重力补偿下六轮独立驱动月球车的运动分析中提出了吊丝式双天车结构的重力补偿方案[8]。

综上所述，国内外的吊丝重力补偿技术已经有了一定的发展。但是，目前国内已有的研究成果重力补偿精度不高，只有 95%，国内只有中国科学院合肥智能机械研究所的主动控制悬架法模拟微重力状态装置，其他研究大部是在此装置上的控制方法研究，并且没有提及吊丝摆角的测量问题，因为吊丝摆角的测量精度直接决定系统的最高补偿精度。另外，高精度的吊丝摆角测量装置可以降低对控制系统的要求，降低系统控制难度，大大提高随动系统的快速性和重力补偿精度。

4.2　吊丝系统结构和实验方法

4.2.1　吊丝系统的系统组成及构架

吊丝系统是一个复杂的机械、电气及控制系统的综合系统。按照任务需求不同，每个吊丝系统均具有不同的结构。从总体上来说吊丝系统分为实验目标的重力补偿机械分系统、实现实验目标运动的水平随动分系统、参数测量分系统及控制分系统。

重力补偿机械分系统从补偿方式的不同可分为被动式补偿系统和主动控制式补偿系统。被动式补偿系统一般由轮系（动滑轮或定滑轮）、绳系（吊丝）、配重块、支撑架及其他附属结构组成；主动式补偿系统一般由补偿牵引装置、动力装置、轮系、吊丝、支撑架及其他附属结构组成。

水平随动分系统一般由动力装置、水平驱动装置、支撑及导引装置（导轨）及其他附属结构组成。

参数测量分系统用来测量保证重力效果的一些重要参数（如吊丝摆角、吊丝拉力等）及保证实验需求的一些参数（如位移、速度及角度等），该系统实时测量值反馈至吊丝系统的控制分系统，用来协调整个系统的正常有序运行。

控制分系统的主要功能是协调、控制各分系统（重力补偿分系统、测量分系统及水平随动分系统），该分系统是吊丝系统的中枢，对整个系统的运行起着不可替代的作用。

4.2.1.1　重力补偿分系统

重力补偿分系统是吊丝系统的核心系统，通过应用轮系、吊丝、配重块等装置对实验目标进行重力补偿，使其处于失重环境下的自由状态。重力补偿机械分系统分为被动式补偿和主动式补偿两种。两种方式的区别在于被动式采用了被动运动、无驱动器的重力补偿机构（配重机构），而主动式采用了主动驱动的重力补偿机构（牵引装置、伺服电动机等）。

两种补偿方式都需要利用吊丝和轮系。三维大空间运动的模拟实验对吊丝和轮系的要求比较高，需要明确轮系的合适安装方法和吊丝走线。在被动式补偿结构中必须降低模拟运动时配重块的摆动和由于悬挂点水平位置变化带来的吊丝受力变化及其引起的附加运动。实验目标的悬挂，可以采用单丝、双丝和多丝悬挂法，使用定滑轮、动滑轮和滑轮组来实现。这些方式需要在工程实际中进行具体选择，一般来说，采用双丝悬挂有利于吊丝偏角的测量，从功能上可以实现三自由度运动的模拟，但由于其走丝的形式，使悬挂点在水平两个方向运动时会产生对实验目标重力方向运动状态的干扰，降低了模拟仿真的效果。滑轮个数越多、吊丝越长带来附加的惯量就越大，影响就越大。另外，要克服或减小配重块的摆动还需要增加吊丝导向和限位器件，也必然带来附加运动和摩擦[9-12]。可以说，使用吊丝、滑轮越多，组合越复杂则模拟效果越难以控制和保证。

被动式补偿系统一般只模拟上下运动，如图4-7所示。可以看出，这种方式结构简单，但只能模拟一维运动，实验项目受到限制，如果要进行三维空间运动模拟需要添加行走机构构成完整的装置。如图4-8列出了两种行走机构，左图为直角坐标式行走机构，右图为柱坐标式行走机构，可以看出，增加行走机构后整个补偿系统的结构较为复杂。

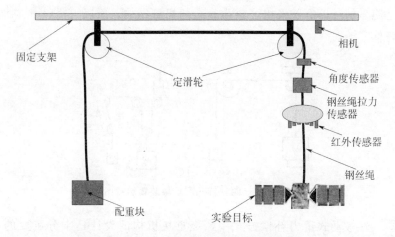

图 4 - 7　简单的被动式补偿方式示意图

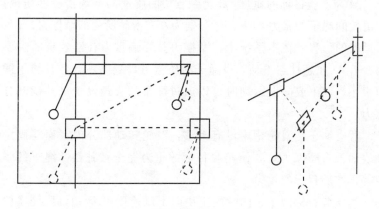

图 4 - 8　三维空间模拟行走机构示意图

　　在吊丝系统发展之初，被动式补偿机构配重块机构均采用图 4 - 7 式的机构，近些年来，随着吊丝系统的不断发展，出现了一些利用滑轮组或特殊机构的配重块机构，图 4 - 9 列出了两种常用机构，左图为含放大机构的配重块机构，这个机构的特点是可以采用质量较小的配重块来补偿实验目标的重力，右图为滑轮组式配重块机构，这种机构的特点也是放大配重块的质量。采用这种复杂结构的优点

是明显的，但由于采用了较为复杂的机械结构，所以可靠性相应地
降低了。

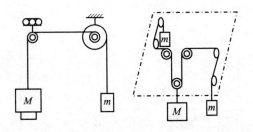

图 4 - 9　两种特殊配重块装置示意图

在被动式重力补偿方式中，配重块机构的设计是十分重要的，
首先需要了解滑轮组和实验目标与配重块的力学关系。

M 为实验目标的质量，m 为配重块的质量，m_1 为滑轮的质量；T
为滑轮间绳子的张力，F_1、F_2 分别为左右滑轮所受的摩擦力；s 为绳
子运动的位移。在本系统中，摩擦力是影响重力补偿效果的主要原
因，若 M 在悬挂点不动，设绳子的质量可以忽略不计，且绳子摆动
角很小，向下或向上运动时可以通过配重的合理设置来补偿部分摩
擦力。

假设绳子在滑轮槽中没有滑移，滑轮转动部分内表面与固定内
圈表面没有摩擦力，要使实验目标的重力完全被补偿，绳子的张力
应等于实验目标的重力。

当实验目标向上、同时配重块向下以速度 V 运动，要使实验目
标作匀速运动，这时必须考虑摩擦力来选择合适的配重，有以下的
关系

$$mg = Mg + F_1 + F_2 \qquad (4-1)$$

当实验目标向下、同时配重向上以速度 V 运动，要使实验目标
作匀速直线运动，这时也必须考虑摩擦力来选择合适的配重块，有
以下关系

$$Mg = mg + F_1 + F_2 \qquad (4-2)$$

滑轮中的轴承摩擦涉及多方面的问题，如：运动与载荷、轴承

结构、表面特性、润滑剂等。研究表明：它们的理论模型是以流体力学知识为基础的，一般运动带来的摩擦要小一些，为了简单起见，一般选用有润滑的滚动轴承来支撑滑轮。

相比被动式重力补偿系统，主动式重力补偿系统由于增加了主动驱动的重力补偿方式，所以补偿更加灵活、方便，精度更高。主动式重力补偿方式主要包括提升装置及吊丝定位装置，提升装置包括电机、减速器、卷丝轮和吊丝；吊丝定位装置对吊丝进行水平方向限位，克服因吊丝卷动过程造成的水平方向的系统位移误差。

主动重力补偿方式的主动补偿驱动方式是实现主动重力补偿的重要环节，要求快速、准确地完成预期的动作，应具备质量轻、体积小、效率高、自控性强及可靠性高等技术特点，要求它的响应速度快，动作灵敏度准确性高、动态性能好，且便于集中控制。电气驱动是利用各种电机产生的力或转矩，直接或经过减速机构驱动负载，减少了电能二次转换的中间环节，直接获得要求的机构运动。由于电气驱动具有易于控制、信号处理方便、响应快、运动精度高、成本低、驱动效率高、不污染环境等诸多优点，所以在主动重力补偿方式中一般采用缠绕电动机电气驱动方式，如图 4 - 10 所示。

缠绕电机一般选择直流伺服电机或力矩电机。直流无刷伺服电机稳定性好，具有下垂的机械特性，能在较宽的调速范围内稳定运行；可控性好，具有线性的调节特性，能使转速正比于控制电压的大小，转向取决于控制电压的极性；响应迅速，转子惯性很小，控制电压为零时，能立即停止；具有较大的起动转矩和较小的转动惯量，在控制信号增加、减小或消失的瞬间，直流伺服电机能快速起动、快速增速、快速减速和快速停止；控制功率低，损耗小，转矩大。

力矩电机包括：直流力矩电机、交流力矩电机和无刷直流力矩电机，是一种具有软机械特性和宽调速范围的特种电机，这种电机的轴不是以恒功率输出动力，而是以恒力矩输出动力。力矩电机具有低转速、大扭矩、过载能力强、响应快、特性线性度好、力矩波

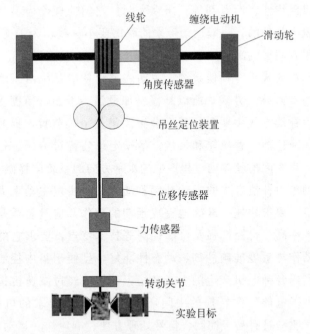

图 4 - 10　简单的主动重力补偿装置示意图

动小等特点，可直接驱动负载，省去减速传动齿轮，从而提高了系统的运行精度。为取得不同性能指标，该电机有小气隙、中气隙、大气隙三种不同结构形式，小气隙结构，可以满足一般使用精度要求，优点是成本较低；大气隙结构，由于气隙增大，消除了齿槽效应，减小了力矩波动，基本消除了磁阻的非线性变化，电机线性度更好，电磁气隙加大，电枢电感小，电气时间常数小，但是制造成本偏高；中气隙结构，其性能指标略低于大气隙结构电机，但远高于小气隙结构电机，而体积小于大气隙结构电机，制造成本低于大气隙结构电机。

　　综合考虑，系统要求电机以恒力矩输出，且保持稳定的力矩，由于力矩电机在力矩性能、快速性和线性度等方面均较好，能满足重力补偿的需求，因此，重力补偿系统驱动方式采用力矩电机直接带负载的方式，增加快速性，提高重力补偿精度。

主动式和被动式重力补偿方式在一定程度上均能模拟实验目标的三维移动，在有的实验环节中需要模拟实验目标的空间六自由度运动，在保证了目标在 $x-y-z$ 三向平动的基础上（三维模拟空间要求）还要兼顾到其过质心绕 x、y、z 轴转动的自身姿态变化的模拟。对于悬挂目标的转动也存在主动控制和被动旋转的两种形式。主动控制方法可以通过动量轮和推力器来控制转动速度和姿态。在工程实际中，有一种用气囊喷射压缩气体来实现转动能量的补偿，但这种方法要求一套完备的测试、控制、驱动系统，实现难度很大；而被动的方法可利用摩擦小、精度高的运动副即可在短时间内模拟自由转动的状态，方法简单易行。

对于 x、y、z 三向转动，介绍两种方案：一是转动副组合形式，通过两两垂直交合于一点的方向来安置，实现空间三自由度转动；再就是单个球关节形式，通过球头和球窝装配在一起，其中一个零件相对于另一个零件具有滚转、偏航及俯仰三个转动自由度。

球关节是自由度最高的运动副，常见的结构是通过球头和球窝配合而成，但外在的形式一般有滑动轴承和滚珠轴承、单端连接和双端连接之分。尽管滚动轴承式的摩擦小，但其结构复杂、承载能力一般在 350 N 以下，如果承载实验目标质量很大，球关节宜选用鱼眼接头，其承载能力为 1 100 N，由滑动式双端支撑球头和带自润滑合金衬套结合而成，利用这种球轴承连接吊丝和实验目标是一种最为常见的形式。

4.2.1.2　水平随动分系统

水平随动分系统的主要功能为，实现实验目标在相对重力补偿方向垂直平面内的运动，其目的是为了根据实验要求实现目标的随动运动并保持吊丝的垂直度，保证重力补偿的精度。

水平随动分系统由驱动装置、支撑及导引装置及其他附属装置构成。驱动装置包括动力装置及驱动机械装置。支撑及导引装置包括支撑架、导引装置（一般为导轨、丝杠或滚轮等），其他附属装置包括随动限位装置、相关控制结构等。

和重力补偿装置的驱动系统类似，随动分系统的驱动一般采用电气驱动，以下 4 种电气驱动方式最为常用。

同步带传动：该方式结构紧凑、传动比准确、对轴的作用力小、传动平稳，具有缓冲减震能力、噪声低、传动效率高、维护保养方便等特点，驱动速度一般小于 50 m/s，功率小于 300 kW，传动比小于 10。同步带传动在带动大惯量机构时弹性变形较大。

滚珠丝杠传动：该驱动方式传动效率高、灵敏度高、传动平稳、磨损小、寿命长；可消除轴向间隙、提高轴向刚度等；刚性较好，可以传递较大的力；位置准确，但频繁换向时容易产生冲击振动。

绳驱动：该方式结构简单、系统惯量小、容易实现且成本低，但该驱动方式为单向驱动，且控制复杂、精度低。

齿轮齿条传动：这种驱动方式可以用来传递任意两轴间的运动和动力，其圆周速度可达到 300 m/s，传递功率可达 105 kW，是应用最广的一种驱动方式。齿轮传动与带传动相比主要有以下优点：传递动力大、效率高；寿命长、工作平稳、可靠性高；能保证恒定的传动比，能传递任意夹角两轴间的运动。

在以上 4 种方式中齿轮齿条传动方式是应用最为广泛的，且便于安装调整和提高重力补偿精度。

4.2.1.3　参数测量分系统

吊丝系统的参数测量分系统的功能是实时测量监控相关量的变化，并向控制分系统提供相应的测量值供控制分系统参考，保证整个系统的正常运行。参数测量分系统中，需要测量的最重要的参数是吊丝的摆角和实验目标的随动位移。实验目标的位移及吊丝摆动角度的测量精度与实时性直接关系到整个系统的可行性和随动系统的跟踪与重力补偿的精度。

对于吊丝摆角的测定，一般采用光电编码器。根据研究可知：测量装置对吊丝摆动角度有放大作用，且在小角度内基本为线性关系；光电编码器安装位置距离悬挂点越远，放大作用越大。光电编码器最小分辨率为 0.144°，这种分辨率基本满足吊丝对垂直度的测量要求。

实验目标位移的测量方法有很多，可以直接测量，也可以通过测量吊丝摆角，计算后得到实验目标的位置。

直接测量可以采用线式传感器、光束干涉仪等方法；间接测量是通过测量吊丝摆动角度或测量吊丝某点处位移计算后得到实验目标位移，通过测量吊丝摆角的变化，转换成实验目标水平移动的控制信号，使悬挂点以同步运动速度对实验目标进行位置跟踪，以保证吊丝始终竖直，对实验目标有恒定的重力补偿。

4.2.1.4　控制分系统

控制分系统是整个吊丝系统的中枢，用来协调控制整个系统的运行。本系统的主要功能是根据实验要求及测量分系统实时测得的吊丝摆角等信息控制水平随动分系统及重力补偿装置的自动运送，达到模拟仿真空间微重力环境的要求。图 4-11 为吊丝系统控制结构示意图。

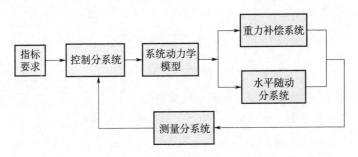

图 4-11　控制分系统示意图

4.2.2　吊丝系统的实验方法

吊丝系统是一种模拟空间微重力环境的半实物仿真实验系统，实验过程涉及软硬件分系统之间的协调工作，在实验之前首先需要明确硬件分系统（包括吊丝机械装置、控制系统硬件部分等）及软件分系统（控制系统软件部分等）的原理及工作过程，然后进行实验研究。下面以简单的主动式吊丝系统为例对实验方法进行说明。

　　简单的主动式吊丝系统由主动式重力补偿机械装置、半物理仿真平台（如 RT－LAB）、直流伺服驱动器及电机等组成。主要包括：直流电机、光电编码器、位移传感器、角度传感器、电机驱动板、行程开关、上位机控制平台、整个下位机系统及支撑传动机构。仿真系统结构如图 4－12 所示。

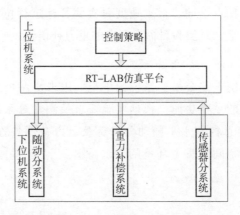

图 4－12　仿真系统结构示意图

　　上位机控制平台包括：RT－LAB 实时仿真系统处理器和工控机。RT－LAB 实时仿真系统是其中最重要的组成部分，它用于完成控制系统策略算法及实现，一方面建立控制策略模型，另一方面控制整个系统的仿真实验。上位机系统需安装测试分析软件（如 ControlDesk），提供实验过程的综合管理、在线调整参数、实时观测控制效果和记录数据等。

　　下位机系统主要包括主动重力补偿系统机械部分、随动分系统机械部分、下位机控制硬件部分等，主要完成的功能是在上位机系统的协调控制下执行各项实验任务（微重力环境下的各项实验）。

　　吊丝系统的实验方法为：首先进行吊丝系统相关传感器的标定实验（如位移传感器、角度传感器等），然后测试整个系统的精度（包括传感器的测量精度、重力补偿精度等），根据实验目标调整系统的精度使之满足预定实验精度要求，根据预定实验目标制定实验步骤及相关控制策略，根据制定的实验流程对吊丝系统软件系统及硬件系统进行设置，最后进行模拟空间微重力条件下的相关实验。

4.2.2.1　相关传感器标定实验

相关传感器标定实验的目的是测定传感器的实际输入输出之间的关系，使在实验中传感器测得的物理量真实、可信。

以角度传感器为例进行说明。在吊丝系统中为了提高实验目标的重力补偿精度，一般需保持重力补偿分系统中吊丝的竖直，当吊丝有偏角时角度传感器即可测得，此时需要调整重力补偿装置使吊丝保持竖直，所以需对角度传感器进行标定，即测知角度与悬挂点平面内位移之间的数学关系。

明确角度传感器标定实验的目的后设计标定实验，在对角度传感器进行标定时拟采用 RT－LAB 半物理仿真平台，以拉线传感器输出做位置反馈，进行闭环反馈标定。

由于系统机械结构或角度传感器分辨率和启动阻力的影响，角度传感器在悬挂点有一小位移时不会有输出，所以首先需要标定这一死区。在进行死区标定时拟采用多方向多次平均实验的方法，对同一个方向的多次死区值取平均值即为此方向的最终死区标定值。

完成死区标定后即可进行反馈标定，以拉线传感器作为位置输出反馈，根据拉线传感器的输出值与角度传感器的角度输出值确定二者的数学关系，如果数学关系明确则用比例式表达二者的关系，如果关系不明确，则采用统计表方法，多次进行标定实验，将多组实验结果列为表格供以后使用角度传感器时进行查表操作。

4.2.2.2　系统精度测试实验

主要测试重力补偿装置的补偿精度、随动分系统的控制精度等。重力补偿装置补偿精度测试重点测试实验目标重力抵消精度，主要是结合一些传感器进行测定。

随动分系统的控制精度主要测试悬挂点在平面内的运动控制精

度，结合吊丝系统控制分系统与随动分系统进行相关测试实验设计。

完成所有精度测试后需要分析即将进行实验的精度，根据实验精度要求重新对吊丝系统各分系统进行调整使之满足即将进行实验的精度要求。

4.2.2.3　制定实验流程

分析实验目标的特性及即将进行实验的目标要求，结合吊丝系统的实际情况进行实验流程设计及控制策略制定。

策略及实验流程制定完成后根据实验要求及制定的策略设定吊丝系统的相关软件分系统及硬件分系统，初始化整个吊丝系统。

最后进行模拟空间微重力相关实验，在实验过程中需要根据实验效果及实验要求不断地调整吊丝系统有关参数，使系统准确可靠运行。

4.3　典型实验系统

4.3.1　SM² 的吊丝实验系统

SM²（Self Mobile Space Manipulator）是卡耐基梅隆大学研制的一款同时具有机械手和移动机械臂特点的机器人。它是一个细长，具有七个关节的"行走杆"，两端均能够抓住空间站桁架中的工字梁。为进行该机器人的地面实验，卡耐基梅隆大学研制了两种吊丝系统：工作在笛卡尔坐标系下的台架实验系统与工作在球坐标系下的悬臂实验系统，两种吊丝系统机械结构不同，传感器与控制部分类似。本节首先简要介绍两种吊丝系统的机械结构，然后介绍其传感器系统与控制系统。

4.3.1.1　台架实验系统机械结构

台架实验系统基于一个水平运动航车改造而成，如图 4-13 所示，可以调节 X、Y、Z 三个自由度，支撑滑轮正下方的旋转接头可以提供偏航自由度，链环下方的球形关节可以提供另外两个自由度。

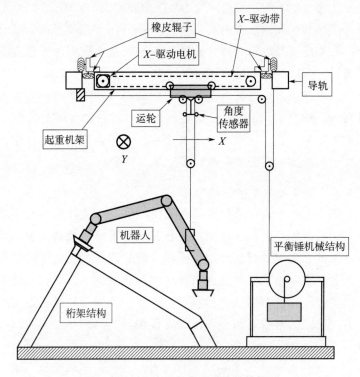

图 4 - 13　SM² 吊架实验系统结构框图

　　运轮为连接到机器人上的支撑光缆提供了一个悬挂点，并带有一个能够测量光缆与垂线方向偏差的两轴角度传感器。支撑电缆通过一组滑轮将水平和纵向运动解耦。以角度传感器测得的信号为基础，伺服电机通过传送带来驱动运轮在的 X、Y 方向上的运动，保证运轮始终保持在机器人的正上方并且平衡力始终在垂线方向上。

　　台架总重约 38 磅，通过 6 个橡皮辊子来导向，并通过两端的驱动传送带进行约束。运轮重约 0.9 磅，通过钢辊在轨道上导向。由于摩擦足够小（小于负载的 4%），能够在电机和传送带都已连接时，不通过电机被动操纵 X 轴向的运动。

重力平衡通过安放在地面上的平衡锤机械结构提供，使用一对内外径比为 1∶10 的光缆卷筒来连接平衡锤和支撑光缆。10∶1 的比率将平衡锤的有效惯量减小到支撑负载的 10%，较小卷筒上具有螺旋槽，能够使光缆均匀分布，并排的八股光缆能够支持重达 300 磅的平衡锤。系统摩擦引起的纵向干扰为 0.02 g（可支撑质量的 2%）或更少。平衡拉力是通过将水平运动从纵向运动中解耦的方式传递到机器人，如图 4 – 13 所示。未显示的空转轮通过引导光缆按 "N" 形运动来调节 Y 向。为减小惯量和摩擦，空转轮使用迭尔林塑料制成，并由低摩擦、精确滚珠轴承来支撑。

4.3.1.2　悬臂实验系统机械结构

如图 4 – 14 所示，悬臂实验系统使用了一个旋转臂，而不是起重机架。它是为了进行一端固定在悬臂转轴下方的机器人的相关实验而开发的。这个系统运动空间受限，但是速度快于基于笛卡尔坐标系的台架实验系统，并且为机器人和负载提供了两个在悬臂上的独立的支撑点。这两套系统拥有重叠的工作空间，并且可以一起使用来获得更大的系统灵活性，比如支撑机器人的两端或者机器人和负载。

悬臂实验系统与台架实验系统具有相同的运轮和轨道，纵向和水平方向运动的解耦和台架系统类似。为了安装悬桁和减小质量，悬臂由薄壁铝质管道、薄板和空心铆钉制造而成，尽管有 7 ft（1 ft=0.304 8 m）长且在顶端有 30 lb（1 lb=0.454 kg）的额定负载，挠度仅为 0.38 in（1 in=2.54 cm），质量约为 4.4 lb。为保证轨道线平坦和水平误差在 0.002 in 范围内，使用垫片将悬臂和轨道装配在一个夹具上，进而保证测量为期望的 0.001 弧度。两个运轮的径向运动由一对直流电机和传送带来驱动，径向加速度峰值约为 18 g。

在实验中，切向驱动系统需要很高的减速比来达到所需的力矩和实现悬臂加速。具体实现方式为：电机固定在一个 10：1 的减速器上，减速器驱动直径为 1 in 的钢质辊筒，上级是一个固定在悬臂上的直径为 16 in、表面覆有环氧树脂的木质辊筒。使用航空光缆在这两个辊筒表面以 8 字形缠绕来传递力矩，并以 16：1 的比率将它加倍，最终给出 160：1 的驱动比。该驱动系统非常流畅，基本没有摩擦和空转，并且很容易反向驱动。

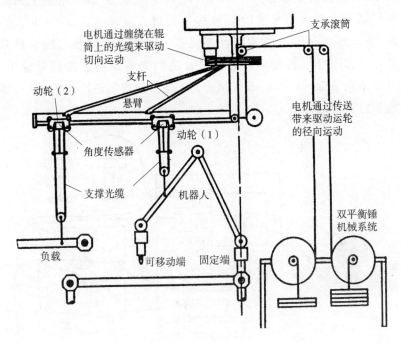

图 4-14　支持 SM² 和负载的悬臂 GC 系统示意图

另外，悬臂实验系统有两个独立的平衡锤和光缆系统，能够支持两个单独的负载。这两根光缆分别从距左右侧装置几英尺的位置开始，并排走过最高处的运动副或滑轮，紧接着向下穿过悬臂转轴处的空心轴，沿着悬臂向外，经过运轮和支撑滑轮，最后到达悬臂末端。

4.3.1.3　传感器与控制系统

SM² 的两种吊丝实验系统：台架实验系统与悬臂实验系统具有类似的传感器与控制方法。图 4 - 15 为该吊丝系统硬件设计原理示意图。系统中的电机由计算机通过的 Keithley Metrabyte DDA06 接口板驱动，运轮上的模拟传感器和电机转速表是通过 ADC 板上的 12 位的数据传输器（DT2805）连接，安装在 PMI 电机上的光编码器输出和台架系统的 Y 坐标值通过正交译码器（Technology 80 型 5314，24 位）读取。计算机和电子设备被安装在接近最高处，以减小导线长度，并且通过合适的光缆回路连接到系统中，从而来调节 $X-Y$ 和 $r-\theta$ 运动。为了便于检修，还设计了 PC 机键盘和监视器。

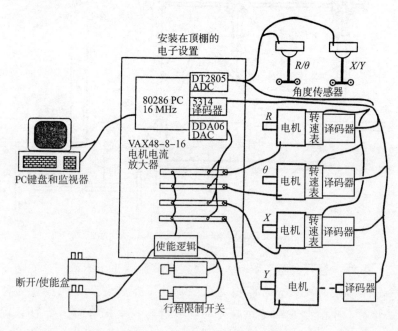

图 4 - 15　电子设备硬件框图

另外，安装在运轮上的角度传感器是传感器系统的关键组成部分，如图 4 - 16 所示。运轮的下方都安装一根带有一对小空转轮的

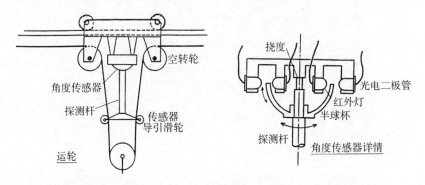

图 4-16　为机器人水平行程提供误差信号的角度传感器

杆,用来跟踪控制光缆相对于垂线的 $X-Y$($r-\theta$)面内的偏差。这根杆驱动角度传感器为伺服控制提供两个误差信号。这里的角度传感器是使用一种视觉模拟准则特殊设计的。连接在杆上的半球杯用来控制与杯边缘位置相关的轻悬梁的闭合度,通过放大和校准两边的光电二极管电流的差别来显示杆的角偏差,在通常的操作范围(±0.1 rad)内,敏感度约为 90 V/rad,能够轻易地测量到亚毫弧角度。另外,这种几何结构也能够有效地将两个测量轴解耦。

在控制方法方面,实验系统采用临界阻尼 PD 控制的主动控制方法,改善了控制的性能。以悬臂实验系统控制为例,图 4-17 为分别采用被动控制和主动控制时,典型 $X-Y$ 面内机器人运动的水平干扰力。在两段几近相同的约为 9 s 的运动中,机器人的轨迹在 $X-Y$ 面内,最大速率达到 0.8 m/s。在被动控制中,产生的水平干扰力表示为支撑质量百分比时,始终在 9% 以下;主动控制时,干扰力始终在 2% 以下。

4.3.2　EMR 的吊丝实验系统

EMR 系统机器人本体为 5 自由度对称结构,两端分别安装手爪和相机。机器人手脚共用,是行走机器人的最简单结构。其吊丝实验系统利用钢丝绳、滑轮和配重块平衡机器人的质量,在三维空间

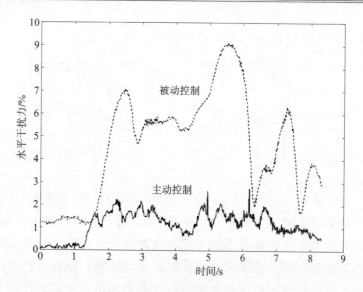

图 4 - 17　典型 $X-Y$ 面内机器人运动的水平干扰力

内模拟空间失重环境，并通过随动系统根据二维角度传感器的测量值，控制直线传动单元运动，实现悬挂机器人的钢丝与垂线重合。该吊丝系统由克服重力的重力补偿系统、可控跟踪机器人运动的水平移动系统及相应的传感器系、控制系统组成，如图 4 - 18 所示。

图 4 - 18　EMR 吊丝实验系统

该吊丝系统与 SM² 的台架实验系统类似，重力补偿系统包括配置机构伸展杆和一系列滑轮。吊丝依次通过这些滑轮与伸展杆相连。用配重块平衡机器人的质量。水平移动系统包括 Y 方向和 X 方向直线传动单元和二维角度传感器等。移动支承块可在 X - Y 水平方向灵活移动，以维持其中心在机器人的正上方。角度传感器随时测量出悬挂机器人的吊丝偏离垂直方向的误差，并将该误差信号传给电机控制系统，以驱动移动支承块去跟踪机器人的运动，减小误差，保持吊丝垂直。如果保证机器人上的吊挂点是机器人的工作重心（即一脚固定，一脚移动状态），这一系统就为机器人提供了一个不影响其运动的重力补偿系统。

二维角度传感器用来反馈机器人的水平位置，控制天车始终跟随机器人的水平方向的运动，要吊丝保持垂直就必须要求传感器所测出的角度变化真实反映吊丝的角度变化。所以，传感器的精度直接影响实验系统的重力补偿效果。本系统中选用的 JC－12 角度传感器，其角度测量精度达到 0.001°，并且线性度、重复性、稳定性等精度都优于 1‰。将传感器本体固定在一个二自由度框架结构内的机械结构形式，这种结构能够传递任意方向的角度，满足了设计要求中对完全传递一个空间角度的要求。传感器系统把角度传递杆的变化分解到两个互相垂直的旋转轴上，由装在旋转轴上的角度传感器分别测量出角度变化并进行控制。

4.4 结束语

吊丝配重实验系统能够在一定程度上抵消重力影响，模拟目标在空间微重力环境下的运动，该系统可以广泛应用于各种航天器三维空间模拟、空间机器人逼近及捕获目标等地面微重力验证实验中。本节主要对吊丝配重实验系统进行了简单介绍及分析，结合一些经典案例来描述该系统的组成及各部分功用。

该实验系统所具有的突出优势是其实验时间不受限制，结构相对简单，易于实现，但其缺点也是明显的，如重力补偿精度不够高，难以辨识吊丝系统的动摩擦力并在其控制系统中准确补偿等。

　　未来吊丝配重实验系统将围绕如何提高重力补偿精度，降低实验系统各种机械摩擦并进行实时辨识、与其他重力补偿系统进行交叉设计等方面不断发展，前景将十分广阔，在未来在轨服务、航天器应用等方面将发挥更大的作用。

参 考 文 献

[1] 徐文福，梁斌，李成，等. 空间机器人微重力模拟实验系统研究综述 [J]. 机器人，2009，31（1）：88-96.

[2] 齐乃明，张文辉，高九州，等. 空间微重力环境地面模拟试验方法综述 [J]. 航天控制，2011，29（3）：95-100.

[3] 史士财，谢宗武，朱映远，等. 空间机械臂地面实验系统 [J]. 哈尔滨工业大学学报，2008，40（3）：381-385.

[4] 查世红. 空间机器人六自由度浮游目标捕获功能地面验证系统研究 [D]. 合肥：中国科学技术大学，2008.

[5] 姚燕生. 三维重力补偿方法与空间浮游目标模拟实验装置研究 [D]. 合肥：中国科学技术大学，2006.

[6] 宋彦锋，梅涛，林旭梅. FPGA 在吊丝微重力系统控制器中的应用 [J]. 工业仪表与自动化装置，2006，4：48-51.

[7] 姚燕生，梅涛，骆敏舟. 悬架模块的动力学建模与仿真 [J]. 机械工程学报，2006，42（7）：30-34.

[8] 高吾益. 吊丝主动重力补偿系统设计与研究 [D]. 哈尔滨：哈尔滨工程大学，2010.

[9] Kyoichi Ui，Saburo Matunaga，Shin Satori，et al. Microgravity Experiments of Nano—Satellite Docking Mechanism for Final Rendezvous Approach and Docking Phase [J]. Bremen Microgravity sci. technol XVII—3，2007.

[10] White G C，Xu Y S. Active Vertical—direction Gravity Compensation System [J]. IEEE Transaction on Instrumentation and Measurement，1994，43（6）：786-792.

[11] Yoshida K. Experimental Study on the Dynamics and Control of a Space Robot with Experimental Free—floating Robot Satellite (FFORTS) Simulators [J]. Advanced Robotics，1995，9（6）：583-602.

[12]　　H. B. Brown, Jr. and J. M. Dolan. A Novel Gravity Compensation System for Space Robots [R] . The Robotics Institute, Carnegie Mellon University, 1993.

[13]　　Matunaga S, Yoshihara K, Takahashi T, et al. Ground experiment system for dual—manipulator—based capture of damaged satellites [A] . Proceedings of the IEEE International Conference on Intelligent Robots and Systems [C] . Piscataway, NJ, USA: IEEE, 2000, 1847 – 1852.

第5章 气浮台实验系统

5.1 气浮台物理仿真原理

航天器控制系统全物理仿真方法之一是采用气浮台模拟航天器本体作为控制对象，其控制系统采用航天器控制系统实物所进行的仿真试验。转动气浮装置是最早出现的一类仿真气浮装置。这类装置通常由一个基座支撑，放置于地面或水平台面上，能够提供绕垂直于支撑面的轴360°旋转。基座本身不能移动，通过气浮轴承与模拟航天器本体的台体部分相连。根据台体运动维度的不同，转动气浮台可以分为单轴和三轴两类。

气浮台作为航天器姿态控制系统仿真手段几乎与航天器研制同时起步。例如，美国早期的泰罗斯卫星，用气浮台进行过章动阻尼试验；1968年初我国用三轴气浮台进行东方红一号卫星天线伸展试验等。由于航天器姿态运动速度很低，所以航天器姿态运动的地面物理仿真主要考虑达到空间的失重环境。气浮台依靠压缩空气在气浮轴承与轴承座之间形成的气膜，使模拟台体浮起，从而实现失重和无摩擦的相对运动条件，以模拟航天器在外层空间所受扰动力矩很小的力学环境。作为航天器运动模拟器，如采用球面气浮轴承支持的三轴气浮台，不但在三轴方向有所需要的姿态运动范围，而且还能模拟航天器三轴耦合动力学。与航天器控制系统半物理仿真相比，全物理仿真不需要仿真计算机，航天器动力学完全由气浮台来模拟。另外，航天器全物理仿真采用航天器控制系统部分或全部实物部件组成控制系统，并置于气浮台上，组成与航天器控制系统相同的仿真回路，使用实际的控制规律、实际的运行软件。由于执行机构产生的控制力矩直接作用在气浮台上，只要气浮台与航天器具有相等的转动惯量，或者两者的惯量比等于试验时执行机构与实际航天器执行机构控制力矩之比，使两者的角加速度相一致，则全物理仿真就相当于航天器实际物理模型的飞行试验。这样，全物理仿真就可以在地面上更真实地模拟航天器在空间的动力学、动量交换、动量耦合，以及发现实际模型可能存在的问题。

5.1.1　单轴气浮台

单轴气浮台是指台体仅能围绕垂直支撑面的轴旋转的气浮设备。由航天器姿态动力学方程可知，航天器绕其俯仰轴的运动是近似独立的。故单轴气浮台主要用于模拟航天器俯仰轴的运动，台上的测角装置实时测得台体角位移，陀螺测得台体角速度，测量部件可获得实时姿态信息，星载计算机进行实时处理，并输出相应控制指令和控制量，执行机构的控制力矩可直接作用在单轴气浮台上，以进行姿态控制单通道仿真，或执行部件的单元测试。它适合于采用反作用轮的三轴稳定航天器，也可用来研究挠性结构性能和挠性振动抑制控制。

按轴承的承载能力不同，单轴气浮台有大小之分。一般承载1 000 kg 以上，用于型号试验验证的为大型系统；而承载在 100～200 kg 的，用于某些动力学试验研究的为小型系统。无论大小，其主要配置都区别不大，但由于仿真试验要求和目的不同，参试的仿真控制系统亦不同，单轴气浮台的动力学性能相应有差别。

本节以某航天器试验用的大型单轴气浮台仿真系统为例，说明单轴气浮台全物理仿真系统的组成、主要设备及单轴气浮台技术要求。系统的主要配置示意图如图 5-1 所示。

（1）台上仿真控制系统

由某卫量姿态控制系统俯仰通道实物组成。主要包括：

1）红外地球敏感器（IRES）、数字式太阳敏感器（DSS）、太阳红外线路盒（S/IE）。

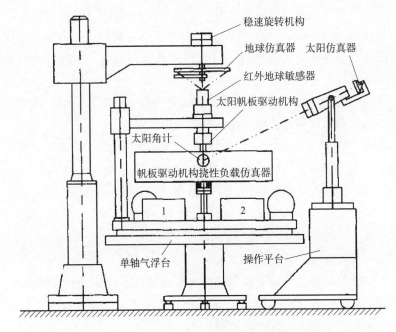

稳速旋转机构

地球仿真器　太阳仿真器

红外地球敏感器

太阳帆板驱动机构

太阳角计

帆板驱动机构挠性负载仿真器

1　　2

单轴气浮台　　　操作平台

图 5-1　单轴气浮台全物理仿真系统配置示意图

2）陀螺组合件（GA）及陀螺线路盒（GE）。

3）星上计算机（AOCC）。

4）动量轮（MW）及动量轮线路（MWE）。

5）帆板驱动机构（BAPTA）及帆板驱动机构线路盒（BAP-TAE）。

6）电源适配器（SDC）；

7）应急电路盒（EE）。

（2）台上技术系统

装载在单轴气浮台上的其他设备主要包括：

1）一次电源及二次电源，提供台上各种所需电源。

2）冷气喷气模拟装置，由高压气瓶组、减压阀、稳压阀、喷管以及相应电磁阀和控制电路组成。

3）台上测控计算机及接口，由无线网络支持与地面控制计算机进行串行通信，完成地面上行指令、数据的接收及下行数据的发送。

4）干扰力矩发生器，模拟航天器在空间受到的气动力矩、太阳辐射压力矩等干扰力矩。通过台上测控计算机编程，由冷气喷管实时产生所需干扰力矩。

5）台上控制盒，是全物理仿真试验的台上专用控制器。主要完成仿真试验工作模式切换、控制及状态显示等。

6）太阳帆板驱动机构（BAPTA）负载仿真器，等效驱动机构带动单翼太阳帆板对航天器俯仰轴的转动惯量。

（3）地面支持设备

地面支持设备主要包括单轴气浮台、目标仿真器和地面测控系统。

（a）单轴气浮台及技术要求

单轴气浮台是单通道全物理仿真系统的核心设备，由空气轴承、台体、测角装置以及气源装置等组成。仿真试验时基本技术指标满足航天器型号要求。技术要求有：

1）空气轴承承载能力大于 1 200 kg。

2）整体铸铝结构台体可装载仿真及技术系统部件等，质量约800 kg。

3）台体加载后转动惯量约为 1 000 kg·m²。

4）气浮台本身的扰动力矩小于 4×10^{-4} N·m。

5）台体测角范围 $\pm 360°$，测角精度：2.5×10^{-4}（°）。

（b）目标仿真器

主要包括地球仿真器和太阳仿真器。

（c）地面计算机及数据采集处理系统

由高速工业控制计算机配以相应模板组成，完成对台上各部件工作参数的数据采集、显示、打印、绘图等。

5.1.2　三轴气浮台

三轴气浮台是在单轴转动的基础上又增加了绕平行于支撑面的

本体轴的转动，分别模拟航天器的俯仰轴和滚动轴。这两个转动，即滚转角和俯仰角，合称为倾斜角，其最大转动角可根据实验要求设定。倾斜角的范围对于气浮台来说是非常重要的，它和负载能力一起成为测试台有效性的衡量标准。台体的负载能力是指能够放置在气浮台上，并和气浮台一起绕本体轴无摩擦旋转的台体最大载重量。最早的三轴气浮台能够提供 ±120° 的倾斜角和 400 多千克的最大载重量，而据现存资料显示气浮台的最大倾斜角可以达到 ±180°，最大载重量可以达到约 6 800 kg 的水平。

下面介绍典型的三轴气浮台组成及特性。

（1）系统的典型组成

该系统主要由以下几部分组成：

1）轴承及支撑组合件。气浮轴承是三轴气浮台的关键部件。它由一球面和一个球缺状球窝所组成。它是个多节流孔静压球面气浮轴承。气浮轴承支撑组合件上方安装气浮轴承球窝及锁定环，并配有压缩空气控制装置及管路。

2）仪表平台。仪表平台由装载被仿真控制系统部件用的台体及相应测量和控制部件组成。仪表平台上配有高精度测角计和测角速度计、控制计算机，台体自动调平衡以及冷气喷气装置等。台体通过机械接口与球面气浮轴承的上方紧固连接。

3）轨道旋转平台及控制系统。这是航天器控制系统全轨道系统仿真采用的关键技术。在轨道旋转平台上安装地球模拟器，航天器控制系统测量部件红外地球敏感器安装在仪表平台上。旋转平台的转动周期可在 90～100 min 之间选择，从而实现中、低轨道航天器控制系统的全轨道系统仿真。

4）其他辅助系统。包括气浮台大型基座、千斤顶及控制系统、气浮台气源系统、目标模拟器（包括地模、太模等）、地面总控制台等。

（2）系统主要技术指标简介

根据试验的测试结果，三轴气浮台已达到以下技术指标。

1) 气浮轴承总承载大于 6 000 kg。

2) 大型三轴气浮台具有三个自由度，其中沿铅垂轴 Y 的运动角度为 $\pm 360°$，水平两轴 X，Z 的运动角度为 $\pm 20°$。

3) 气浮台台体（仪表平台）可装载中方仿真控制系统各部件的总质量大于 1 000 kg；各部件可安装在直径为 3 100 mm 平面内，并具有安装基准平面；表平台各轴自身的转动惯量在 3 000～4 500 kg·m² 之间，安装仿真控制系统及配重块后，各轴的转动惯量在 5 000～7 000 kg·m² 之间。

4) 三轴气浮台具有高精度三通道姿态角测量系统和角速度测量系统，其测量运动范围、精度如下：

a) 姿态角测量范围、精度：铅垂轴 $\pm 180°$，水平两轴 $0～\pm 20°$，精度优于 $1'$。

b) 角速度测量范围、精度：角速度范围：± 4 (°) /s，精度优于 5×10^{-4} (°) /s。

5) 气浮台三轴干扰力矩的主要来源是轴承的涡流力矩和仪表平台的不平衡力矩，由于仪表平台上装自动调平衡系统，台体各轴的干扰力矩指标为：在 $\pm 180°$ 范围内，铅垂轴扰动力矩小于 25×10^{-4} N·m；水平两轴在 $\pm 20°$ 范围的干扰力矩小于 0.01 N·m（不为常值）。

6) 台体上配有三通道初始角位移、初始角速度给定功能，以实现航天器消初偏系统仿真，初始角位移 $\leqslant 3°$，初始角速度值 $\leqslant 1.5$ (°) /s（可任意组合）。

7) 大型三轴气浮台具有中、低轨道航天器全轨道系统仿真的轨道旋转平台（直径 4 900 mm），安装质量小于 1 000 kg 的地球仿真器：旋转平台的转动速度为 0.06～0.07 (°) /s，角速度精度 0.001 (°) /s，角位移精度优于 $3'$。

8) 气浮台的连续工作时间大于 120 min。

(3) 三轴气浮台的几个关键技术

(a) 大型气浮球面轴承设计加工

为保证三轴气浮台关键部件的质量和可靠性，球面气浮轴承采用不锈钢材料。球轴承直径 400 mm，表面精度达 2 μm。另外，轴承的定子采用铝合金材料，并具有备用件。为确保轴承使用的高可靠性，轴承转子和定子之间采用锁定环系统，保护材料为高耐磨软材料，这是个非常关键的技术。

（b）仪表平台工艺控制系统

仪表平台不仅仅是一个可以安装航天器或飞船仿真部件的刚性结构台体。由于在平台上安装了工艺控制系统，从而使台体完全可以自主控制，完成仪表平台配电、配气、自检自测其动力学性能。工艺控制系统包括：

1）逻辑变换装置；

2）测角计（三通道）；

3）测角速度计（三通道）；

4）冷气喷管执行机构（三通道）；

5）自动调平衡系统及粗精平衡块；

6）配电、配气控制台。

这是保证转台具有高性能和使用特性的非常好的关键技术。测量系统由高精度测角计及角速度计组合而成，其结果由计算机解算，并由无线调制解调器完成传送。数据的无线传输大大提高了气浮台进行仿真试验的使用性能。在仪表平台上还采用了自动调平衡系统，解决了三轴气浮台自动调平衡关键技术。另外，还配备了冷气喷气系统，喷嘴共 6 对，在大气中的推力为 6 N，最小脉宽为 20 ms，现力臂为 1 800 mm。每个喷管的推力矩为 10.8 N·m，因此，可以利用该喷气系统来进行航天器控制系统轮子的动量卸载系统仿真。

（4）三轴气浮台物理仿真系统的主要用途

在航天器研制初期或一个新的控制系统方案确定时，为更好验证方案设计的正确性，应将全物理仿真与数学仿真、半物理仿真相互配合、相互补充，在航天器研制过程中充分发挥系统仿真的作用。

如上所述，大型航天器三轴气浮台全物理仿真系统主要是针对大型高、中、低轨道航天器控制系统仿真实验而研制的，主要用于大型卫星、飞船姿态控制系统的全物理仿真试验，特别适合采用各种飞轮组合或单框架控制力矩陀螺控制方案的卫星或飞船。由于缺乏上述大型航天器实际飞行数据，加上个别设计者由于疏忽大意可能造成系统或部件模型上的实际偏差，在这些航天器的研制中采用大型三轴气浮台全物理仿真试验，其主要用途是：

1）验证航天器控制系统方案设计的正确性；

2）检验航天器控制系统数学模型与实际部件的性能是否相符；

3）进行故障仿真和故障对策研究。

从总体上检验系统电性能和极性设计是否正确，并实时检验被仿真系统部件与计算机之间的信息交换过程，其主要目的是提高航天器在轨运行的可靠性，减少航天器失控的风险。

5.1.3　三自由度气浮平台

单轴气浮台或者三轴气浮台都是姿态运动的模拟器，其基座均固定于地面，无法实现平动运动的模拟。为实现对平动运动的模拟，出现了一类可平动气浮台，其在保留的姿态运动模拟的基础上，增加了对平动运动模拟的功能。三自由度气浮平台就是典型的一类可平动气浮台，包含 2 个平动自由度和绕自身转动自由度，用来模拟航天器相对轨道运动和姿态运动。

（1）系统组成

三自由度气浮平台由一个刚性框架结构件及安装其上的各种测量、控制部件组成。框架结构的底部装有气垫，用来把该刚体支撑在花岗石平台上，以降低刚体平动时的摩擦力；主要的测量与控制部件包括激光测距仪（可由试验任务替换）、GPS 接收机、角速度测量系统、冷气推力器系统、带无线网络的测控计算机以及相应的靶屏等。另外，还包括电池组及 DC/DC 变换器（见图 5 - 2）。

（2）主要技术指标体系

1）台体可在花岗石平台上自由移动，并绕台体自身的转轴自由转动。

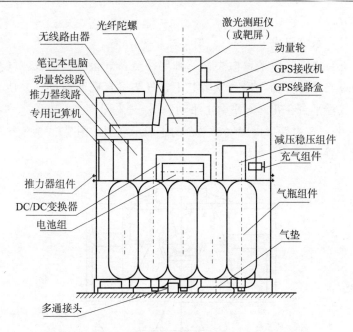

图 5 - 2　三自由度气浮平台仿真试验系统组成示意图

2）台体总质量。

3）台体加载部件及配平块的质量后铅垂轴转动惯量。

4）台体水平移动最大加速度。

5）台体水平移动最小加速度。

6）台体转动最大角加速度。

7）台体转动最小角加速度。

8）台体转动干扰力矩。

9）平台每次工作时间。

5. 1. 4　五自由度气浮平台

　　五自由度气浮平台则是在三自由度气浮平台的基础上，增加三轴姿态运动的模拟，包含 2 个平动自由度和 3 个转动自由度，用来模拟航天器相对轨道运动和姿态运动，包括气垫平台和三轴气浮台两部分。

（1）系统组成

五自由度气浮平台由小型三轴气浮台及气垫平台组成。气垫平台通过支撑将三轴气浮台安装其上，气垫平台底面通过气垫使五自由度气浮平台在花岗石平台上平动。

图5-3为五自由度气浮平台的组成示意图。图5-4为气垫平台配置示意图。

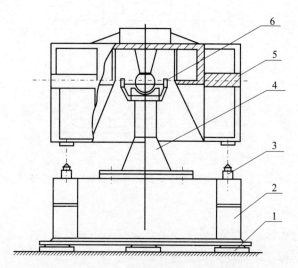

图5-3　五自由度气浮平台组成示意图

1—气垫；2—气垫平台；3—千斤顶；

4—三轴气浮台支撑；5—三轴气浮台；6—气浮台测角装置

（2）气垫平台

气垫平台刚体结构底面安装气垫，压缩气体从气垫的多组节流孔喷出，使气垫与花岗石平台平面之间形成气膜润滑，并用来把该平台支撑在花岗石平台上运动。气垫平台依靠安装其上的冷气推力器移动。推力器系统由装在气垫平台上的测控计算机通过无线网络控制。另外，气垫平台刚体结构上需提供安装三轴气浮台的稳定的支座、千斤顶装置以及高压气瓶组、电池组、DC/DC电源等。其主要技术指标体系如下。

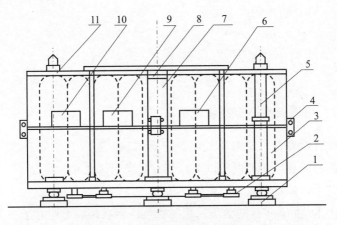

图 5-4　气垫平台配置示意图

1—气垫；2—管路、接头；3—高压气瓶；4—推力组件；5—千斤顶；

6—电池组、二次电源；7—气浮台支撑座；8—旋转气接头；

9—减压、稳压、充气组件；10—测控计算机及接口；11—刚性结构台体

1）气垫总承载。

2）气垫平台台体水平移动最大加速度。

3）气垫平台台体水平移动最小加速度。

4）气垫平台持续工作时间。

5）冷气喷气系统推力矩。

（3）小型三轴气浮台

三轴气浮台选用球面气浮轴承支撑模拟台体，在三个轴方向有所需要的角运动范围，其主要结构为气浮球轴承及支撑基座、加载航天器仿真控制系统各部件用的台体及台体角位移测量装置等。气浮球轴承为静压球面气浮轴承，轴承是三轴气浮台的关键精密部件。轴承球面的上方通过机械接口和台体紧固连接。轴承球窝被安装在轴承支撑基座上（即气垫平台上）。主要指标体系如下。

1）气浮轴承承载能力。

2）气浮轴承工作气压。

3）三轴角度运动范围。

4）气浮轴承涡流力矩。

5.2　气浮台物理仿真的国内外现状

5.2.1　单通道姿态控制物理仿真

综合世界各主要国家气浮台仿真试验，航天器控制系统全物理仿真的功能和作用可以从以下几个方面来加以说明。

（1）自旋稳定航天器全物理仿真

20世纪70年代初美国采用三轴气浮台在地面上建立了一个符合空间条件的双自旋航天器全物理仿真系统。通过试验提供了正确可靠的数据，验证了双自旋航天器姿态指向性能，特别是消旋体具有可控天线时的跟踪性能。日本在20世纪70年代末采用气浮台仿真证实了消旋体摆动和章动理论分析模型的正确性，并通过气浮台仿真验证了摆动消除的有效性。

（2）用喷气作为执行机构的三轴姿态控制系统全物理仿真

20世纪70年代初我国利用单轴和三轴气浮台仿真系统对返回型对地定向观测航天器三轴姿态控制系统进行过气浮台仿真。该系统着重对喷气控制规律、极限环和开关速度进行了仿真研究。通过气浮台仿真试验得到了理论模型和实际耗气量的差值。试验时还发现了冷气喷管在大气中的推力矢量偏心问题。

（3）用飞轮作为执行机构的三轴姿态控制系统全物理仿真

采用飞轮的航天器姿态控制系统，在进行气浮台仿真时，由于飞轮产生的反作用力矩直接作用在气浮台上，对于验证轮控系统方案的正确性，发现模型存在的问题直观有效，特别适合于对轮子转速过零、轮子动摩擦力矩、轮子动量卸载等问题的研究。

（4）采用零动量反作用轮的三轴姿态控制系统全物理仿真

美国格鲁门飞机工程公司用气浮台仿真验证了轨道天文观察站

（OAO）高指向精度的姿态控制系统，特别是模拟反作用轮在转速过零时轴承摩擦力矩对姿态指向精度的影响。还通过气浮台仿真验证了四个斜装轮系统的正常工作模式和故障模式的性能以及喷气对动量轮角动量卸载的效率，验证了控制计算机硬、软件设计的正确性，从而提高了对数学模型的可信度。

（5）采用偏置动量轮的二轴姿态控制系统全物理仿真

在研制欧洲通信航天器（OTS）时，通过气浮台系统仿真验证了具有偏置动量轮系统的各轴耦合特性、姿态稳定性能、章动和章动阻尼特性。通过仿真证明了双脉冲喷气控制规律的有效性，减小了章动角。

（6）采用框架动量轮的三轴姿态控制系统全物理仿真

无论是单框架还是双框架动量轮三轴姿态控制系统，在上天以前都需要在地面上进行非常认真的仿真试验，特别是验证框架挠性和轴承摩擦力矩对姿态指向精度的影响，以及框架和动量轮饱和时的卸载机理。日本航空宇宙技术研究所在进行单框架动量轮三轴姿态控制系统气浮台仿真时，发现仿真结果与理论分析相差很大，其原因是由于框架轴承摩擦的影响。通过气浮台仿真修正了理论模型。

（7）挠性结构航天器控制系统全物理仿真研究

我国于 1994 年研制完成满足挠性结构航天器硬件模型系统仿真要求的物理仿真系统。利用该系统基于变结构控制及自适应、H 无穷、脉冲成型等各种方法进行了挠性结构航天器的振动抑制和大角度机动系统试验，都取得了很好的控制效果。仿真试验验证了控制方案的有效性和可能性，为各种控制方法的实际应用创造了条件。该系统对验证其系统动力学模型的正确性，验证其控制规律和设计原则具有重要意义。

（8）液体晃动仿真研究

气浮台仿真对液体晃动的能量耗散及发散时间常数的试验研究提供了手段。设在美国马里兰州哥达德空间飞行中心的气浮台试验装置，其中一个主要目标就是试验自旋卫星液体晃动对星体姿态的影响，曾获得十分满意的试验结果，说明气浮台仿真试验对自旋充液卫星晃动动力学的建模和验模具有重要作用。

5.2.2　三通道姿态控制物理仿真

在美国，最初只有政府实验室或大公司拥有能够真实模拟太空环境的三轴气浮台试验设备，并且基于知识产权的考虑而未见公开的文献资料。近些年来，一些非政府的机构以及院校开始研究和建造用于培养下一代航天动力学与控制方面的工程技术人才的空间航天器模拟器，进行航天器动力学与控制研究与试验，因而出现了各种采用三轴气浮台的模拟器系统。如：

1）美国空军的 ASTREX（Advanced Space Structures Technology Research Experiment）。

2）美国国家航空航天局喷气推进实验室（JPL）的 FCT（Formation Control Testbed）。

3）美国海军研究实验室（Naval Research Laboratory）的 RESHAPE（Reconfigurable Spacecraft Host for Attitude and Pointing Experiments）。

4）MIT 的 ARGOS（Adaptive Reconnaissance Goly－3 Optical Satellite）。

5）Virginia 工学院的 DSACSS（Distributed Spacecraft Attitude Control System Simulator）。

6）Georgia 工学院的 IACS（Integrated Attitude Control System）。

7）Honeywell 公司的 MCS/LOS 系统。

8）空军工学院的 SIMSAT（Simulation Satellite）。

9）Utah 州立大学的 Skipper Attitude Control System。

10）Michigan 大学的 TACT（Triaxial Attitude Control Testbed）。

11）海军研究生院的 TASS（Three – Axis Satellite Simulator）。

此外还有波音公司北美空间系统分部的 EKV（Exoatmospheric Kill Vehicle）拦截器飞行动力学模拟器、美国海军的 Standard/LEAP（Lightweight Exoatmospheric Projectile）气浮台等。

三轴气浮台是经过充分发展的一类实验设备，世界各国的三轴气浮台可按结构不同分为伞形、桌面形和哑铃形三类，分别适用于有不同转动角度要求的物理仿真实验。

5.2.2.1　伞形三轴气浮台

伞形气浮台的平台表面通过一根伸长杆连接在整个球形空气轴承上，负载放置在台面外侧，整个系统看起来就像是一把手柄很短的伞，如图 5 – 5 所示。

1960 年美国国家航空航天局马歇尔空间飞行中心研制出的世界上最早的气浮系统便是这种伞型三轴气浮台。这台设备提供了±120°的水平倾斜角和 400 kg 的载重能力。这个性能即使在今天的标准上也是非常好的。这台设备主要用于在实验条件下研究干扰力矩对气浮台响应的影响。美国国家航空航天局还利用这台设备和一个桌面型装置一起使用测试航天器控制律。

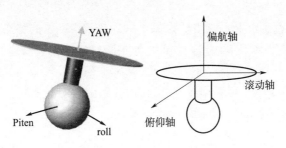

图 5 – 5　伞形气浮台示意图

5.2.2.2　桌面形三轴气浮台

桌面形三轴气浮台是使用最广泛的一种气浮装置，其负载平台通常直接安装在半球空气轴承的平面上，各部分的组件则堆放在这个负载平台上（见图 5 - 6）。

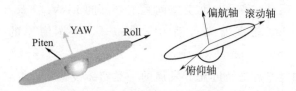

图 5 - 6　桌面形气浮台示意图

1975 年第一台由斯坦福大学自主研制成功的气浮装置便是这种桌面形三轴气浮台，主要用于质心确定实验。波音卫星系统（特别是空间通信）一直在流体结构影响的研究中保持领先。20 世纪 80 年代后期，研究中开始引入了能够搭载双自旋卫星结构的小型球形气浮台。这个装置成功地为几颗卫星预测了阻尼时间。同期，英国皇家军事学院也开发了一个通用桌面型设备，用于低质量液体火箭的试验研究。

1995 年美国海军研究生院开始研制的三轴姿态动力学控制仿真器（TASS）以及新研制的 TAS2 也是类似的结构（见图 5 - 7）。TASS 系统的本体是一个八角形的厚 0.95 cm 的铝盘，下部安装硬质铝条进行加固。一个直径 25.4 cm 的球形气浮轴承固联在台面中心下方，整个台上系统质量为 190 kg。该平台系统的特点如下。

1）平台本体的旋转自由度为偏航方向 180°，滚转和俯仰方向 45°。

2）具有三个反作用轮以及/或者八嘴喷气姿态控制系统。

3）传感器有三个速率陀螺、一个 3 轴磁力计、一个 2 轴太阳敏感器。

4）闭环实时控制系统为装在台上的带有 Matlab/Simulink 及 Real - time Works 的便携计算机。

1997 年由犹他州立大学的学生们设计制造了一个通用的桌面形气浮设备用于空间动力学实验室航天器的姿态确定和控制系统功能检测，提供了 ±45°绕水平轴的最大倾斜角。

图 5 - 7　带有三个控制力矩陀螺的 NPS 三轴气浮台（TAS2）

此外，乔治亚技术研究所的空间工程学院还拥有两台桌面型气浮台（见图 5 - 8）。2001 年研发的第一代系统主要用于研究生和本科生的教学任务，可提供±30°的水平倾斜角和 140 kg 的最大负载能力。第二代系统的设计融入了先进的非线性控制，台上装置包括八个冷气推进器和四个变速控制力矩陀螺（可以分别工作在反作用飞轮模式和控制力矩陀螺模式），一个两轴太阳敏感器，一个三轴磁力计，一个三轴速率陀螺和一个惯性测量单元。

图 5 - 8　乔治亚技术研究所的三轴气浮台

5.2.2.3　哑铃形三轴气浮台

这种结构的空气轴承也是一个完整的球形，相对的两边伸出两个伸长杆，负载平台就安装在伸长杆的两端，伸长杆是中空的，里面可以安装两个负载平台的通信线路，如图 5 - 9 所示。

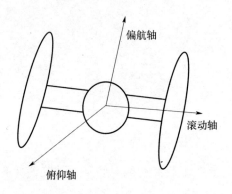

图 5 - 9　哑铃形气浮台示意图

这种结构和前两种不同，因为它可以提供多于一个轴的无阻尼转动，也就是说它可以绕偏航轴和滚动轴 360°自由旋转。这是气浮设备极具意义的创新。密歇根大学于 20 世纪 90 年代末期研制的三轴气浮台 TACT 和美国空军技术研究所的 AFIT 就是这样一个结构（见图 5 - 10）。

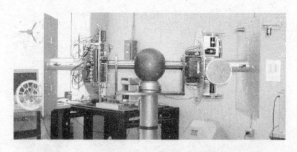

图 5 - 10　密歇根大学的哑铃形三轴气浮台

TACT 可以提供绕俯仰轴±45°的转动。台体使用的传感器包括一个三轴磁强计、加速度计和速率陀螺。载重量为 160 kg，执行机构包括六个通用反作用轮和四个推力器。

TACT 系统用于模拟多体航天器的零重力环境或圆轨道运动。为了实现平台的姿态机动，该系统安装了三种形式的执行机构，主要用于参数确定、自适应控制和非线性姿态控制。TACT 的三种姿态控制形式包括：风扇或喷气装置的外力矩控制、反作用飞轮的动量矩控制和移动质量块的引力矩控制。

5.2.3　编队飞行控制物理仿真

航天器编队飞行是极具开拓性的新兴的航天技术领域，尽管在 20 世纪 90 年代编队飞行的概念才出现，但由于航天器编队飞行具有很大的应用潜力和优势，国外许多空间任务拟采用编队飞行技术来实现。目前进行编队航天器地面试验验证，除了发射真正实验航天器以外，有三种方式：

第一种方式：平动转动物理仿真器，构成一个 3～5 个自由度失重仿真器。这种多自由度仿真器动力学真实性有一定局限性，同时平动速度不能太快，否则气浮台会失稳。但是仿真实验时间比较长，经济成本比较低，使用方便。

第二种方式：采用飞机进行抛物线飞行，可实现短时间的失重状态，仿真动力学真实性比较好，但是一次抛物线飞行仅能提供 25 s 的失重环境，验证实验仅能断断续续地进行，这对很多算法软件验证难于满足要求。

第三种方式：有人照料航天器，也就是载人飞船或者空间站提供一个失重舱位，就可以完全实现 6 自由度动力学真实空间环境。由于有航天员参与工作，空间飞行实验可以持续到所需要时间。另外，航天员可以随时干预实验，避免了危险试验事故的发生。

平动转动物理仿真器通常将三轴转动气浮台安装在平面平动气垫上。为了使仿真器平动时摩擦阻力降低到最低程度，以便构成一个微重力空间环境，安置仿真器的地板有特殊要求：1) 光滑无摩擦阻力；2) 极高水平度。光滑无阻力的地板一般有两种形式：第一种是特制环氧树脂；另一种是由高光洁度花岗岩拼成的地板。

　　美国 20 世纪六七十年代开展的阿波罗载人登月计划是迄今为止世界上唯一实现人控月球轨道交会对接的月球探测计划。因此，无论从单机研制、关键技术储备还是地面试验验证方面都积累了大量的工程经验。而目前世界范围内尚没有在月球轨道实现无人自主交会对接的先例。近地轨道交会对接任务已于 2011 年 11 月 3 日获得圆满成功，其在地面试验验证方面也积累了大量的宝贵经验。

5.2.3.1　相对运动半物理仿真模拟技术

　　下面对国外 20 世纪几个典型的交会对接半物理仿真试验系统进行总结，如表 5 - 1 所示。

表 5 - 1　20 世纪几个典型的交会对接半物理试验系统

项目	对接动力学试验系统 Dynamic Docking Testing System (DDTS)	对接动力学试验设备 Dynamic Docking Testing Facility (DDTF)	交会对接操作试验系统 Rendezvous and Docking Operation Test System (RDOTS)	欧洲近距离操作仿真器 The European Proximity Operation Simulator (EPOS)
建造时间	20 世纪 60 年代后期	20 世纪 80 年代后期	1994 年	20 世纪 80 年代后期
设备地点	美国 NASA 约翰逊空间研究中心 NASA Johnson Space Center	法国空间中心（图卢兹）	日本筑波空间中心 National Space Development Agency of Japan, (NASDA)	德国宇航研究院（慕尼黑）
有效载荷质量	1 134 kg	几十千克	70 kg	150 kg
运动范围	$\pm 0.152\ 4$ m（水平） $0.609\ 6$ m（铅垂）	7 m×0.2 m×0.2 m 5°×5°×5°	7 m×2.4 m×2.4 m 10°×40°×40°	12 m×3 m×2 m 360°×360°×360°

续表

项目	对接动力学试验系统 Dynamic Docking Testing System (DDTS)	对接动力学试验设备 Dynamic Docking Testing Facility (DDTF)	交会对接操作试验系统 Rendezvous and Docking Operation Test System (RDOTS)	欧洲近距离操作仿真器 The European Proximity Operation Simulator (EPOS)
运动精度	±1.27 mm 0.01°	0.1 mm 0.01°	1 mm (<0.5 m), 2 mm (0.5~7 m) 0.12°	0.1 mm 0.05°
设备自由度	6	12	9	9
功能与用途	对接动力学半物理仿真	交会与对接动力学半物理仿真	交会与对接动力学半物理仿真	近距离操作半物理仿真

从表 5-1 可以看出，美国最早从 20 世纪六七十年代、由美国国家航空航天局约翰逊空间中心为阿波罗载人登月计划在月球轨道的交会对接任务研制了交会对接试验系统。该系统轴向运动距离只有 0.6 m，横向二维则只有 ±0.15 m，主要是为了验证对接时的六自由度动力学特性。

进入 20 世纪八九十年代，欧洲和日本先后建成了 9 自由度的半物理仿真试验系统。其中，由德国宇航中心研制的欧洲近距离操作仿真器（The European Proximity Operation Simulator，EPOS）可模拟验证轴向距离 12 m 以内的交会过程的制导、导航与控制策略。

日本于 1994 年由 NASDA 研制成功了九自由度交会对接操作试验系统，如图 5-11 所示。该系统通过导轨和连杆机构实现了两个模拟器九自由度相对运动。试验系统轴向可运动距离为 7 m，既可实现最终交会过程的 GNC 验证，也可进行对接过程的动力学验证。

图 5-11　日本交会对接试验系统

从上面的几个典型试验系统可以看出，早期的交会对接半物理试验系统能够提供的轴向可运动距离都非常小，主要是为了验证最后对接过程 GNC 控制的可行性，而对交会对接敏感器自身的性能验证有限。

进入 21 世纪，随着新一代国际空间站以及深空探测等航天计划的推进，出现了更为先进的半物理仿真验证系统，德国宇航中心研制的 EPOS 二代就是其中的典型代表。其实物图如图 5-12 所示。

图 5-12　欧洲 EPOS 二代

　　该试验系统基于 EPOS 二代研发，可用于空间交会对接以及机器人操作等的地面验证。试验系统由两个六自由度机器人分别完成追踪器和目标器的六自由度运动，可验证的轴向最大距离约为 25 m。同 EPOS 一代相比，EPOS 二代有如下先进之处：能够通过虚拟现实技术实现对光照条件和虚拟背景的模拟，以验证其影响；能够提供微重力环境，可验证空间机械臂操作和对接过程的动力学。

　　我国研制的九自由度交会对接 GNC 半物理仿真试验系统可验证60 m 以内交会对接敏感器动态性能以及最后逼近靠拢段六自由度制导导航与控制方案的正确性。

　　该试验系统中，九自由度相对运动模拟子系统采用 6＋3 方案，即利用 6 自由度运动模拟平台模拟追踪器（SZ－8）相对目标器（TG－1）的三维平动和三轴转动，而目标器则固定在地面上，通过一个三轴转台来模拟其三轴姿态运动。

5.2.3.2　相对运动全物理仿真模拟技术

　　国外采用平动转动复合型气浮台实现编队飞行和交会对接的物理仿真。美国国家航空航天局马歇尔空间飞行中心"飞行机器人试验室"（FRL）代表了全自由度气浮台仿真的世界最高水平。这套设备被放置在一个 23 m×46 m 的光滑地面上（该类型最大尺寸），负载质量可达 180 kg。实现了复合六自由度运动，能够在地面开展空间操作、交会和对接实验。该实验系统已经建成，并顺利开展了X-33、国际空间站和自主交会对接的地面试验。

　　复合型气浮台主要用于航天器交会对接（RVD）和编队飞行等试验中。将执行任务的全部组件都分别安装在相当于目标航天器和追踪航天器的多自由度气浮台上，而多自由度气浮台通过支撑气垫放置在摩擦力非常小且水平度非常高的大型支撑台面上。为避免外界干扰力和力矩，保证气浮台系统的独立性，供气系统和电源系统均安装在气浮台上，与外界隔离。

　　通过调研公开的资料，目前最为先进的基于气浮台的相对运动仿真系统 FCT 由美国国家航空航天局的喷气推进实验室（JPL）搭建完成，FCT 由大型支撑平台、两个 5 自由度气浮台及相关配套设备组成（见图5-13），气浮台的下台面通过 3 个气垫形成气膜，漂浮在地板上，能够实现平面内两个自由度运动，上台面安装了一个桌面形三轴气浮台，由球轴承实现三自由度转动，上台面与下台面通过柱形支撑联接，其自带高压气瓶提供的气源可以持续工作 30 min。

图 5-13　JPL 研制的五自由度气浮台 （Formation Control Testbed）

在此基础上，JPL 首先搭建完成了十自由度相对运动仿真系统，由两个五自由度气浮台组成，气浮台可绕气浮球轴承旋转三个姿态角，适于对在同一轨道平面对接过程和对接机构性能以及接触碰撞的动力学进行仿真，在对接试验过程中若产生碰撞会引起球形气浮台翻转，这时通过在两个气浮台的对接装置上安装的力敏感器产生碰撞力敏感器信号，由计算机控制气垫平台喷气，产生推力使追踪航天器和目标航天器移开。

最新资料显示，JPL 对五自由度气浮台进行了技术改造，将固定长度柱形支撑换为了可升降机构，从而构成 6 自由度气浮台。两个 6 自由度气浮台一起构成了十二自由度仿真系统。

6 自由度仿真器与 5 自由度相比，增加了竖直方向的运动自由度，上台面和下台面之间支撑连杆可以自由升降，极大方便了近距离的 6 自由度交会对接仿真。据资料分析，竖直升降运动机构采用了气浮导轨＋丝杠＋电机的驱动方式。

平动转动复合全物理仿真系统逼真度高，能够对近距离交会对接 GNC 方案进行充分验证，但造价高，技术要求严格，关键设备加工精度要求高。JPL 的仿真系统已用于编队飞行、姿态协同、构型捕获的动力学仿真，工程型号应用未见报道。

图 5-14 表示美国戈达德空间飞行中心 5 颗编队飞行卫星（纳星型）在平动转动仿真器进行的演示验证实验，它是为美国国家航空航天局的地外行星探测器（TPF-1）任务进行的编队飞行软件演示验证。

图 5-14 美国戈达德飞行中心 TPF-1 航天器编队飞行物理仿真实景图

此外，世界多个国家的政府、研究机构、科研教育机构也相继开展了基于气浮台的全物理仿真试验系统研究，构成了多个应用于不同对象和试验目的的试验系统，规模大小不尽相同。

5.3 航天器相对运动物理仿真试验系统典型配置

航天器相对运动物理仿真系统是开展相对运动控制闭环仿真的重要试验系统，根据任务的不同，试验系统可以采用不同的配置方式。本节给出一类典型的配置方式，其主要结构特点如下。

首先，系统包含多个模拟航天器，可以模拟包含多个航天器的相对动力学特性，其中，三自由度气浮台用来模拟航天器的 2 个平动和 1 个转动自由度，五自由度气浮台用来模拟航天器的 2 个平动和 3 个转动自由度。

其次，气浮台上安装有星载计算机（GNCC）以及无线网卡，使用实际开发的控制规律，实际运行软件，实时解算实际控制量或者实现地面遥控指令功能。

再次，气浮台上装有冷喷执行机构、动量轮或控制力矩陀螺（CMG），可以检验相对运动控制器设计的正确性。

第四，气浮台上装有星载激光测距仪、CCD 相机等相对位置姿态测量系统，用于模拟相对导航系统的测量，这些信息可用于控制器闭环控制。

第五，利用第三方测量系统，如天花板视觉系统、室内 GPS 信号系统（伪 GPS 系统或 IGPS）作为对控制效果进行监视和评价的设备。

第六，地面总控台用于接收并显示天花板视觉系统、室内 GPS 信号系统的输出信号，还可给气浮台发送遥测遥控指令。

5.3.1　航天器相对运动模拟器

5.3.1.1　三自由度气浮台

主要用途：航天器姿态轨道动力学模拟器，具备 2 个平动自由度和绕自身铅垂轴转动自由度。配合加载在台上的航天器控制系统实物部件和某些有效负载，进行航天器相对轨道和姿态运动自主控制物理仿真试验，以验证控制系统方案设计的正确性。

基本组成：由一个刚体框架结构及安装其上的各种测量与控制部件组成。框架结构的底部装有气垫，主要的测量与控制部件为双目立体相机、光纤陀螺、加速度计、冷气推力器系统（8 个推力器，在 $\pm x$ 和 $\pm y$ 轴方向各安装一对）、测控计算机、动量轮组件等（见图 5-15）。

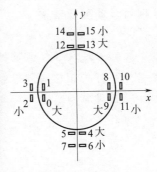

图 5-15　三自由度气浮台及台上推力器分布

5.3.1.2　五自由度气浮台

主要用途：在大型花岗石平台上做水平二自由度平动和三个自由度转动，模拟轨道平面内相对运动和三轴姿态运动。作为航天器的动力学模拟器，配合加载在台上的控制系统实物部件和某些有效负载，进行星座和近距离编队飞行仿真研究以及航天器控制系统物理仿真试验，以验证控制系统方案设计的正确性，或进行控制方法的演示。

基本组成：包括一台小型三轴气浮转台、气垫平台和台上仿真控制系统。气垫平台的三个气垫支承通过一个球面轴承将小型三轴气浮转台浮起，台上仿真控制系统包括星载计算机、遥测遥控模拟器、接口箱（或 SDC）、三个正交陀螺测角速度系统、三个正交动量轮控制系统等实物部件。

5.3.1.3　小型单轴气浮台

主要用途：1）单独使用小型单轴气浮转台用于模拟主动航天器，验证航天器自主控制系统方案设计的正确性或部件的性能测试等；2）用于模拟目标航天器以及非合作目标。

基本组成：主要由气浮轴承、轴承支撑座、装载航天器仿真控制系统用的台体及角位移测量装置构成。

5.3.2 相对运动测量系统

5.3.2.1 激光测距仪（含伺服机构）

主要用途：作为相对运动控制闭环系统的敏感器，将位置和姿态引入相对运动控制回路。

基本组成：1）安装在气浮台上端面的激光测距仪；2）安装在气浮台上的二维伺服转台；

5.3.2.2 主动激光双目立体测量系统

主要用途：作为相对运动控制的关键敏感器，完成台体间相对位置信息和相对姿态信息的测量（见图 5-16）。

基本组成：包括两个立体测量相机光轴成 θ 角固定在航天器 $+Z$ 面 X 方向上，各自配备照明系统，如图 5-16 所示。航天器前面需要配备分布式照明，兼顾远近距离照明的覆盖面积。

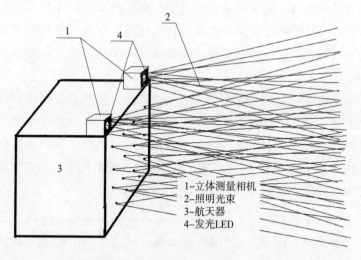

1-立体测量相机
2-照明光束
3-航天器
4-发光LED

图 5-16 主动激光双目立体测量相机

5.3.3 第三方位姿测量系统

第三方位姿测量系统的主要用途为：

1）确定模拟航天器相对花岗岩平台的绝对位置和绝对姿态。

2）确定模拟航天器之间的相对位置和相对姿态。

3）高精度确定模拟航天器的位置和姿态还可通过地面总控台发送给模拟航天器，用以模拟地面导引或遥控。

4）对相对运动控制仿真结果进行评估和标定。

第三方位姿测量系统的基本组成为：

1）装配在花岗石平台上方天花板的视觉系统（CCD 光学敏感器）与装配在模拟航天器上的特征点阵列构成一个完备的气浮台地面定位定姿系统。

2）装配在花岗石平台上方的若干载波相位信号发生器（伪 GPS 信号模拟器）与装配在模拟航天器上的信号接收机构成另外一个完备的气浮台地面定位定姿系统。

5.4　典型试验情况

作为前述物理仿真试验系统的典型应用，本节介绍开展航天器自主逼近及绕飞试验的情况。该试验利用三自由度气浮台模拟服务航天器平台，模拟其单轴及二维近距离相对轨道运动；而另外一个三自由度气浮平台模拟姿态慢旋的失效航天器目标；在星间相距 20 m 以内，服务航天器平台自主逼近、绕飞和抓捕目标，验证对失效目标的高精度相对测量和导航技术、高精度自主接近目标和超近距离悬飞/绕飞技术、对非合作目标捕获和联合体控制技术。

5.4.1　试验技术要求

主要任务是验证空间操作相关 GNC 技术，包括对失效目标燃料加注和模块更换等任务。针对这些任务开展物理仿真试验的主要技术要求如下。

1）利用三自由度气浮平台模拟服务航天器平台，模拟其单轴及二维近距离相对轨道运动；而另外一个三自由度气浮台模拟姿态慢旋的失效目标。

2）完成在轨操作在星间相距 20 m 以内，服务航天器平台自主逼近、绕飞和抓捕目标的物理仿真试验。

3）通过台上装载的导航系统（主动激光双目立体测量系统、光纤陀螺和加速度计）完成实时相对状态测量，利用气浮台上计算机进行相对导航、制导与控制策略计算。

4）利用姿态控制执行机构（动量轮和喷气）完成台体单轴姿态控制，利用台上冷气推进系统完成相对轨道控制，实现在轨操作相距 20 m 以内过程物理仿真验证。

5.4.2　气浮台上系统方案设计

5.4.2.1　坐标系定义

1）双目相机测量坐标系。原点位于相机基线中点，$+X$ 轴是过原点与基线垂直的水平线，指向台外；$+Z$ 轴为铅垂轴向上，$+Y$ 轴符合右手法则。

2）台体坐标系。原点位于台面几何中心，$+X$ 轴由原点指向台体边缘吊挂点，$+Y$ 轴与 $+X$ 轴垂直，$+Z$ 轴符合右手法则；台体坐标系于双目立体相机测量坐标系的转化关系需要事先标定。

3）绝对坐标系：原点位于大型花岗石平面西北角，$+X$ 轴指向西面，$+Y$ 轴指向南面，$+Z$ 轴符合右手法则。

5.4.2.2　试验流程

试验系统由目标气浮台和追踪气浮台组成。目标气浮台在花岗岩平台的一端姿态慢旋，并以一定相对速度平动。而追踪气浮台则需要在台上控制系统控制下完成如下内容。

1）气浮台姿态初始化。系统加电，陀螺和加速度计的零偏标定；消除气浮过程中带来的姿态初始干扰，完成 $+Z$ 轴的角速度阻尼和转角稳定。

2）自主目标搜索和锁定。在姿态保持稳定的情况下，启动主动激光双目立体测量系统,在指定范围内姿态机动,完成搜索并锁定目标,进行数据连续测量。

3)自主目标逼近。追踪气浮台根据初始状态(位置、速度和姿态)和期望的末端状态,以及其他约束条件,自主开展接近路径规划;并通过自主控制实现沿期望轨迹向目标气浮台逼近,逼近过程中姿态对目标定向。

4)对目标的自主绕飞。追踪气浮台在期望位置上保持 60 s(双目识别和测量慢旋轴),然后自主转入对目标的圆形绕飞,姿态对目标定向。

5)与目标连接。当相对位置和姿态满足连接机构工作要求时,并驱动连接机构准确接触期望的连接区域。

6)联合体控制。利用连接机构实现与目标气浮台的连接,并完成连接后组合体的姿态稳定控制。

5.4.2.3 工作模式设计

(1)初始化模式

初始化模式见表 5-2 和图 5-17。

表 5-2 模式分类

模式	轨控方式	姿控方式	功能描述
0 初始化	1 定点位置保持 敏感器:CCD 执行器:轨控推力器	1 喷气控制姿态稳定 敏感器:陀螺 执行器:姿控推力器	姿态采用推力器保持稳定 位置保持原地
		2 动量轮启动 敏感器:陀螺 执行器:姿控推力器	姿态角速率小于阈值,启动轮子 位置保持原地
		3 轮控姿态稳定 敏感器:陀螺 执行器:动量轮	姿态采用动量轮保持稳定 位置保持原地
1 激光仪 捕获目标	1 定点位置保持 敏感器:CCD 执行器:轨控推力器	3 轮控姿态稳定 敏感器:陀螺 执行器:动量轮	激光仪转动期间的姿态稳定
		1 喷气控制姿态稳定 敏感器:陀螺 执行器:姿控推力器	若轮子不能满足要求,启动喷气控制

续表

模式	轨控方式	姿控方式	功能描述
2 直线逼近目标	2 直线逼近 敏感器：激光仪 执行器：轨控推力器	4 轮控姿态目标定向 敏感器：激光仪 执行器：姿控推力器	将激光仪测的方位角固定 姿态对目标定向 位置追踪期望轨迹
3 绕飞	3 圆形绕飞 敏感器：激光仪 执行器：轨控推力器	4 轮控姿态目标定向 敏感器：激光仪 执行器：姿控推力器	姿态对目标定向 位置以固定半径实现圆形绕飞

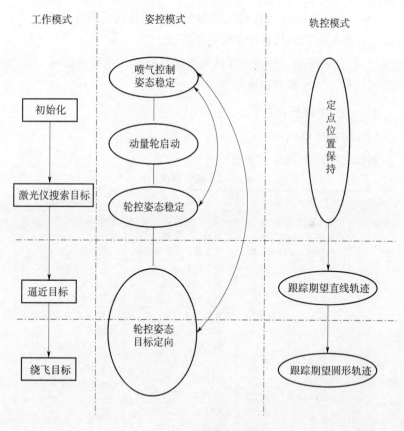

图 5-17　模式转换框图

　　1）设备加电，完成陀螺和加速度计的零偏标定，以及初始对准。

　　2）利用推力器实现姿态稳定，当姿态稳定满足要求后，启动动量轮，由动量轮接管姿态控制。

　　3）该模式下位置控制的目标是定点保持，若出现位置偏差，可利用屋顶 CCD 和加速度计（一次积分）分别测量位置和速度，利用推力器完成位置控制。

　　（2）自主搜索和捕获目标模式

　　1）气浮台根据指令，在指令范围内姿态机动；若目标出现在双目相机视场内，锁定目标。

　　2）机动过程中，由陀螺测量角速度和角位移（积分），动量轮作为执行器。

　　3）台体位置控制仍为定点保持。

　　（3）自主逼近目标模式

　　1）双目相机实时测量目标的距离和方位角。

　　2）姿控系统利用动量轮保证姿态指向目标，即方位角为零。

　　3）位置控制采用推力器作为执行机构，加速度计积分得到速度信息，由此可实现按照规划路径逼近目标。

　　4）在逼近过程中，为测量目标慢旋轴自旋角速度，台体需保持静止一段时间，为此初步设计在 10 m 和 5 m 处悬停，姿态控制维持对目标定向，位置控制为定点保持。

　　（4）自主绕飞模式

　　1）当逼近距离到达距离目标 1 m 时，转入该模式。

　　2）双目测量相机给出目标的方位角，陀螺测量角速度，利用动量轮（或喷气）实现对目标的姿态定向。

　　3）位置控制沿径向和切向两个方向独立控制，径向为保持控制，即径向距离保持常值，而切向为速度控制，即将速度保持为规划速度；可以利用加速度计和喷气推力器组成闭环。

　　（5）联合体控制模式

　　1）绕飞到适当角度后，台体位置保持定点，姿态对目标定向。

2）机械臂自主伸展，并根据双目测量给出的抓捕点信息，选择抓捕时机。

3）抓捕目标后，台体利用喷气推力器吸收目标的自旋角动量，使得联合体姿态稳定。

5.4.2.4　试验应用软件框架

（1）基本要求

1）软件基本结构按模块化分层设计。

2）每个控制周期内：

a）发送陀螺、双目立体相机、轮子转速（或角动量）数据给台上计算机。

b）查询工作模式、轨控模式和姿控模式。

c）根据模式字，调用相应程序。

3）初始参数装订：

a）工作模式初始值为 0，轨控模式和姿控模式为 1。

b）台体初始位置，目标气浮台位置。

c）姿态角速度阈值为 0.1（°）/s，周期计数器阈值 20，可遥控修改。

d）标定后的台体质量特性、推力值、坐标转换角。

4）控制周期初定为 100 ms。

5）地面可向台上手动发送参数和指令。

（2）基本流程

各模式的大致流程如图 5-18 所示。

其中模式初始化模块完成该模式下各类变量的初值选取；测量数据处理模块完成不同测量信息的预处理及姿态和相对位置信息的解算；模式处理模块则完成该模式下各个任务的调度；控制器计算模块实现姿态和轨道控制算法的计算；输出处理模块则根据控制输出，完成轮子或者推力器的控制量分配。

图 5 - 18　软件框架示意图

5.4.2.5　接口设计

（1）接口说明

系统的电接口设计见图 5 - 19 所示。

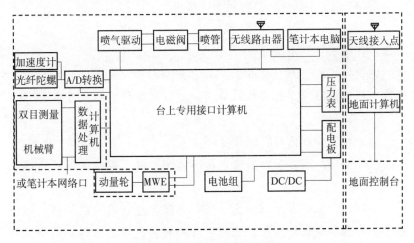

图 5 - 19　系统电接口示意图

台上计算机通过 RS422 串口与其他部件的 LTU 相连，如表 5 - 3 所示。

表 5 - 3　部件 LTU 列表

部件名称	LTU 数量/个
陀螺	1
加速度计	1
双目立体相机	2
机械臂组件	2

通信指标如下。

1）通信方式：异步、串行。

2）响应命令方式：查询方式。

3）波特率：115.2 kbps。

4）数据格式：

起始位	D0	D1	D2	D3	D4	D5	D6	D7	奇偶校验位	停止位
逻辑 0	数据								偶校验	逻辑 1

（2）台上计算机与双目测量相机接口

机械接口：通过刚性梁将测量系统的四个相机安装于气浮台上表面，详细设计双方协商。

电接口：通过 RS422 串行总线，将实时测量获得的相对位置和角度信息传输给气浮台主控计算机；测量系统供电由气浮台上 DC/DC 变换器提供。

（3）台上计算机与机械臂接口

机械接口：双方友好协商，目前暂定平面三螺栓固连于台体加筋处。

电接口：RS422 串口通信，接收台体主控计算机的指令，接到指令后，自主驱动连接机构运动，并实时将测量解算得到的机械臂端点位置和速度传输给气浮台主控计算机；测量系统供电由气浮台上 DC/DC 变换器提供。

（4）台上计算机与动量轮的接口

1）动量轮转速以脉冲形式输出到台上计算机的计数通道，脉冲频率变化范围为 0～2 kHz，脉冲幅度 10～12 V。

2）转速方向信号以 4 路开关量形式输出到台上计算机的并行口，高电平（10～12 V）为正转，低电平（0～1 V）为反转。

3）台上计算机通过 12 位 D/A 变换器输出控制电压，控制动量轮增速或减速；输出范围为 −5～+5 V，线性度优于 10%，精度优于 ±2 LSB（最低有效位）。

（5）台上计算机与冷喷系统的接口

台上计算机采用并行口为冷喷系统输出脉冲信号，有效电平为 10～12 V，完成以下功能。

1）台上计算机控制姿控分支推力器电源接通。

2）台上计算机控制轨控分支推力器电源接通与断开。

3）台上计算机控制自锁阀，每个自锁阀有两个有效状态，即接通和断开。

4）台上计算机控制各个推力器的脉宽。

（6）台上计算机与地面总控台的无线接口

1）台上计算机通过无线网卡与地面总控台通信，通信采用 TCP/IP 协议。

2）无线网卡与台上计算机的接口：高速 USB；802.11 n。

5.4.3　地面测控系统技术方案设计

5.4.3.1　主要功能

根据任务需要，地面测控系统的总体结构如图 5-20 所示，主要包括总控服务器一台，图形显示计算机一台，气浮台监视计算机三台，各部分主要功能如下。

（1）总控服务器的功能

1）通过 RS485 串口，采集由天花板视觉系统（CCD）测量的气浮台位置和姿态参数。

2）通过无线路由器，采集气浮台台上设备工作状态参数。

3）通过无线路由器，向气浮台上计算机发送遥控指令和数据。

4）通过集线器将有关数据分发给相关计算机或设备。

（2）图形显示计算机的功能要求

接收来自总控服务器的气浮台位置和姿态数据，并实时显示数据曲线或图像。

（3）气浮台监视计算机的功能要求

接收来自总控服务器的气浮台及台上设备工作状态参数，包括敏感器参数（激光仪）、中心控制单元、执行器（动量轮、冷喷系统、陀螺等）及台体参数，并实时显示。

（4）网络打印机的功能要求

网络打印机主要用于数据文件的输出打印。

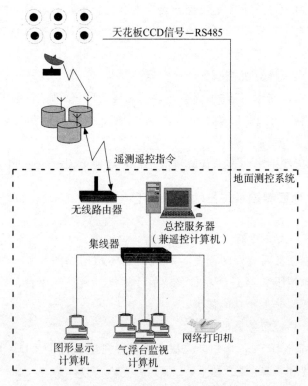

图 5 - 20　地面总控系统结构

5.4.3.2　硬件系统设计

地面测控系统的硬件主要配置如下（见表 5 - 4）。

（1）总控服务器

采用 HP COMPAQ DC7800P 作为总控服务器，具有较强的运算能力和处理能力，并可根据需要进行扩展，主要性能有：

1）处理器：Intel（R）Core（TM）2 Duo CPU E6750，主频

2.66 GHz，2.67 GHz,支持 1 MB 二级缓存。

2）内存：2 GB DDR，最大支持 8 GB。

3）内置存储设备：230 GB ST3250820AS ATA 硬盘。

4）扩展插槽：2 个 PCI，3 个 PCI－Express 扩展插槽。

5）I/O 互连：10/100/1000 BT LAN；Ultra320 SCSI；RS－485 串口；USB；VGA；22 M 无线网卡。

6）操作系统：预装 Microsoft Windows Vista 企业版。

（2）PC 终端

PC 终端 4 台，其中一台用于图形显示，其余用于气浮台性能监控，具有一定的数据运算和图形处理能力，主要性能为：

（a）图形显示计算机 1 台

a）处理器：Intel Pentium4 3.2 GHz。

b）内存：1 G DDR。

c）硬盘：160 GB 7 200 rpm/s。

d）显卡：GeForceFX5600，256 MB 显存。

e）100 M 以太网卡。

f）操作系统：预装 Microsoft Windows 2000 Professional。

（b）气浮台性能监控计算机

a）处理器：Intel（R）Core（TM）2 Duo CPU E6750，主频 2.66 GHz,2.67 GHz，支持 1 MB 二级缓存。

b）内存：2 GB DDR，最大支持 8 GB。

c）内置存储设备：230 GB ST3250820AS ATA 硬盘。

d）扩展插槽：2 个 PCI，3 个 PCI－Express 扩展插槽。

e）I/O 互连：10/100/1000 BT LAN；RS－485 串口；USB；VGA；22 M 无线网卡。

f）操作系统：预装 Microsoft Windows Vista 企业版。

（3）无线路由器

无线路由器包括嵌入式处理器、存储器、无线通信模块、接口和电源等几部分，根据任务需要，选用 D－Link DI－524 无线路由器，主要性能指标有：

WAN 接口：1 个 RJ—45/100 Mbps。

LAN 接口：4 个 RJ—45/100 Mbps。

防火墙：有。

传输速率：54 Mbps。

最大覆盖范围：100 m（室内），400 m（室外）。

（4）集线器

采用 3COM 3C16700 集线器，主要性能：

传输速率：100 Mbps。

端口类型：RJ—45。

端口数：8 个

表 5-4　系统硬件组成列表

序号	设备名称	单位	数量
1	总控服务器	台	1
2	无线路由器	台	1
3	网络集线器	台	1
4	图形显示计算机	台	1
5	气浮台监视计算机	台	3

5.4.3.3　软件系统设计

地面总控程序的总体结构从逻辑上分为 3 个层次：通信层、数据层和界面层（见图 5-21）。

1）通信层负责与气浮台和显示终端建立通信链路，并通过通信链路与气浮台和显示终端交换数据。

2）数据层集中存储和管理所有的遥测数据，使所有的显示控件可以更有效地共享遥测数据，同时还负责将数据打包转发。

3）界面层提供多种控件将遥测数据以不同的形式显示出来，并且使用户可以通过命令控件向气浮台发送遥控指令。同时提供用户接口，供用户查看和管理系统各部件的运行情况。

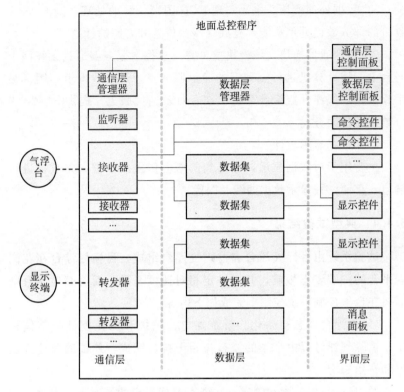

图 5-21　地面测控系统软件结构图

（1）主控服务器软件

1）包括的功能模块有：系统设置模块、气浮台遥测模块、气浮台遥控模块、数据处理模块和后台通信模块等，详见软件需求。

2）系统设置模块采用可视化交互输入方式，具备系统登录、系统初始化设置、数据打印、系统帮助和系统退出等子模块。

3）气浮台遥测模块。人机界面要实时显示台体的位置坐标、姿态参数，并能显示台上各个设备的基本参数及工作状态，而遥测数据的存储则通过软件自动完成。

4）气浮台遥控模块。该模块主要完成气浮台工作状态和控制模式的转换，及必要的数据注入。

5) 数据处理模块。主要实现 CCD 图形信号的处理，及 GPS 接收机的部分数据处理功能，完成气浮台位置和姿态的计算。

6) 后台通信模块。该模块主要完成总控台服务器通过无线网卡与台上测控计算机进行点到点的通信服务；通过有线网卡与图形显示计算机、气浮台监控计算机实现一对多通信服务；提供 RS422 串口数据通信服务。

（2）数据显示软件

主要用于对数据显示，即得到网络上传来的数据，将数据进行解包、存储，并显示数据曲线及图像。

5.4.4　典型试验结果

试验系统由目标气浮台和追踪气浮台组成。目标气浮台在花岗岩平台的一端姿态慢旋，并以一定相对速度平动。而追踪气浮台则需要在台上控制系统控制下完成如下内容。

1) 气浮台姿态初始化。系统加电，陀螺和加速度计的零偏标定；消除气浮过程中带来的姿态初始干扰，完成 $+Z$ 轴的角速度阻尼和转角稳定。

2) 自主目标搜索和锁定。在姿态保持稳定的情况下，启动主动激光双目立体测量系统，在指定范围内姿态机动，完成搜索并锁定目标，进行数据连续测量。

3) 自主目标逼近。追踪气浮台根据初始状态（位置、速度和姿态）和期望的末端状态，以及其他约束条件，自主开展接近路径规划；并通过自主控制实现沿期望轨迹向目标气浮台逼近，逼近过程中姿态对目标定向。

4) 对目标的自主绕飞。追踪气浮台在期望位置上保持 60 s（双目识别和测量慢旋轴），然后自主转入对目标的圆形绕飞，姿态对目标定向。

5) 与目标连接。当相对位置和姿态满足连接机构工作要求时，驱动连接机构准确接触期望的连接区域。

6）联合体控制。利用连接机构实现与目标气浮台的连接，并完成连接后组合体的姿态稳定控制。

试验中的轨迹图结果如图 5 - 22 所示，试验表明，轨道和姿态误差满足要求。

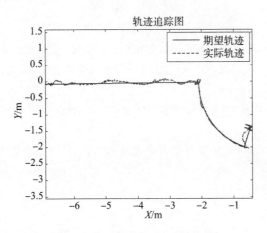

图 5 - 22　自主运行全过程轨迹

5.5　结束语

空间操作任务对航天器 GNC 系统提出了新的挑战。GNC 系统需要突破一系列关键技术，并研制新型敏感器和执行机构。在轨飞行之前，进行 GNC 系统全物理仿真试验，检验关键技术、新型敏感器和执行机构的有效性是十分必要的。

本章在气浮台仿真基本原理的基础上，给出了面向在轨服务的GNC 地面物理仿真试验的可行性方案和典型试验结果。试验结果表明，该试验方案能对星间自主逼近、自主绕飞、悬停及联合体控制等关键技术开展试验研究，可满足航天器平台在轨服务试验任务的基本要求。

参 考 文 献

[1]　刘良栋. 航天器控制系统仿真技术 ［M］. 北京：宇航出版社，2003.

[2]　李季苏. 地球观测航天器轮控系统单通道全物理仿真试验研究 ［J］. 控制工程，1993（2）.

[3]　李季苏，牟小刚. 大型航天器三轴气浮台全物理仿真系统 ［J］，控制工程，2001（3）.

[4]　屠善澄. 航天器姿态动力学与控制（3）　［M］. 北京：宇航出版社，2003.

第6章　中性水池实验

6.1　原理、优缺点及国内外现状

6.1.1　中性浮力的概念和原理

所谓中性浮力是指一种状态，当物体处于液体中时，若物体的密度与液体的密度相同，则物体可在液体中任意一点悬浮。

中性浮力模拟方法也称为液体浮力平衡重力方法，就是利用液体对物体的浮力抵消物体的重力，使物体处于悬浮状态。实验过程中将试件（包括航天器实物或实验模型）或者受训航天员浸没在水中，利用精确调整配重或漂浮体，使其所受的浮力与重力相同，平衡于水中任何点，以实现模拟微重力环境效应的目的。这种方法并没有消除重力对于物体及其组织的作用，因此，它不同于真实的失重环境，只是对失重效应的模拟。

6.1.2　中性浮力实验的优缺点

由中性浮力的原理可知，实验过程中只要保证试件排开水的重量与自身重量相同，就可以实现其在水中的随意悬浮，从而模拟空间微重力环境下的运动和操作过程。中性浮力实验的突出优点有3个。

1）模拟微重力时间（作业）不受限制。

2）实验对象可在没有任何约束的三维空间进行试验，这与太空条件十分相似。

3）允许用原尺寸结构的整机和部件做试验，保证模拟效果的逼真度。

有了这些特点，中性浮力实验环境可以提供足够大的三维实验空间，可供多名航天员和大型试件长时间连续实验，是唯一可与轨道上的航天器/航天员同步进行空间活动、操作演示的微重力效应模拟环境。

但是不同于空间的真空环境，中性浮力的介质是液体，一般为水环境，由于介质的固有特性，会对其中的试件运动产生影响，使实验结果不同于真实空间环境的结果。

首先，浮力是一种表面力，该力对组成试件的各质量单元的重力没有影响，实验过程中试件内部的部件不具有微重力效应，但是空间的微重力效应却体现在组成航天器的每一个质量单元上，因此，中性浮力方法不能从力学本质上进行失重效应的模拟。例如，对于航天员在中性浮力环境中的训练来说，中性浮力状态只是使其躯体、四肢处于漂浮状态，难于模拟微重力环境下的内生理效应。

其次，由于水介质固有的粘滞效应，会对运动于其中的试件产生阻滞作用，但是航天器在空间运行的环境是真空，运动过程中几乎没有阻力，因此水阻力是一种附加的干扰，会对实验结果产生影响。为了尽量消除阻力影响，要求试件运动速度不能太快，这就限制了实验条件。对于航天员的训练，实践证明：当进行 0.3～0.6 m/s 之间的慢速运动时，模拟才是比较逼真的，所以操作、活动速度不能太快。另外，由于液体介质的存在，要求试件除了与原型功能相同外，还必须具有良好的水密性，才能保障实验的顺利进行，这就对试件的设计和试制提出了附加要求[1-2]。

第三，试件在水介质中运动，除了受到水阻力之外，由于运动加速还会引起周围介质的加速而产生流体力学的附加力，该附加力是加速度的函数，从而产生"视质量"和"视惯性矩"。视质量是物体的实际质量加上流体力学的质量。视惯性矩是物体的实际惯性矩加上流体力学的惯性矩。"视质量"和"视惯性矩"也会对实验产生影响，但可以通过建立精确的模型来克服[3]。

除了以上不足之处外，中性浮力实验过程中还可能存在以下问题。

1）中性浮力状态是一种事前行为，须经过反复下水实验才能达到。为了达到中性浮力状态，在进行操作实验之前，必须事先对实验对象进行配平，而且可能需要经过反复实验才能达到要求的配平精度。一旦实验对象更换，又必须重新进行配平。

2）只利用中性浮力配平重力不具有实时操作性，且可控性差。在进行近距离操作实验过程中，试件的质量、结构、体积可能发生变化（例如在轨组装、装配、模块更换、加注等），致使重心、浮心发生变化，浮力与重力不平衡，需要对浮力进行实时调整。但是要实时调整试件本身的体积或者仅通过液体浮力实时精确配重很难做到。

3）即使利用配重进行浮力与重力的平衡，实际实施过程中总存在一定范围的误差，在长时间的操作过程中，这种误差会导致实验模型在竖直方向上的运动。若两个操作对象的配平精度不一致，将会影响操作过程和实验结果。

4）中性浮力实验不仅要求试件的浮力与重力平衡，而且要求试件的浮心与重心重合，只有这样，试件在运动过程中才不会存在主姿态（自由状态下可在任意一个姿态平衡），地面的姿态运动和控制实验才具有与空间的逼真度。

6.1.3　中性浮力实验的应用范围

微重力环境的特点决定了中性浮力模拟试验只是失重效应的模拟，由于人们对效应的侧重点不完全一致，使得中性浮力模拟试验技术具有很强的“个性”色彩，不像其他空间环境模拟试验，在基本相似的环境参数下，试验目的也基本相同，并有各种试验标准来规范。从国内外所做大量中性浮力模拟试验，可以归纳出此类设备主要的应用有[4-6]4 个方面。

（1）训练航天员的空间活动与操作能力

利用中性浮力模拟器，可以训练航天员的空间活动与操作能力。航天员漂浮于水中如同漂浮于轨道上的失重空间，能够体会到失重情况下的漂浮感。在大型中性浮力模拟器中，航天员可模拟空间六个自由度的运动，用于训练在直线运动和旋转运动中保持平衡，掌握人体运动的协调性，训练一般操作能力、进出舱活动和空间复杂操作能力。着重于空间定向、手眼协调、精确调节能力、感觉体验等人体工效学研究和训练。例如美国的双子星座 12 号、水星号、阿波罗 9 号、天空实验室等的航天员在飞行前均在中性浮力模拟设备中经受多次训练。另外，20 世纪 70 年代美国为天空实验室做了大量中性浮力模拟试验，结果表明中性浮力模拟试验是培训、确定航天员空间活动、操作能力的不可缺少的试验技术。天空实验室的航天员都认为在中性浮力模拟器水中活动的感觉与在空间轨道上的感觉一样，在中性浮力模拟试验中能做到的，在轨道微重力环境下也能做到，足见中性浮力模拟试验技术的有效性，促使它得到更大的发展。

（2）空间结构设计的评价和性能验证

利用中性浮力水池，可对航天器和空间结构进行地面模拟试验，对设计进行评价和性能验证。美国 20 世纪 60 年代曾对双子星座和天空实验室的气闸舱结构进行试验，通过试验取得了很多宝贵经验，发现航天员在水中的运动速度不能大于 0.5 m/s，否则水的阻力和惯性将影响模拟试验的逼真性。1984—1985 年，美国国家航空航天局研究中心在其中性浮力水池中，由两名航天员模拟从航天飞机货舱中进行货物搬运试验，整个模拟试验进行顺利，证明货舱结构设计合理，符合要求。另外由于载人航天器尺寸很大，其各种机构及可伸展的轻质柔性构件等都需要在失重状态下检验其设计的合理性和可靠性，并测试和考验其运动特性等。美国航天飞机的外部支架结构，几乎全部进行过中性浮力试验。另外，美国也为国际空间站做了许多大型中性浮力模拟试验，包括波音公司进行了装于空间站舱体模型上的热辐射器与碎片防护屏的修理试验，麦道公司和 TRW 公司在空间站的初期研究中进行了替换太阳帆板与某些黑盒的试验等。

（3）大型结构的对接与组装试验

利用中性浮力模拟器，可对大型空间结构的对接与组装过程进行地面模拟。例如美国利用中性浮力模拟试验进行过天空实验室计划中的大量对接和组装试验；空间望远镜的金属结构组装、修补居住舱遥控操作系统等，都经过中性浮力模拟试验的检验；1984 年，美国麻省理工学院和美国国家航空航天局研究中心组成联合测试小组，由 2 名航天员参与在中性浮力模拟设备中模拟航天飞机货舱的搬运工作，试验中采用了光学摄影和录像设备，记录试验情况和结构组装过程，试验后改进了有关装置，以适应航天员的活动。另外，国际空间站的对接和组装过程也在地面首先进行了中性浮力模拟试验。

另外，在加加林航天训练中心建有大型中性浮力模拟试验装置，各类载人飞船在发射前都在该装置中进行过大量的模拟试验。1985 年，苏联 T－13 载人飞船的地面中性浮力试验，为飞船在没有天线对接信号的情况下成功地同礼炮 7 号对接奠定了基础。

（4）航天器维修程序的检定试验

利用中性浮力模拟器，可对飞行故障在地面上进行对策研究，然后实施支援。如 1973 年，美国天空实验室发射后，太阳帆板出现故障不能展开，导致电能供应不足，舱温升高，美国国家航空航天局下达紧急任务，利用中性浮力模拟器开展地面模拟试验，制定出航天员出舱活动程序，之后按地面实验程序发送指令给轨道上的航天员，航天员按此程序指令出舱修理，及时排除故障，保证了正常运行。1987 年，苏联量子号舱与和平号空间站的对接故障的排除试验，采用了中性浮力模拟试验与空间修理操作同步进行的方式，顺利地排除了故障，实现成功对接。另外，1987 年 4 月苏联航天员在轨道上对量子号飞船的维修程序，也是在地面的中性浮力模拟设备中进行模拟试验后制定出来的。值得一提的是，哈勃望远镜的修复也首先在地面中性浮力设施中进行了模拟试验，航天员在马歇尔浮力模拟器中应用全尺寸的望远镜模型及存放在水中的替换仪器和工具保护箱进行试验，航天员身着潜水压力服，在中性浮力状态下训练如何在轨操作以更换望远镜部件，获得了丰富的操作经验，并制定了可靠的操作程序，为在轨维修操作的顺利进行提供了重要保障。

6.1.4　中性浮力水池的国内外现状

早在 20 世纪 60 年代，国外（特别是美国）就建有中性浮力设施。时至今日，中性浮力设施仍是空间技术地面试验的基本设施之一，而且还在不断发展。

美国从 20 世纪 60 年代初开始了中性浮力模拟试验设备的研制，大学、公司、海军、空军和美国国家航空航天局有关空间中心等均建有自己的设备，甚至一个中心建有 2～3 台大小不同的中性浮力模拟器，如表 6 - 1 所示[4]。美国大大小小的中性浮力水池共有几十个，形状基本上是长方形和圆筒形两种，容积从几个立方米到上万立方米不等，其中 1 000 m³ 以上的 7 个，最大容积达 23 376 m³。

表 6 - 1　美国主要中性浮力模拟设施一览表

序号	所属单位	形状	尺寸/m	容积/m³
1	罗彻斯特大学	长方	1.2×2.4×1.5	4.3
2	洛克希德导弹和宇航公司	圆筒	Φ4.5×3.6	57
3	环境研究学会	长方	6×3.6×3.6	78
4	海空军发展中心	圆筒	Φ4.8×4.8	87
5	格雷德航空研究所	圆筒	Φ6×6.4	181
6	NASA 马歇尔宇航中心	圆筒	Φ9×3.6	229
7	加利福尼亚大学	圆筒	Φ6×9	255
8	空军医学研究所	长方	12×9×2.4	259
9	NASA 约翰逊空间中心	圆筒	Φ8.5×5	284

续表

序号	所属单位	形状	尺寸/m	容积/m³
10	邓洛普分公司	圆筒	Φ12×3	339
11	麦克唐纳-道格拉斯公司	长方	12×6×5	360
12	海空军发展中心	圆筒	Φ9×9	572
13	NASA 兰利研究中心	圆筒	Φ12×6	678
14	发射试验飞船航天公司	长方	22.8×9×3.6	739
15	通用动力/康凡尔公司	长方	13.7×10.6×6	871
16	通用电器/空间部	长方	18.3×8.5×7.6	1 188
17	麦克唐纳-道格拉斯公司	圆筒	Φ9×19.8	1 259
18	马里兰大学	圆筒	Φ15.24×7.62	1 387
19	NASA 约翰逊空间中心	长方	23.8×9.4×7.6	1 700
20	麦克唐纳-道格拉斯公司	圆筒	Φ21.3×10.67	3 800
21	NASA 马歇尔宇航中心	圆筒	Φ22.8×12.2	4 979
22	NASA 约翰逊空间中心	长方	61.61×31.1×12.2	23 376

除了美国有模拟失重的大水池外，俄罗斯、日本、挪威、法国也拥有这样的大型训练设备。

俄罗斯的星城（即加加林航天员训练中心）的中性浮力设施呈直筒形，直径 23 m，深 12 m，能容纳近 5 000 m³ 的水，水温保持在 (30±5) ℃。该设备曾用来训练俄罗斯航天员在和平号空间站和国际空间站上进行太空行走。

日本亦于 1995 年建成自己的设备。日本航天局模拟失重的水池比较小，呈直筒形，直径仅有 16 m，深 10.5 m。这个水池虽然小一些，但它可容纳日本在国际空间站上的实验舱的整个模型。当然为了保证航天员的训练安全，水池也有完善的附属设备：水净化和加温设备、冷却水供应设备、出舱活动航天服、服装供气设备、实验保障设备、高压氧舱和控制室等。

　　另外，挪威等国家也有自己的中性浮力设施。以上国家的中性浮力设施的具体参数如表 6-2 所示。

表 6-2　国外主要中性浮力模拟设施一览表（除美国）

序号	所属单位	形状	尺寸/m	容积/m³
1	挪威 MARINTEX	长方	12×6×5	360
2	日本航天局	圆筒	Φ16×10.5	2 110
3	挪威 MARINTEX	长方	26.7×16.7×10	4 458
4	俄罗斯加加林航天员训练中心	圆筒	Φ23×12	4 983

6.2　系统结构和实验方法

6.2.1　中性浮力实验设施的组成和结构

　　中性浮力实验设施主要由水池、水系统、安全系统、浮力配置系统、照明系统、监测系统等组成，如图 6-1 所示。

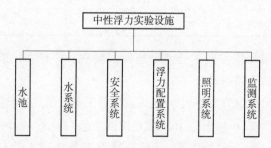

图 6-1　中性浮力实验设施的组成

　　（1）水池

　　水池为实验提供了所需空间，其大小可以根据具体实验目的和实验任务来确定。

　　对于空间绝对运动的地面试验，在不同的约束条件和变换尺度下，空间的轨道运动可以通过地面运动复现，但是由于航天器空间运动范围非常大，因此需要根据主要试验任务、实验对象和相似准则来确定。

对于相对运动实验，要求水池能够同时容纳两个航天器，以满足交会对接和近距离操作的要求。另外还需考虑相对运动过程中，需要一定的初始相对位置和相对距离，根据不同的试验目的对该距离有不同的要求。

空间操作过程模拟与航天员训练时，为确保航天员舱外活动模拟的真实性，载人航天试验模型取其原型的外形尺寸，水池的尺寸是以模型全部浸没在水中为依据，并留出一定的容积作为航天员舱外操作的活动区域。

就水池的结构而言，有圆筒形金属结构和长方形钢筋混凝土结构。这两种结构各有优缺点。金属结构采用钢板焊接而成，罐内壁涂聚酯树脂以防锈，例如美国国家航空航天局马歇尔空间飞行中心的中心浮力模拟器。这种结构的加工制造相对简单，比较容易进行开孔、窗口密封、与其他构建的连接以及维修保养，但造价较高。钢筋混凝土结构的主要优点是经久耐用、耐腐蚀、造价低廉，缺点是渗水和密封等问题比较复杂，水池四周和底部必须经严格的防水处理，例如马里兰大学的中性浮力实验设施。

为了便于观察，水池四周壁上可以开设多个观察孔，另外也可以开照明孔和摄像孔，一般采用有机玻璃密封。四壁上还设有支架和水泥柱，用于固定和安装各种设备。另外，为了人员出入方便，还配有扶梯等。

（2）水系统[3]

目的是为了保证水池用水的质量，由于试验过程中的测量对水的透明度和洁净度要求较高，为此需要进行水处理。水系统包括一整套的供水、水循环和水的净化处理设施。

1）水源。一般可以用河水、湖水或者城市饮用自来水作为水源引入水池中。

2）过滤系统。对水源中的杂质进行去除，以达到可见度和透明度的要求。一般采取粗滤和精滤结合的方法。粗滤主要是去除水中较大的颗粒物质，普遍采用的过滤介质为细石、沙子和活性炭，粗滤时水的循环速度较快（40 m^3/min）；精滤主要是消灭水中的微生物和细菌，一般采用的过滤介质为硅藻土，精滤时水的循环流速较慢（4 m^3/min）。

3）水的消毒。水的消毒一般可以采用技术简单、价格低廉的氯化法。

（3）浮力配置系统

为了达到中性浮力状态，必须使试件的排水质量和自身质量相同。当试件重力大于浮力时，通过加漂浮器（可以采用泡沫塑料块或者其他比水密度小的配重块）进行重力的配平；当试件重力小于所受浮力时，通过加配重块进行配平（可以采用比重较大的配重块，例如铅块等）。

（4）安全系统

安全系统应该保障以下三种情况下整个实验系统的安全。

情况 1：水下无人参与的测试与实验；

情况 2：水下有人参与的测试与实验；

情况 3：航天员的训练。

因此，安全系统应该考虑至少两个方面的因素：处于水中的人的安全和实验设施与环境的安全。

人的安全。安全系统应该能够预防对人体造成的损伤或者导致疾病。人长时间在水下工作容易引发潜水病、减压病、肺气压伤、鼻气压伤、耳气压伤、溺水、缺氧等，这些可能对人体造成严重损伤，因此，需要在设计时首先考虑人的安全。这就要求安全系统必须配备完整的外围救援系统，包括供气系统、湿气闸舱、干气闸舱、高压氧舱、潜水装置、升降平台等，以保证在水中工作人员的安全。

供气系统提供水下高压氧舱和干湿气闸舱用气，包括供气站、空气分配系统、紧急应急系统和不间断电源。供气系统提供的压缩空气的氧含量为 20%～22%，一氧化碳含量不大于 0.002%，二氧化碳含量不大于 0.05%，油蒸气含量不大于 5 mg/m³，水含量为 20～25 mg/m³，清洁无污染，无味。要求空气的使用压力为 1～1.5 MPa，气源压力不低于 2.5 MPa[3]。

干湿气闸舱为水下工作者提供不卸压条件下的进出水池的双向通道，并可用于紧急事故抢救，使用压力大约 6×100 kPa[3]。

升降平台主要用于将试件或者航天员等从水面放入水中或者从水中吊起到水面。一般按照试件（载荷）的最大质量进行设计。

另外，实验时为了对水中的人员和实验模型情况进行实时监控，以便有紧急情况时可在第一时间处理，安全系统还需要配备照明和通信系统、电视监控系统、生命指标监护仪、心电图机、水下心音、心率机、水下呼吸频率记录仪、生理参数记录仪等。要求以上所有设备在设计和制造上应该保证水下工作人员免受电器、辐射、机械等的损害和伤害。

实验环境安全指在实验过程中，与实验有关的水环境和外界环境的安全。水环境必须保证水质、水温、水的酸碱度等要求，要求采用一整套水处理设备来完成。外界环境需要保证实验过程中各种仪器设备的正常运行，能够应对突发事件，例如突然停电、漏电、短路、着火等，并保证在这种情况下人员和实验设施、实验场地的安全。需要配备应急发电机、自动灭火系统、报警系统以及高架单轨起重机、桥式吊车和各式导轨、升降机、扶梯等设备。

（5）照明系统

照明系统有两个作用，一是模拟太空中阳光的照射，另一为实验记录（摄像）提供照明。照明分水下照明和从主容器外向内照明。考虑光在水中能量的衰减较大，因此应该选择光能输出较高，又在水中衰减较小的光源，如碘化矽灯和泛光灯。

水下照明亮度要求为 50～500 Lx，为了补充亮度不足，还应该配备活动照明设备，要求光源安全、可靠、防爆、防水[3]。

（6）监测系统

监测系统主要任务是监视整个实验过程，通过各种摄像机和照相机，全程监视和实拍实验过程。一旦发现异常情况，迅速做出反应，对紧急事件做出相应处理。监视系统包括摄像系统、参数测量及处理系统、监测控制室。

摄像系统是中性浮力设施中的主要测量手段，通过它记录所有实验状况。包括电视摄像设备（摄像头、监视器、录像机、编辑器等）和电影摄制系统（固定式摄影机和游动式水下摄影机等）。监视摄像机的安装分两种形式，一种是固定在主容器内壁上，用于大范围监视和拍摄。另一种是配装有导轨的可移动摄像机，按照实验要求对主要对象进行较近距离的观察和拍摄，通过外界操作导轨来调节摄像机与被监视物件之间的距离和方位，达到理想的拍摄效果。可移动摄像机的规模可以根据每次实验任务进行适当调整，但是固定式摄像机的布置和安装必须满足对主容器内部整个范围内情景的有效监视，根据所选摄像机规格不同，所需数量也不同。

参数测量和处理系统中的被测量参数包括人体生理参数、设备运行参数、环境参数（空气流速、水的流量和水温、水的酸碱度）等，使用不同的控制台显示和记录这些参数，能够使指挥员、操作员和监视员及时了解实验系统运行情况，对部分参数进行调整和实时控制。

监控室一般设置在水池边上，监控室内有多个控制台和电视监视器。控制人员除了可以对池内正在进行的实验实施多方位的监视外，还可以同航天员和工作人员进行直接的通信联系。

通信系统包括数据传输设备、传话设备和录音设备。数据传输设备主要用于实验过程中测量数据的传输，录音是实验的原始数据之一，用于记录实验时对话的全过程。通过通信系统，指挥员能够及时了解实验进行的程度和细节，及时处理各种问题。

6.2.2　中性浮力实验方法

中性浮力实验时首先要对试件进行重力配平，然后测试和调整整个系统的精度（包括传感器的测量精度、微重力模拟精度等），之后制定实验步骤及相关控制策略，对软、硬件系统进行设置，最终在中性浮力模拟环境下完成相关实验。

6.2.2.1　试件的重力配平方法

中性浮力实验中，试件的配平要满足两个条件，一是浮力与重力相平衡，二是浮心与重心重合。

在进行浮力与重力的配平时，可以分三个步骤进行，即设计配平、粗配平和实验配平。设计配平就是在试件的设计过程中考虑试件的体积和质量，通过合理的结构布局、材料和器件选择，使试件的排水质量与自身质量基本相同。粗配平一般在试件研制完成之后进行，通过测量重力和浮力，选择配重块和浮块，并加装在合适的位置。实验配平一般在进行具体操作之前进行，由专业潜水员在水下完成，潜水员通过观察粗配平后的试件在水中的飘浮状态，选择事先设计好的一系列大小不等的质量块和漂浮块，挂在试件外表面，直到其稳定悬浮。这种方法的不足之处是只能在一些离散的点位置进行小量的配平，不具有实时性和连续性，而且配平精度不高，很难保证重心与浮心的重合。

马里兰大学在研究 Ranger 水下机器人时，提出了一种中性浮力配平方法，不仅可以实现重力与浮力的动态平衡，而且还能够实现重心与浮心的动态重合。该方法通过自主调节试件内空气腔的体积来调节浮力，从而实现浮力与重力的实时配平，通过自动控制三个主轴上的质量块的位置实现重心的微调，从而实现重心与浮心的动态重合。

6.2.2.2　系统精度测试

系统精度包括微重力模拟水平精度、重心与浮心重合度、测量系统精度。微重力模拟水平精度测试主要对试件在自由状态下的加速度进行测量，一般采用线加速度计、惯性测量单元（IMU）、视觉测量系统等。

重心与浮心重合度的测试，主要通过试件在自由状态下的姿态

取向进行。将试件放入水中，通过 IMU 或者视觉测量系统对其自由
状态下的姿态进行测量，加入不同的外界扰动，测量试件稳定后的
姿态。若试件可在任意姿态下自由悬浮并稳定，则说明重心与浮心
重合，否则说明二者不重合。

测量系统精度测试，位置和姿态测量可以同时用两种以上的测
量传感器对同一状态进行测量，并对数据进行对比分析，以较高精
度的传感器测量值标定精度较低的传感器精度。

6.2.2.3　制定试验步骤及策略

中性浮力试验应用范围较广，不同的试验对象和试验目的，实
验步骤也不相同。一般应首先分析试验模型的特性和实验目的与要
求，结合中性浮力系统的实际情况进行实验流程与步骤的设计。之
后根据实验要求选择相关软件分系统及硬件分系统，初始化整个系
统参数。最后进行相关实验，在实验过程中需要根据实验效果及实
验要求不断调整系统参数，使系统准确可靠运行，并记录相应试验
数据，以便进行结果分析。

6.3　典型中性浮力设施及实验案例

6.3.1　典型的中性浮力设施

6.3.3.1　约翰逊空间中心的中性浮力设施[7]

美国国家航空航天局有多个用于模拟失重的大型水池，其中供
航天员失重训练用的主要有两个：一个称为失重环境训练设备；另
一个称为中性浮力实验室。

失重环境训练设备的水池长 23.8 m，宽 9.4 m，深 7.6 m，容
积为 1 700 m³。附属设备包括净水系统、环境控制系统、电视监控
系统和一台 5 t 的吊车。该设备主要用于评定航天员舱外活动装备、
制定舱外活动程序和提高航天员的太空行走能力。

中性浮力实验室是目前世界上最大的室内深水池，可容纳整个国际空间站模型，外加一个航天飞机的货舱模型。中性浮力实验室是美国航天飞机航天员和国际空间站航天员的主要训练设备，除供航天员进行失重训练外，也是美国国家航空航天局设计、研制和试验国际空间站的主要设备之一。设备特点如下[7]。

1）水池尺寸。61.61 m×31.11 m×12.2 m，可容纳 23 376 m³ 的水。

2）水处理系统。水温全年保持在 27.8～31.1 ℃，水池中的水每 19.6 h 循环一次，对污染物进行化学处理，以降低水对设备的长期腐蚀。

3）模拟训练设备。模拟控制区提供训练设备，包括出舱活动。

4）高压氧舱。供试验人员吸氧和排氮，能同时容纳 3 人。

5）桥式吊车。在水池上方配备两台桥式吊车（起吊能力为 10 t），其中一台安装在水池边上，用于辅助设备和人员入水。另一台悬吊在池面上，用于吊起水下可移动的一些设备。另外还有若干台悬臂吊车（起吊能力为 1.6 t），供布置设备使用。

6）语言对讲系统。全套的语言通信系统。

除此之外，还包括一个原尺寸的航天飞机货舱模型以及附属机械臂、4 套可以潜水的航天飞机出舱活动航天服、一个专供外来参观者参观的大厅。在水池边上还有一间控制室，室内有 6 个控制台和 14 个电视监视器。控制人员除了可以对池内正在训练的航天员进行多方位的监视外，还可以同航天员和工作人员进行直接的通信联系。

6.3.1.2　马里兰大学的中性浮力设施[8]

马里兰大学空间系统实验室（Space System Lab，SSL）的中性浮力设施是目前为止美国唯一在大学里建造的大型中性浮力设施。该水池已有 20 余年的历史，除了供大批研究生、本科生进行创新性项目研究外，还承担了美国国家航空航天局空间机器人研究项目。作者曾两次参观了该实验室。

空间系统实验室最主要的设施就是中性浮力水池。该水池直径15.24 m，深7.62 m，能容纳1 387 m³的水，有一套完整的潜水支持装置，包括两个气闸舱及水下通信系统等。另外还有一个小型机加车间，包括手动和数控车、铣床和CAD等绘图系统，以供学生做各种试验模型。水池一半在地面以下，一半在地面之上，各种设施及其设备的控制间设在二层。

6.3.1.3　国内的中性浮力设施[9]

与美国和苏联相比，国内中性浮力实验技术及其研究起步较晚。20世纪90年代，中国航天员科研训练中心建了一个圆筒形水池，直径5 m，深5 m，容积约100 m³，专供航天员训练使用，用于跟踪、研究航天员在低重力或者失重状态下的生命特征和生理变化，训练航天员熟悉失重环境和在失重环境中完成一些必要的动作。

随着航天技术特别是载人航天技术的发展，2007年我国建成了目前唯一一个大型中性浮力设施，主要用于航天员的训练、进出舱活动程序训练和模拟等（如图6-2）。该设施为圆筒形，直径23 m，高12 m，容积约5 000 m³，水温保持在28 ℃左右。附属设施包括水循环和净化系统、控制间、加压舱、起重机、电视监视器、试验目标联络器、摄像机、报警系统、生命保障系统、紧急撤离的气闸舱等。

图6-2　水池中进行的航天员出舱训练

6.3.2 典型的中性浮力实验案例[10-15]

马里兰大学的空间系统实验室的中性浮力设施在空间机构及其组装技术、空间机器人及遥操作技术、人的因素对空间操作的影响以及其他一些空间基本技术的实验（动力学、控制、导航、测量、视景仿真）方面作出了开拓性贡献。

针对不同的实验目的，SSL 的研究人员设计了不同的实验模型，并开展相关技术的中性浮力试验。最早期的实验模型是空间组装遥操作机器人（The Beam Assembly Teleoperator，BAT），之后还有多模式近旁操作机器人（Multimode Proximity Operations Device，MPOD），辅助相机平台（Supplemental CAMera Platform，SCAMP）以及 Ranger 中性浮力器（Ranger Neutral Buoyancy Vehicle，RNBV）。现将不同实验模型的相关实验介绍如下。

6.3.2.1 遥操作机器人及其中性浮力实验

该实验是基于舱外活动中的结构组装实验计划（Experimental Assembly of Structures in EVA，EASE）而提出并设计的。在 EASE 计划中，要求两名航天员用 6 根杆组装一个四面体结构。在设计实验时考虑了两种实验类型：中性浮力实验和航天飞机飞行实验。设计过程中，两种实验选用相同的杆件和组装结构，目的是可以在 EVA 组装、遥操作组装之间进行比较，同时也可以将地面实验结果和飞行实验结果进行比较。遥操作机器人不仅可以执行这一类具体任务，同时它也具有执行 EVA 各种一般任务的能力。

BAT 是该实验的中性浮力实验模型，是 SSL 的第一个中性浮力机器人，于 1983 年建造。遥操作机器人实际上是一个独立的机动平台，带有视觉和操作系统。机动平台包含控制/电子单元、机载电源、其他一些支持系统以及 8 个水下电动推进的螺旋桨。通过在机动平台上加配一些漂浮板和配重块使重力与浮力平衡，同时调整浮心与重心保持一致，使机器人的姿态没有主方向，保证良好的保真度。遥操作机器人装有两对立体单色相机，一个五自由度的一般用途的灵巧机械手、一个用于抓住组装结构的抓钩以及一个配备了执行粗连接任务的专用机械臂，可以完成长支柱的捆绑组装。对于所选的组装任务，这种将灵巧的、一般用途的机械臂和抓放专用机械臂组合在一起的设计，被证明是一种进行结构组装遥操作机器人设计的有效方法。

在中性浮力环境中，遥操作机器人完成了协助航天员操作的实验、遥操作组装实验以及航天器服务和维修实验，证明和演示了EVA行走期间机器人协助航天员的能力以及机器人对航天器的服务和维修能力。在遥操作机器人的生命旅程中，SSL的研究人员积累了有关人和机器人在空间执行任务的大量数据。1985年，在航天飞机飞行任务中由航天员完成了EASE的航天飞机飞行试验，并取得了成功。

6.3.2.2　近旁操作机器人及其中性浮力实验

该实验是基于"轨道机动航天器"或者"空间拖船"新概念航天器计划及其任务而设计的，目的在于对遥操作和自主操作进行对比，同时对先进航天器的功能可达性进行验证。

近旁操作机器人是SSL的第二个中性浮力机器人，1984年开始工作。近旁操作机器人也基于一个可以六自由度运动的基座，其上装配有控制单元、机载电源、水下电动推进的螺旋桨；另外，还包括一个带有探针的浮筒式交会系统和用于直接进行飞行控制的机载座舱，采用闭环控制技术，利用了基于声学传感器的全状态反馈控制方法。

SSL利用近旁操作机器人进一步验证了机器人对航天员操作的辅助能力，初步验证了自主操作所需的六自由度闭环控制技术，对自适应神经网络控制方法进行了应用测试，并对自主接近与交会技术进行了初步验证。该机器人为辅助相机平台提供了丰富的技术基础和研制经验。

6.3.2.3　辅助相机平台中性浮力实验

辅助相机平台主要用于验证空间自主操作相关关键技术，为空间自主检查和维护提供技术储备，可以用于空间维修前的故障检查，对空间活动的开展至关重要。

辅助相机平台辅助相机机动平台，又称为漂浮的眼球，是 SSL 研发的用于在中性浮力环境中模拟空间操作实验的水下航行器，1990 年左右开始研制。辅助相机平台最初设计成由人远程遥控操作，用其机载相机进行机器和结构的检查。一共包括两个机器人，一个是辅助相机平台，另一个是辅助相机平台 SSV（Space Simulation Vehicle）。辅助相机平台 SSV 是辅助相机平台的改进版，两个机器人外形一样，但 SSV 的推进器加装了圆柱形外壳并且增添了一个功能，可以加装简单的工具箱，用于维修时的工具运输。

辅助相机平台是一个黑色的阳电极处理过的近球形 26 面体，有铝制焊接框架。上面装有 6 组双向推力螺旋桨，沿三个主轴对称布设，使其具有在任何方向运动和旋转的能力，可在中性浮力环境中进行空间六自由度运动。装有全彩相机和机载计算机，通过光纤实现与地面的通信。测量器件包括用于闭环姿态控制的惯性测量单元，测量相对参考系重力矢量的三轴加速度计，测量三轴当地磁力方向的磁力计，测量当地角速度矢量的三个速率传感器等，其中 IMU 的传感器通过 A/D 板卡与机载计算机相连，允许机器人对其惯性方位进行实时精确估计。另外还有外部视觉相机，用于对辅助相机平台的位置进行测量，并利用该测量信息实现闭环位置控制。当辅助相机平台在水中完全平衡了之后，它在线运动和姿态运动上都将处于中性浮力状态，既不上升也不下沉，没有主姿态方向（重力与浮力平衡，且重心与浮心重合），可以模拟空间轨道上运行的航天器。

在辅助相机平台 SSV 的研制过程中，完成了很多测试，验证了其各方面的性能和指标，包括机载相机的测试、三自由度站位保持测试、机动测试。另外，SSL 还利用辅助相机平台进行了以下试验。

1）对大型模拟器提供可移动相机的检查和观测，在水下模拟远程遥操作和自主侦察任务。该实验验证了空间自主侦察技术，在此基础上，研制了飞行的眼睛"AERCam Sprint"自主侦察器，并在1997年航天飞机飞行任务中，由航天员将"AERCam Sprint"从航天飞机上释放，成功对国际空间站进行了自主侦察和拍照。

2）进行一些简单的维修任务试验，例如工具的运送、舱外活动中对航天员进行有限的辅助。该实验是由辅助相机平台和 Ranger 机械臂配合完成的，在 Ranger 的维修操作过程中，辅助相机平台为其送去了工具，辅助其执行自主装配试验。

3）完成了相对运动和编队飞行实验。利用辅助相机平台和辅助相机平台 SSV 进行了相对运动的测试，验证了测量系统和控制系统的性能，同时证明了辅助相机平台可以实现站位保持或者交会机动。

4）配合 Ranger 完成了空间自主交会相对定位定姿实验。采用基于三维彩色光束的视觉测量进行定位定姿，辅助相机平台模拟目标航天器，配合 Ranger 机器人进行了实验，验证了其性能。

6.3.2.4　Ranger 中性浮力实验

Ranger 中性浮力实验主要用于验证自由飞行遥操作系统和机器人自主操作的能力，演示包括 EVA 工作点的准备、在轨燃料加注、仪器更换、故障机器部件的展开（如天线和太阳帆板）等操作任务。

Ranger 用于航天器检查、维修、加注、轨道调整等任务的地面试验。它在中性浮力环境下演示了一些机器人的任务，例如机器人辅助轨道重置、完成电子连接器的连接和分离，自主操作的自适应控制、站位保持、两个机械臂协调运动、多位置的协同控制、黑暗场景中的操作等。

Ranger 遥操作飞行试验（Telerobotic Flight Experiment，RTFX）是基于 Ranger NBV 而提出的。RTFX 有 4 个遥操作机械臂，其中一个机械臂用于将机器人与空间实验室连接固定，其他机械臂可执行灵巧操作、主体重置、视觉观察等任务。针对不同的任务，机械臂都具有可更换的终端作动器，能够从轨道器上和地面上进行控制。RTFX 是由美国国家航空航天局，多个大学、研究机构、企业等一起协作完成的产品。Ranger NBVII 与 RTFX 相对应，是在中性浮力水池中进行试验的机器人。2002 年，由于各种原因 RTFX 计划被削减，美国国家航空航天局不再支持此计划，但是 SSL 没有因此中断有关水下机器人的研究。

Ranger 中性浮力机器人一共发展了两代：Ranger NBVI，Ranger NBVII。这两代中性浮力机器人的基本组成相同，与空间飞行实验用机器人基本相同，以保持更多的相似性。

Ranger NBV 的设计要求包括以下两个方面。

1）要求机器人具有与穿着航天服的航天员大约相同的力量和操作能力。这一要求是为了使 RNBV 具有执行已经设计和规划好的实际任务的能力。

2）要求机器人具有六自由度运动能力，可进行空间飞行操作的完全闭环模拟。这将允许执行更多的任务，包括大尺度结构的组装任务、多级维修（多个任务单元不可能发生在同一位置）。另外，自由飞行系统还具有精确定位和姿态估计与控制能力，因为先进的飞行控制系统能够使航天器模拟空间飞行动力学，这种能力将使中性浮力模拟更加精确。

Ranger 的主要构成包括主体、4 个机械臂、8 个推进器、2 个电池箱、浮力补偿系统、控制系统以及测量系统。

Ranger 的载荷包括 4 个用于遥操作的机械臂。其中一个机械臂上装有视觉相机，用于测量相对于目标的状态信息。两个灵巧机械手，用于进行具体的操作。一个附着机械手，用于将机器人定在工作空间附近的某一个点处。4 个机械臂集中安装在操作模块上，该操作模块是一个 12 in 的四棱柱结构，位于 Ranger 的头部。Ranger 总重 900 kg，其中本体质量 650 kg，两个机械臂各 54 kg，相机平台 40 kg，另一个机械臂 100 kg。

推进器用电动力对螺旋桨推进，共 8 个。沿着 x 方向（纵轴）4 个，提供 x 方向运动所需的动力，同时可用于俯仰和偏航机动。沿着 y 方向 2 个，提供 y 方向运动所需的动力，同时可用于滚转机动。沿着 z 方向 2 个，提供 z 方向运动所需的动力，同时可用于滚转机动。单个推进器最大转速 1 300 r/min，最大推力 22 N。Ranger 的测量系统主要包括 IMU、三轴磁力计、深度传感器和声学定位系统。

Ranger 的关键技术包括两大方面：1）机器视觉技术，包括目标的识别、定位以及抓取技术。2）轨迹规划——构建和执行空间运动，实现对目标的抓取，任务完成后恢复原构型。因此针对 Ranger 的运用，SSL 对其做了视觉系统、导航系统和机械结构方面的测试。

（1）视觉系统准确度测试

测试方法和结果。将目标固定在机器人手腕上，操作机械臂移动到 11 个位置，静态测量目标的位置信息，和机械臂自身的数据信息作对比，结果发现误差范围为 3.8～8.0 cm，平均误差为 5.3 cm。

（2）视觉系统精度测试

测试方法和结果。由于工作空间限制，水下测试时使目标放置的距离是重力环境下距离的 3 倍左右。试验中，水下距离取为 1 450 mm，1 g 重力环境中距离取 500 mm。测试结果显示：水下时目标充满像素的区域为 12×12，1 g 重力环境中目标充满像素的区域为 25×25。改变目标放置距离，使水下和重力环境中的放置距离一样，重新测量，结果相当理想，表明水下环境本身不影响视觉系统精度。

（3）轨迹规划的整体评估

测试方法和结果。控制机械臂抓取黄色的橡胶鸭做轨迹运动，轨迹包含 4 个路标：起点、预取点、抓取点和释放点。Ranger 在预取点张开机械爪，移到抓取点闭合机械爪，夹住物体，移动到释放点，打开机械爪。如此重复多次。图 6-3 为 Ranger 轨迹规划测试示意图。

实验在 1 g 环境做了 30 次试验，失败 2 次。在中性浮力环境下，增加机械手的移动尺寸，使视觉系统与目标距离增加，测试也相当成功。通过对便携式模型写入准确的程序并保证目标精确处于理论计算的位置，7 次尝试后成功完成了目标取回操作。而对于每个目标

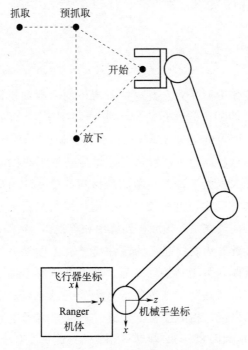

图 6 - 3　Ranger 轨迹规划测试示意图

被错过的情况，机器臂系统都达到了准确命中目标的深度尺寸，但终端效应器未进行抓取。可能是在视觉系统的旋转机械臂操作方面的小错误导致了这种情况，因此需要对机械臂进行更精确的校准，以消除那些系统误差。虽然 1 g 环境测试成功率远高于中性浮力环境，但制导系统误差可以通过硬件的改善而减小，总的来说结果理想的。

　　除了以上实验和测试外，SSL 利用 Ranger 机器人还进行了机械臂和机器人设计方案验证、演示操作性能与机器人结构外形之间的关系、任务操作过程验证和测试、任务的重复操作和实验、机器人辅助轨道重置、电子连接器的连接和分离操作、自由操作的自适应控制、站位保持、两个机械臂协调运动等实验，获得了大量的实验数据和经验，为其他水下机器人的设计和研制奠定了基础。

6.4　浮力控制技术

物体在流体中的浮力主要取决于流体的密度和物体在流体中的体积，当物体体积给定之后，浮力主要取决于流体的密度。因此，对浮力的控制即可转化为对流体密度的控制研究。

磁流体，也被称为磁性液体，是将达到纳米级的磁性微粒制成胶体溶液，加入表面活性剂包覆磁性微粒，使其均匀分布于液体中成为稳定的具有固定密度的流体。磁流体不仅具有流动性，而且具有磁响应性，使其在很多领域得到应用和重视。

另外，最近几年发展起来的磁性离子液体作为一种具有磁性的功能化离子液体，由于其特殊性质，例如其具有不挥发性、不可燃性、种类繁多以及热稳定性等特征近来受到越来越广泛的关注。磁性离子液体的密度、相溶性、电位窗、黏度和离子电导率等的化学和物理性质可由阳离子和阴离子搭配的选择和温度的调节进行调整。

因此，可以通过控制液体的组成、磁场或者温度以实现对液体密度的控制。

6.4.1　磁流体的制备及密度调节方法

6.4.1.1　磁流体的制备

制备磁流体的方法有很多，根据磁流体的组成和不同用途，其制备方法也不同。磁流体的制备主要由以下步骤构成。

（1）制备磁性纳米颗粒

主要方法有：机械球磨法、热分解法、火花电蚀法、电沉淀法、真空蒸镀法、化学共沉淀法、超声沉淀法、溶胶法、水溶液吸附-有机相分散法、等离子 CVD 法、等离子体活化法和气相-液相反应法等。在以上方法中，以化学共沉淀法操作简单、成本低廉、效果较好，是最为常用的一种方法。

（2）对磁性纳米颗粒进行抗团聚处理

由于纳米颗粒具有巨大的表面能，热力学上是不稳定的，在制备和使用过程中易于发生粒子团聚，形成二次粒子，使得磁流体变得不稳定而产生沉淀，因而需要对磁性纳米颗粒表面进行抗团聚处理。常用的方法有以表面活性剂包覆粒子表面，或者对颗粒进行表面处理，以使其表面带有电荷，利用电荷的静电排斥作用使磁性纳米颗粒在基液中均匀分散而不发生沉淀。

（3）磁性颗粒与基液混合

一般情况，对颗粒进行抗团聚处理必须在一定基液中进行，基液的性质对磁性液体的性质有着重要影响。常用的基液有：水、煤油、机油、二酯类化合物、聚苯醚类、硅油类等。磁性液体制备后，可根据不同的需要对基液进行调节，以达到改变磁性液体的粘性、导热性、挥发性、腐蚀性和密度的目的。

我们采用共沉淀法，按如下的化学反应方程式制备磁性 Fe_3O_4 纳米颗粒。

$$Fe^{2+} + 2Fe^{3+} + 8OH^- = Fe_3O_4 + 4H_2O$$

按物质的量比 1：1.2 称取 $FeSO_4 \cdot 7H_2O$ 和 $FeCl_3 \cdot 6H_2O$ 配置溶液，同时滴加少量稀盐酸以防水解；将两种溶液混合，置于 30 ℃ 水浴中，边搅拌边滴加 1 mol·L^{-1} NaOH 至 pH 为 11 左右；移入 60 ℃ 水浴中搅拌 1 h 使之熟化；用循环水泵真空抽滤，然后用去离子水和无水乙醇交替清洗至上层滤液呈中性，得 Fe_3O_4 颗粒，将上层过滤物质重新加入去离子水中，再加入表面活性剂，60 ℃ 磁力搅拌 1 h，再超声振荡 1 h。磁流体的制备过程如图 6-4 所示。

6.4.1.2 磁流体的表征

用 X 射线衍射（XRD）对磁性纳米粒子 Fe_3O_4 晶体结构进行分析；用透射电子显微镜（TEM）或扫描电镜（SEM）观测磁性纳米粒子的粒径和形貌；以红外光谱（IR）分析磁流体的组成；用振动样品磁强计（VSM）测定 Fe_3O_4 的磁性能。图 6-5 为我们采用共沉

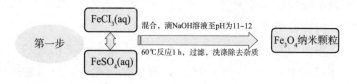

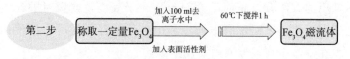

图 6-4　磁流体的制备示意图

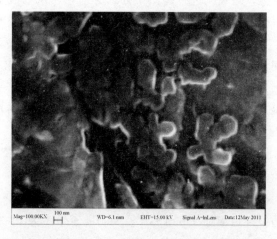

图 6-5　共沉淀法最佳工艺制备的 Fe_3O_4 纳米磁流体的 SEM 图

淀法最佳工艺制备的 Fe_3O_4 纳米磁流体的 SEM 图。

由图 6-5 可以看出，由于 Fe_3O_4 纳米颗粒具有磁性，因此 SEM 图显示的磁流体颗粒具有一定程度的团聚。图 6-6 为所制备的 Fe_3O_4 纳米磁流体的 VSM 图。

由图 6-6 可知，Fe_3O_4 纳米磁流体 VSM 曲线为 S 形，呈现超顺磁性，其饱和磁化强度约为 54.3 emu/g。

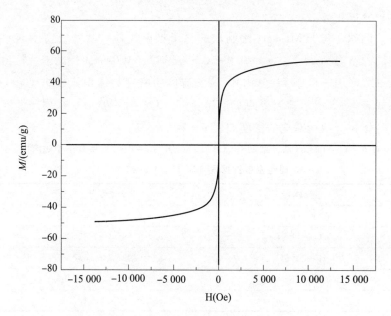

图 6 - 6　Fe_3O_4 纳米磁流体的 VSM 图

6.4.1.3　磁性微粒的体积分数

磁流体是由载体、磁性微粒和表面活性剂组成的两相体系，由于表面活性剂的作用使磁性微粒均匀分散于载体中而构成悬浮液。因此，磁流体的固有密度受载液的种类、磁性纳米微粒的溶解性及加入量的影响。

假设磁性液体中固相与液相只是单纯的混合，则磁流体的密度表达式为[16]

$$\rho_m = (1 - \varphi_V) \rho_b + \varphi_V (\rho_f - \rho_b) \tag{6 - 1}$$

式中，ρ_m 为磁流体的固有密度，ρ_b 为基液密度，ρ_f 为磁性纳米颗粒密度，φ_V 为磁性纳米颗粒体积分数，通常 $\ll 1$，故式（6 - 1）也可以表达为

$$\rho_m = \rho_b + \varphi_V (\rho_f - \rho_b) \tag{6 - 2}$$

由此可知，磁流体的密度与基液密度、磁性纳米颗粒的密度以及其

体积分数相关。

例如，对于 Massart 法制取的离子型磁流体，其基液密度与水相同，室温为 24 ℃，$\rho_b = 0.997\,3\ \text{g} \cdot \text{cm}^{-3}$，其中的磁性纳米颗粒为 $Co_x Cu_{(1-x)} Fe_2 O_4$（$x = 0 \sim 1$），该磁流体的密度与体积分数的理论关系如表 6-3 所示。测得的 $Co_x Cu_{(1-x)} Fe_2 O_4$（$x = 0 \sim 1$）系列磁性液体各体积分数所对应的密度如表 6-4 所示[17]。

表 6-3　Massart 法制取的 $Co_x Cu_{(1-x)} Fe_2 O_4$（$x = 0 \sim 1$）系离子型磁流体理论密度数据表（24 ℃、1 atm）[17]

磁流体	密度
$CoFe_2 O_4$	$\rho_m = 0.997\,3 + 4.292\,7\varphi_V$
$Co_{0.75} Cu_{0.25} Fe_2 O_4$	$\rho_m = 0.997\,3 + 4.325\,2\varphi_V$
$Co_{0.5} Cu_{0.5} Fe_2 O_4$	$\rho_m = 0.997\,3 + 4.357\,7\varphi_V$
$Co_{0.25} Cu_{0.75} Fe_2 O_4$	$\rho_m = 0.997\,3 + 4.390\,2\varphi_V$
$CuFe_2 O_4$	$\rho_m = 0.997\,3 + 4.422\,7\varphi_V$

表 6-4　系列 $Co_x Cu_{(1-x)} Fe_2 O_4$（$x = 0 \sim 1$）磁性液体各体积分数所对应的液体密度

体积分数 $\varphi_V / \%$		0	0.2	0.4	0.6	0.8	1.0	1.2
密度 $\rho /$ （$g \cdot cm^{-3}$）	$CoFe_2 O_4$	0.997 3	1.005 7	1.014 9	1.023 9	1.032 8	1.041 2	1.052 7
	$Co_{0.75} Cu_{0.25} Fe_2 O_4$	0.997 3	1.005 0	1.014 0	1.021 0	1.030 0	1.040 0	1.048 0
	$Co_{0.5} Cu_{0.5} Fe_2 O_4$	0.997 3	1.005 0	1.013 5	1.021 0	1.030 7	1.038 0	1.046 0
	$Co_{0.25} Cu_{0.75} Fe_2 O_4$	0.997 3	1.004 9	1.013 5	1.020 8	1.029 6	1.037 3	1.046 4
	$CuFe_2 O_4$	0.997 3	1.004 7	1.013 4	1.020 6	1.029 6	1.036 6	1.046 2

在不引起沉淀的情况下，通过改变基液及磁性纳米颗粒的体积分数可以调控其固有密度。在基液密度的控制上可以通过加入可溶性的盐以增加其密度，但是还需进一步研究盐组分对磁流体稳定性的影响。在磁性纳米颗粒体积分数的控制上，可以通过增加纳米颗粒的体积分数增加其密度；通过用基液稀释的方法来减少其密度。

6.4.1.4　外磁场

磁流体在磁场中具有其独特的性质，即在无外磁场作用时，本身不显示磁性，建立无外施磁场时磁性液体中的磁性微粒分布模型，如图 6-7 (a) 所示。

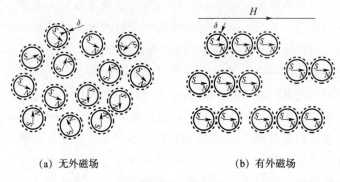

(a) 无外磁场　　　　　　　　　(b) 有外磁场

图 6-7　磁性液体的磁性微粒分布模型

由于磁性液体中磁性微粒呈单磁畴状态，微粒沿一个易磁化方向自发磁化到饱和状态。而且其磁各向异性能与布朗旋转热振动能相当，所以磁矩就再也不能固定地沿着易磁化方向排列，它的方向会由于布朗旋转热振动而自由改变，在无外施磁场时磁性微粒在基液中作无规则的布朗热运动，磁矩任意取向，杂乱无章，合成磁矩为零，因而对外界不显示出磁效应。

有外磁场时磁性液体的磁性微粒分布模型如图 6-7 (b) 所示。磁矩排列较整齐，微粒中的各磁矩的矢量和不为零，并对外显示磁性，随着外施磁场的增大，开始时，磁化强度随外磁场线性增大，然后增加逐渐变缓，最后达到饱和状态。这是因为随着外施磁场强度的增加，按外施磁场方向排列的微粒数随外施磁场强度成正比增大。外施磁场消失后，磁性立刻消失。磁各向异性能也与布朗旋转热振动能相当，当撤去外磁场，磁矩沿外磁场方向排列有序的状态即遭破坏。由此认为，在外施磁场作用下磁性液体中的磁性微粒在沿磁场方向排成有方向的链状，且磁性液体又是稳定的。

磁性液体是由固体磁性微粒悬浮于基液中构成的胶体溶液，从微观上看，磁性微粒之间、液体分子之间存在着间隙，所以磁性液体的物理量在空间上不是连续的。同时，由于磁性微粒的随机运动，又导致了液体内任意空间点上的物理量在时间上的不连续性。但是，分析的是磁性液体的流体宏观特性，即大量磁性微粒和载液分子的统计平均特性，关注的流体特性要远大于磁性微粒的直径和磁性微粒的平均自由程，所以可视磁性液体为连续介质。

磁性液体的一个特殊性质就是它能被磁场磁化，在分析各种力的作用时，与其他液体的区别主要是磁场力的作用。磁场对磁性液体的作用直接作用于磁性微粒上，磁性微粒发生位移时，由于磁性液体在重力和磁力的作用下既不凝聚也不沉淀，所以在宏观上体现为磁性液体发生位移或变形，故磁场对磁性液体的作用可以按连续介质模型分析。

取任意一个磁性液体微团，体积为 ΔV，磁性液体的磁化强度为 M，磁性液体密度 ρ，重力加速度 g，磁感应强度为 B，如图 6-8 所示。其中磁力为 f_1，重力为 f_2，磁力和重力的合力为 f。则

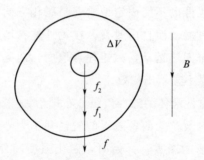

图 6-8　磁性流体微团

$$f = f_1 + f_2 = \mathrm{d}V \int_0^B M \mathrm{d}B \pm \rho g \mathrm{d}V \tag{6-3}$$

液体的表观密度方程

$$\rho' = \frac{f}{g \mathrm{d}V} = \rho \pm \frac{\int_0^B M \mathrm{d}B}{g} \tag{6-4}$$

由方程（6-4）可知：磁性液体的表观密度由重力和磁力两者

产生。当重力和磁力方向相同时，表观密度增大；当重力和磁力方向相反时，表观密度减小。应用已久的磁性液体在梯度磁场中分选不同密度的矿物就是利用这一表观密度方程的原理。

由方程（6-4）可知：由于磁性液体是顺磁性物质，它的磁化强度 M 随外磁场 B 的变化而变化，所以在非均匀磁场或梯度磁场中，磁性液体的表观密度各处变化不均等。在磁场作用下，磁性液体被吸引到磁场强的方向，而磁性液体中的非磁性物体反而向磁场弱的方向移动，也就是磁性液体不同液层的表观密度不同。其表观密度的计算公式为

$$\rho_s = \rho_m + \chi_m H \frac{\partial H}{\partial Z} g^{-1} \tag{6-5}$$

式中　ρ_s——某液层的表观密度；

　　　ρ_m——平均密度；

　　　x_m——该液层磁感应强度；

　　　H——该液层磁场强度；

　　　Z——液层深度。

由方程（6-5）可知，磁流体的表观密度受磁场强度、磁场梯度以及液层深度的影响。在研究中，通过改变磁场与 Fe_3O_4 磁流体的距离以及测量同一磁场下不同液层深度，所得的密度数据变化值如表 6-5 所示。

表 6-5　Fe_3O_4 磁流体的表观密度随磁场距离变化测量值

距离/cm	未加磁场	0	1	2	3	4	5	6	7	8	9
密度/（g·cm⁻³）	1.04	1.80	1.38	1.01	0.87	0.81	0.751	0.72	0.72	0.71	0.73

图 6-9 为表观密度随磁场距离的变化关系。由图 6-9 与表 6-5 可知，磁流体的固有密度为 1.04 g·cm⁻³。磁流体的表观密度随磁场变化范围较大，其值为 0.71~1.80 g·cm⁻³。磁流体的密度随着磁场的变化而变化，距磁场越近，磁场强度越强，磁性颗粒的聚集越多，液体的密度越大。随着与磁场距离的变小，磁流体的密度

增大，以至于大于其固有密度。表 6-6 为磁流体表观密度随液层深度变化测量数据。图 6-10 为磁流体表观密度随液层深度变化关系。

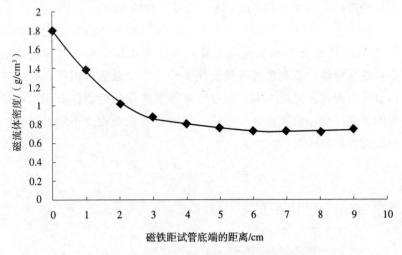

图 6-9　Fe₃O₄ 磁流体的表观密度随磁场距离的变化关系

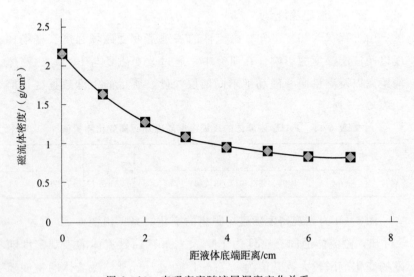

图 6-10　表观密度随液层深度变化关系

表 6 - 6　Fe₃O₄ 磁流体的表观密度随液层深度变化测量数据

距底部距离/cm	未加磁场	0	1	2	3	4	5	6	7
密度/（g·cm^{-3}）	1.03	2.16	1.64	1.27	1.09	0.96	0.90	0.83	0.82

由表 6 - 6 及图 6 - 10 可知，随着液层深度的变化，磁流体的表观密度随之而改变，其变化范围为 0.82～2.16 g·cm^{-3}。深层液体距磁场近，磁场强度大，表观密度随之而变大。由于磁性颗粒被聚集于深层液体中，因而使得浅层液体的密度减小。

6.4.2　磁性离子液体的合成及密度调节方法

离子液体是由有机阳离子和无机或有机阴离子构成的、在室温或室温附近温度下呈液体状态的盐类[18]。磁性离子液体与常规离子液体一样，都是由有机阳离子和无机或有机阴离子组成，所不同的是磁性离子液体的阳离子或者阴离子含有磁性中心，即具有单电子有机自由基结构或者金属离子配合物结构。正是由于这些单电子磁性中心的存在，磁性离子液体才能够被磁化，并对外界磁场产生一定的响应[19]。2004 年，Hayashi 等[20]首次对磁性离子液体进行了报道，目前报道较多的种类为四卤合高铁酸（三价）阴离子 FeX_4^-（其中 X 表示 Cl 和 Br）构成的顺磁性离子液体[21]。

6.4.2.1　磁性离子液体的合成

离子液体的合成方法很多，主要取决于目标离子液体的结构和组成，主要分为一步合成法、两步合成法及超声波、微波辐射等其他辅助合成法。

一步合成法就是直接通过叔胺与酸发生中和反应，或者亲核试剂（如咪唑、吡啶、吡咯等）与酯类（如羧酸酯、硫酸酯和磷酸酯等）物质发生亲核加成反应，一步生成目标离子液体的方法。该过程操作经济简便，副产物少，产品易纯化，但采用此方法合成的离子液体种类有限。

两步合成可以弥补一步合成离子液体种类有限的缺点，是已经被广泛采用的离子液体合成方法。首先，通过季铵化（或烷基化）反应制备出含目标阳离子的卤盐离子液体前体［阳离子］X 型；然后用目标阴离子 Y^- 的盐（常用的是 Ag^+、NH_4^+、Na^+ 和 K^+ 等）置换出 X^- 离子或加入 Lewis 酸 MX_y 来得到目标离子液体。特别注意的是，在用目标阴离子 Y^- 交换 X^- 阴离子的过程中，必须尽可能地使反应进行完全，确保没有 X^- 阴离子留在目标离子液体中。因为离子液体的纯度，对其物化性质及应用至关重要。

随着离子液体研究的不断深入，外场强化法合成离子液体取得了新的突破，其中应用较多的是微波法、超声波法以及电化学法等。强化方法可以大大缩短反应时间，产物的收率和纯度都比传统水浴法高或者与之相当，显著提高了离子液体的合成效率，已经得到了广泛的研究和应用。以下介绍两种较典型的磁性离子液体的合成方法[22]。

（1）［C_4mim］$FeCl_4$ 的合成

采用两步合成法，两步合成法主要是通过第一步季胺化反应制备出目标阳离子中间物，第二步再用目标阴离子通过离子交换得到目标离子液体。

第一步，［C_4mim］Cl 离子液体的合成。由 1-甲基咪唑和氯代正丁烷的季胺化反应制得。具体的反应式如下

$$H_3C-N \diagdown N + CH_3CH_2CH_2CH_2Cl \xrightarrow{343\ K} H_3C-N \diagdown N^+ \quad Cl^- \quad CH_3$$

具体的实验步骤为，取适量 1-甲基咪唑（分子量：82.10，密度：1.03 g/mL）于单口烧瓶中，取等摩尔的氯代正丁烷（分子量：92.57，密度 0.886 g/mL）于滴液漏斗中，将单口烧瓶放入集热式恒温加热磁力搅拌器加热，并快速搅拌，同时逐滴滴加（速度控制在每分钟 30 滴左右）氯代正丁烷，将集热式恒温加热磁力搅拌器温度调至 70 ℃，反应 24 h 后，溶液变得粘稠。冷却静置一段时间后，使用乙酸乙酯进行萃取洗涤，除去未反应的原料，此操作进行 3 次。之后使用旋转蒸发仪（温度设定在 80 ℃）除去其中的乙酸乙酯。再

将产物放入真空干燥箱进行干燥，温度设定在 100 ℃，干燥时间为 24 h。即可制得 $[C_4mim]$ Cl 离子液体。

第二步，$[C_4mim]$ FeCl$_4$ 磁性离子液体的合成。由第一步中制备的 $[C_4mim]$ Cl 离子液体和无水氯化铁的络合反应制得。具体的反应式如下

取适量的 $[C_4mim]$ Cl 离子液体（分子量：174.5）加入烧杯中，再从手套箱中取等摩尔量的无水氯化铁（分子量：162.20）加入烧杯中，使用精密增力电动搅拌器快速搅拌，反应放出大量的热，常温下反应 24 h 后，取下烧杯，反应产物分为两层，倒出上层液体，下层棕黄色液体去离子水进行三次洗涤，将其中的原料完全去除。使用旋转蒸发仪（温度设定在 80 ℃）除去其中大部分的水分。最后再将其放入真空干燥箱（温度设定在 60 ℃）中干燥 24 h，即得 $[C_4mim]$ FeCl$_4$。

（2）$[C_4mim]$ FeBrCl$_3$ 的合成

第一步，$[C_4mim]$ Br 离子液体的合成。由 1 - 甲基咪唑和溴代正丁烷的季胺化反应制得。具体的反应式如下

其制备的具体步骤和 $[C_4mim]$ Cl 的制备方法类似。但在实验初期，反应温度如与制备 $[C_4mim]$ Cl 采取相同的温度（70 ℃）时，发现在此温度下制得的目标产物与 $[C_4mim]$ Br 的颜色有很大差别。由于溴代正丁烷（分子量：137.02，密度：1.274 5 g/mL）的活性要比氯代正丁烷高很多，高温容易使溴代正丁烷和 1 - 甲基咪唑过于剧烈反应，因此将反应温度调至 45 ℃ 为宜。产物用乙酸乙酯洗涤三次，之后用旋转蒸发仪除去剩余的乙酸乙酯，并真空干燥（温度设定为 60 ℃）得到的 $[C_4mim]$ Br 离子液体。

第二步，$[C_4mim]$ FeBrCl$_3$ 磁性离子液体的合成。通过第一步反应制得的 $[C_4mim]$ Br 离子液体（分子量：219）与无水氯化铁

（分子量：162.20）的络合反应制得。具体反应式如下

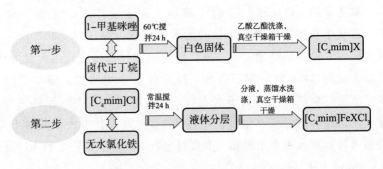

其具体步骤与 $[C_4mim]$ $FeCl_4$ 的第二步合成步骤相同，最终得到的产物为深红色液体。通过去离子水洗涤三次，真空干燥箱干燥 24 h 后即得 $[C_4mim]$ $FeBrCl_3$ 磁性离子液体。

以上步骤可用图 6-11 表示。

图 6-11　磁性离子液体的合成步骤示意图

6.4.2.2　磁性离子液体的表征与物理化学性质

通过傅利叶红外（FT-IR）光谱、紫外-可见（UV-Vis）光谱、拉曼（Raman）光谱及质谱（MS）可对磁性离子液体的离子结构进行表征。红外表征主要是针对磁性离子液体的阳离子结构来进行；Raman 光谱及 MS 是表征离子液体阴离子结构的有效手段。

与之前发展起来的磁流体相比，磁性离子液体有着很大的不同。首先，磁性离子液体是一种纯的化合物，而非多组分混合物，具有较好的传质、传热和导电等性能，且具有很好的热稳定性。而磁流体则是磁性纳米颗粒和一些有机溶剂的混合物，属于纳米级材料，所以传质、传热效果较差。另外，由于磁性纳米颗粒需要靠有效的表面活性剂改性才能够很好地分散于溶剂中，所以其稳定性受外界影响较大。因此，总的来讲磁性离子液体是更为先进的、更具有发展前途的磁性流体材料。

目前报道的磁性离子液体主要有含铁元素、含镝元素以及不含金属元素三类，其中含铁元素的磁性离子液体由于制备成本低、性质较稳定，所以相关研究和应用的报道较多；而后两类可能是由于成本、性质以及新发现的原因，目前仅见合成方面的研究报道。磁性离子液体具有一般离子液体的液程宽、蒸气压低、良好的溶解能力等特性。在有机合成中可作为溶剂兼做催化剂和模板剂，具有产物易分离、可回收重复使用、而且回收后催化活性没有明显降低、产物的微观结构可通过外加磁场进行调整的特性。此外，在分离分析及纳米材料制备等领域也具有独特优势，同时作为液体的磁性材料，有望成为磁性液体领域的一个新颖的研究热点，已在生物医学、纳米科技等高新技术和尖端科技领域展现出良好的应用前景。

6.4.2.3　物质的组成

表6-7是Yukihiro Yoshida[21]等测得的部分磁性离子液体的密度及其他一些物理性质的数据。

表6-7　部分磁性离子液体的物理性质[21]

磁性离子液体类型	密度/(g·cm⁻³)	黏度/cP	电导率/(S·cm⁻¹)	磁化率/(emu·mol⁻¹)
[EMI] [FeCl₄]	1.42	18 (4.9)	2.0×10^{-2} (3.6)	1.42×10^{-2}
[BMI] [FeCl₄]	1.38	34 (6.0)	2.0×10^{-2} (4.5)	1.41×10^{-2}
[C₆MI] [FeCl₄]	1.33	45 (6.4)	2.0×10^{-2} (5.0)	1.44×10^{-2}
[C₈MI] [FeCl₄]	1.28	77 (7.2)	2.0×10^{-2} (5.9)	1.44×10^{-2}
[EMI] [FeBr₄]	—	—	—	1.39×10^{-2}
[BMI] [FeBr₄]	1.98	62 (6.5)	2.0×10^{-2} (4.7)	1.38×10^{-2}
[C₆MI] [FeBr₄]	1.86	95 (7.3)	2.0×10^{-2} (5.6)	1.39×10^{-2}
[C₈MI] [FeBr₄]	1.74	121 (7.9)	2.0×10^{-2} (6.0)	1.40×10^{-2}

由表6-7可知，磁性离子液体的密度可以通过阳离子和阴离子搭配的选择来进行调整。且其密度改变范围在$1.28 \sim 1.98$ g·cm⁻³，变化范围较大。并且研究其变化规律可以发现，含[FeBr₄]阴离子的磁性离子液体的密度都要比相应的（指阳离子相同）含[FeCl₄]阴离子的磁性离子液体密度高，这可以通过Br较大的分子量来对其

进行解释。另外，对含〔$FeBr_4$〕阴离子和含〔$FeCl_4$〕阴离子的两种类别的磁性离子液体，其密度都随着阳离子中烷基链的增长几乎成线性降低。这是由于随烷基链长增加，阳离子体积增大，而其分子量增大对密度的影响要小于体积增大对密度的影响，最终的综合效果即是磁性离子液体密度的减小。其线性关系如图6-12所示。因此，可通过改变阳离子的烷基链长使磁性离子液体密度得到精确的调控。

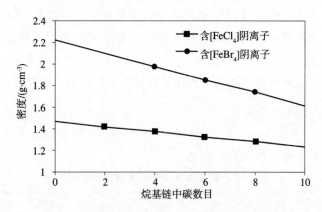

图6-12　含〔$FeCl_4$〕阴离子和含〔$FeBr_4$〕阴离子的磁性离子液体
的密度与阳离子中烷基链长关系

6.4.2.4　温度

李小华等[23]也研究了一些磁性离子液体的密度，根据其得到的密度值可绘制磁性离子液体的密度与温度的关系，详见图6-13。

由图6-13可以看出，磁性离子液体的密度还可以通过温度的改变来进行调整，但其变化范围较小，变化值在$0.05\ g\cdot cm^{-3}$左右，可以用来微调。总结其变化规律可以发现，磁性离子液体的密度随温度的升高而降低，这可以简单地由热膨胀导致体积增加来进行解释。

6.4.2.5　外磁场

同磁流体一样，磁性离子液体也受外磁场所影响，在外磁场的

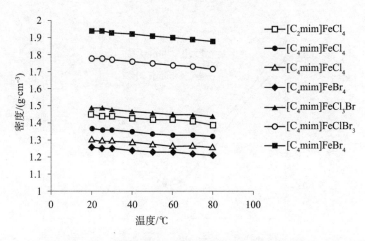

图 6-13　部分磁性离子液体的密度与温度的关系

存在下，可改变其中的物质分布，进而改变其表观密度。图 6-14～图 6-15 所示为通过改变磁场与磁流体的距离以及测量同一磁场下不同液层深度所得的密度变化值。

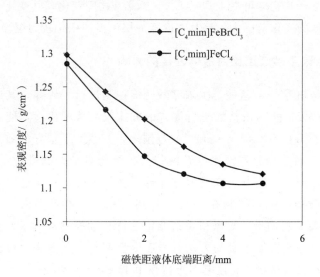

图 6-14　两种磁性离子液体表观密度随磁铁深度变化曲线

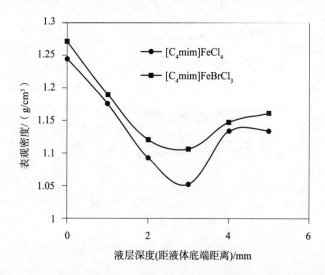

图 6-15　两种磁性离子液体表观密度随液层距液体底端距离变化曲线

由图 6-14~图 6-15 可知，磁性离子液体的表观密度在外磁场的作用下，其密度可在 $1.05 \sim 1.3$ g·cm^{-3} 之间变化，其变化范围不如磁流体的变化范围大，且其密度随液层深度的变化较为缓慢。

6.4.3　改变溶液配比对液体密度的影响

王蓦超等[24]对盐酸再生浓缩酸密度控制进行了研究，其通过密度较小的废盐酸与浓盐酸进行混合的方式改变盐酸密度，使其密度控制在了 $1.28 \sim 1.38$ g·cm^{-3} 的范围内，并达到了很好的效果。张竹英等[25]对重介悬浮液密度及液位的检测与自动控制进行了研究，采用改变加水量的方法来调节重介悬浮液的密度，并通过添加介质来进行微调，使其控制在 $1.43 \sim 1.48$ g·cm^{-3} 的范围内。任维国等[26]对湿法脱硫湿式球磨机系统浆液密度自动控制进行了研究，其使用的也是改变加水量的方法对密度进行调节，此方法通过控制加水量与石灰石比例使密度基本维持在 1.45 g·cm^{-3} 左右。

在所有液体中，密度最大的是汞，但有剧毒。表 6-8 给出了常温、常压下几种液体的密度值。

表 6-8 常温、常压下几种液体的密度值

液体种类	密度/$(g \cdot cm^{-3})$
乙醇	0.79
丙酮	0.80
苯	0.89
水	1
溴仿	2.89
二碘甲烷	3.32
溴	3.119

考虑到溴和溴仿的密度较大，常温下密度值分别为 $2.89 \ g \cdot cm^{-3}$ 和 $3.119 \ g \cdot cm^{-3}$，且其可与大部分有机物互溶，故可以考虑改变溴（或溴仿）与有机物的配比来对混合液的密度进行调节。例如，乙醇在常温下密度为 $0.79 \ g \cdot cm^{-3}$，根据液体混合物的密度计算式

$$\frac{1}{\rho} = \frac{w_1}{\rho_1} + \frac{w_2}{\rho_2} \tag{6-6}$$

其中，ρ、ρ_1、ρ_2 分别为混合液、溴和乙醇的密度，w_1、w_2 为溴和乙醇的质量分数，此处忽略液体混合所造成的体积效应。

由式（6-6）通过将溴和乙醇按不同配比混合，可使混合液的密度在 $0.79 \sim 3.119 \ g \cdot cm^{-3}$ 范围内变化。图 6-16 为混合液密度

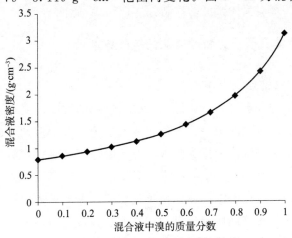

图 6-16 混合液密度与溴的质量分数的关系

（溴与乙醇混合液）与溴的质量分数的关系。

　　溴仿在常温、常压下密度为 2.89 g·cm^{-3}，丙酮为 0.80 g·cm^{-3}，两者配制的混合液密度可用图 6-17 表示。

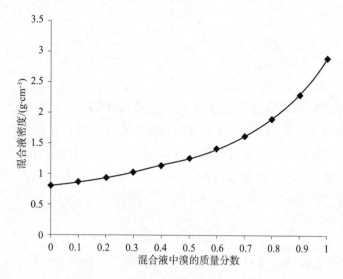

图 6-17　混合液密度与溴的质量分数的关系

　　由图 6-16 和图 6-17 可知，通过调节混合液中各组分的配比，可很好地实现对流体密度的控制。

6.4.4　液体介质浮力特性变化的控制技术

6.4.4.1　内部组成调节

　　由上文的分析可知，通过改变磁性颗粒的浓度可实现对磁流体密度的控制。对磁性颗粒浓度的改变可以通过改变溶剂水的量来实现。为使初始磁流体密度为最大，开始时应制备磁性颗粒溶解饱和的磁流体，其后，再随加水量的不断增加，使其密度逐渐减小。

　　问题的关键在于磁流体如何重复使用。由于磁流体对磁场的响应的特殊性可使该问题得以解决。在实验完成之后，可在容器下方施加强磁场，由于液体中磁性颗粒受磁场作用，被吸引到磁场强的方向，即容器下方，而非磁性物质，即溶剂水由于液流运动则向容器上方移动，从而使得容器下方的液体密度明显比上方液体的密度高。倒出适量（应比上次使用时加入水的量稍多）的上层液体，撤去磁场，在容器下方又可得到密度较高的液体，静置，如有沉淀，则过滤去除。所得较高密度的磁流体可用于下次实验。图 6-18 为磁流体重复使用示意图。

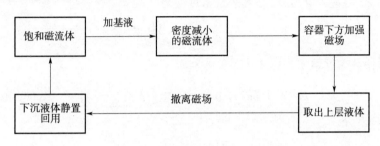

图 6-18　磁流体重复使用示意图

由于磁性离子液体与磁流体类似，都具有对磁场的响应性，因此可使用上述同样的方法对其密度进行调节。

6.4.4.2　外界影响因素调节

（1）外磁场

为控制液体的浮力特性，我们需得到密度能够连续变化的均相液体。不同液层密度不同，但相同液层其密度是相同的。为得到预定密度的液体，我们可以通过调节电流来调节磁场大小，从而使固定液层的密度改变，当达到预定密度值时，停止改变。此时，我们让该液层的液体以固定的速度流出。当然，当该液层液体流出时，上层液体因重力和磁场的作用会流入补充，从而使液体的密度减小。此时，我们可以继续通过改变磁场大小的方法来维持该液层的密度值恒定，从而确保流出液体密度的恒定性。具体计算过程如下。

取 Z_0 层液体进行研究，设整个磁性液体其平均密度为 ρ_s，此处的磁场强度为 H_0，磁感应强度为 χ_0，其表观密度为

$$\rho_0 = \rho_s + \chi_0 H_0 \left(\frac{\partial H}{\partial Z}\right) g^{-1} \tag{6-7}$$

设 Z_0 层向上 ΔZ 处 Z_1 层的磁感应强度为 χ_1，磁场强度为 H_1，其表观密度为

$$\rho_1 = \rho_s + \chi_1 H_1 \left(\frac{\partial H}{\partial Z}\right) g^{-1} \tag{6-8}$$

当 Z_1 层进入 Z_0 层时，其表观密度变为

$$\rho_2 = \rho_s + \chi_1 H_0 \left(\frac{\partial H}{\partial Z}\right) g^{-1} \tag{6-9}$$

为使其密度恒定，应使 H_0 变化为 H_2，有

$$\rho_s + \chi_1 H_2 \left(\frac{\partial H}{\partial Z}\right) g^{-1} = \rho_s + \chi_0 H_0 \left(\frac{\partial H}{\partial Z}\right) g^{-1} \tag{6-10}$$

化简，得

$$\chi_1 H_2 = \chi_0 H_0 \tag{6-11}$$

即

$$H_2 = \frac{\chi_0}{\chi_1} H_0 \tag{6-12}$$

由上面的分析我们可以得出，χ_m 的大小与磁场大小 H 成一次关系，而此处假设磁场大小 H 与液层 Z 也是呈一次方关系，可得 χ_m 的大小与液层 Z 也呈一次方关系。假设

$$\chi_0 = aZ_0 + b \tag{6-13}$$

则

$$\chi_1 = aZ_1 + b \tag{6-14}$$

有

$$\frac{\partial H}{\partial Z} = \frac{H_2 - H_0}{\Delta Z} = \frac{\chi_0 - \chi_1}{\chi_1} H_0 / \Delta Z = \frac{(aZ_0 + b) - (aZ_1 + b)}{aZ_1 + b} H_0 / \Delta Z$$

$$= \frac{a\Delta Z}{aZ_1 + b} H_0 / \Delta Z = \frac{a}{aZ_1 + b} H_0 \tag{6-15}$$

由于 Z_1 与 Z_0 相差甚微，可以近似认为

$$\frac{\partial H}{\partial Z} = \frac{a}{aZ_0 + b} H_0 = \frac{a}{\chi_0} H_0 \tag{6-16}$$

而由于液体流出的流量恒定，设为 V，盛放液体的装置的横截面积为 S，则有

$$\frac{\partial Z}{\partial t} = V/S \qquad (6-17)$$

与上式相乘得

$$\frac{\partial H}{\partial t} = \frac{aH_0V}{\chi_0 S} \qquad (6-18)$$

即为磁场的变化率。

　　由上述计算结果可以得出，在保持流量 V 不变的情况下，通过控制磁场变化率，可以保持流出的磁性液体的密度为一个恒定值，从而可以通过此方法得到预定密度的均相液体。

　　（2）温度

　　对温度的调节可以通过加热器来实现。温度对磁性离子液体的密度影响较小，且温度升高时可能会使液体变得不稳定，甚至会导致悬浮液沉淀，温度的升高也会使得液体的挥发量加大。另外通过温度控制需要有热源来保证悬浮温度的恒定，耗能较高，此处仅考虑用于对密度的微调，可作为辅助控制手段。

6.5　存在的问题

　　中性浮力系统能够提供失重效应下的三维运动空间，水池容积可以很大，可供大型试件六自由度长时间、无限制地连续运动测试，是一种比较好的空间活动和操作演示模拟方法，目前多用于模拟大型器械的空间操作（航天员训练、空间装配等）。虽然应用较为广泛，但是仍存在一些关键问题没有很好的解决，主要包括以下方面。

　　（1）模拟误差

　　中性浮力实验在水中进行，水的粘性对试验精度影响很大。试件在水中运动时所受的阻力是速度的函数，运动过程中还会产生流体动力学附加力，该力是加速度的函数。而空间环境接近真空，航天器的运动所受的阻力非常小。因此，水介质产生的干扰力直接影

响实验结果，特别是在速度较大的情况下，会产生较大模拟误差。需要探索水动阻力无延迟补偿技术和水波干扰的消除技术。

（2）安全问题

中性浮力实验时，试件处于水中，对密封性要求很高，而且水深越深要求密封性越好。试件长期处于水下可能导致渗水，使内部器件短路烧毁。特别是对于有人参与的中性浮力实验，要求人在较深的水下长时间活动，也存在安全问题。

（3）被试设备与原型的等效性问题

中性浮力实验时，试件完全浸没在水中。由于密封性和防腐蚀要求，需要采用不同于原型的零部件和材料，导致试件质量分布、惯量分布与原型不一致，会影响实验结果逼真度。因此，需要研究和探索模型与原型之间的等效性问题。

参 考 文 献

[1] 李玥，朱战霞. 水动阻力随动补偿系统设计与仿真 [J]. 西北工业大学学报，2012，30（2）：188-192.

[2] 蒋奇英，方群. 航天器中性浮力实验模型外形设计与仿真 [J]. 西北工业大学学报，2011，29（5）：751-756.

[3] 柯受全，等. 航天器环境工程和模拟实验（下）[M]. 航天器工程系列，导弹与航天丛书. 北京：中国宇航出版社，2007.

[4] 成致祥. 中性浮力微重力环境模拟技术 [J]. 航天器环境工程，2000，1：1-6.

[5] 王奇，陈金明. 美国的中性浮力模拟器及其应用 [J]. 航天器环境工程，2003，20（3）：53-59.

[6] 陈金明，黄本诚. 开展我国载人航天空间环境地面模拟试验的建议 [J]. 航天器环境工程，2002，19（1）：5-9.

[7] http：//www. jsc. nasa. gov/ [OL]（Neutral Buoyancy Laboratory，Johnson Space Center，NASA）.

[8] http：//www. ssl. umd. edu/index. html [OL]（Space Systems Laboratory，University of Maryland）.

[9] http：//news. ifeng. com/mainland/special/shenqi/news/200809/0925 _ 4616 _ 804345 _ 5. shtml

[10] http：//www. ssl. umd. edu/html/facilities. html.

[11] http：//www. ssl. umd. edu/html/scamp. html.

[12] http：//www. ssl. umd. edu/projects/RangerNBV/RangerNBV. html.

[13] Mike，Nick et al. "Toward Autonomous Sampling and Servicing with the Ranger Dexterous Manipulator"，2005：AIAA 2005-6916.

[14] http：//www. ssl. umd. edu/projects/controlstation/gallery/multigen/multigen. html.

[15] http：//jpkc. hdu. edu. cn/mechanical/csjs/userfiles/20100607161009 70554. pdf.

[16] 王安蓉，李建. Massart 法制备 Fe_3O_4 离子型磁性液体的体积分数与密度表征［J］. 四川师范大学学报（自然科学版），2009，32（1）：86 - 88.

[17] 陈娴敏. $Co_xCu_{(1-x)}Fe_2O_4$（$x=0\sim1$）系离子型磁性液体的制备与物理性质研究［D］. 西南大学，2008.

[18] Seddon K R. Ionic Liquids for Clean Technology［M］. Chem. Biotechnol. 1997，68（4）：351 - 356.

[19] Okuno M，Hamaguchi H，Hayashi S. Magnetic manipulation of materials in a magnetic ionic liquid［J］. Appl. Phys. Lett，2006，89（13）：132506 - 132506 - 2.

[20] Hayashi S，Hamaguchi H. Discovery of a Magnetic Ionic Liquid［Bmim］$FeCl_4$［J］. Chem. Lett. ，2004，33（12）：1590 - 1591.

[21] Yukihiro Yoshida and Gunzi Saito. Influence of structural variations in 1 - alkyl - 3 - methylimidazolium cation and tetrahalogenoferrate（III）anion on the physical properties of the paramagnetic ionic liquids. J. Mater. Chem. 2006，16：1254 - 1262.

[22] 杨福明. 磁性离子液体的合成表征及磁性研究［D］. 河南大学，2010.

[23] 李小华，杨富明，周清，等. 磁性离子液体 1 -甲基- 3 -烷基咪唑四卤化铁盐的合成及其物性表征. 过程工程学报，2010，10（4）：788 - 794.

[24] 王蓥超，程浩. 盐酸再生浓缩酸密度控制工艺改进. 南方金属，2009，167：49 - 51.

[25] 张竹英. 重介悬浮液密度及液位的检测与自动控制. 山西焦煤科技，2009，10：37 - 39.

[26] 任维国，谭忠，徐庆国. 湿法脱硫湿式球磨机系统浆液密度自动控制. 中国电力教育，2009，S2：449 - 451.

第7章　混合悬浮系统

前面章节描述的各种微重力环境/效应模拟方法虽然各有优点，但同时也各有不足。例如失重飞机和微重力落塔时间太短；气浮平台系统不具有垂直方向运动的自由度；吊丝系统精度不高且受随动系统性能的影响很大，结构机构复杂；中性浮力实验系统可控性太差且存在水动力的干扰等，现有微重力效应模拟方法特点综合评价见表7-1。

表7-1　现有微重力效应模拟方法特点综合评价

模拟方法	失重飞机	落塔	吊丝系统	气浮台系统	中性浮力水池
可提供空间维数	3维、有限空间	3维、有限空间	3维、约束空间	2维	3维
每次实验时间	分级	秒级	不限	不限	不限
建造、维护成本	高	较低	较低	较低	较高
可控精度	中等	高	低 有随动	较高	低
可提供实验空间	适中	较小	适中	适中	较大
微重力逼真度	真实	完全真实	差 集中力系	差 集中力系	较差 表面力
风险/难易程度	风险大	过程测量困难	较容易	容易	较容易
面向应用的主要不足	成本很高，难度很大，提供微重力时间太短	实验空间和实验时间太小，测量困难	机构复杂，力系失真，有随动延迟	无垂向自由度，浮力下表面集中而失真	干扰因素较多，控制困难

　　鉴于现有系统的不足，我们需要构建新的微重力实验环境，即需要实验系统具有提供长时间、三维微重力效应模拟、大范围六自由度运动空间、悬浮高度任意调节的能力。混合悬浮方法就是本研究团队近年提出的新方法之一[1-2]。本章将对混合悬浮方法的原理及优缺点、混合悬浮系统的组成与结构、实验方法等进行阐述。

7.1　混合悬浮原理

7.1.1　混合悬浮的基本原理

　　对空间微重力效应进行地面模拟，实质就是如何克服物体重力。严格意义上讲，只有实现克服物体每个分子的重力，才能真正模拟空间微重力环境效应，例如失重飞机实验环境、落塔实验环境，但其应用领域受限，不适宜于进行长时间实验。所以出现了整体重力配平方法，从整体效应上看，物体所受重力被其他力平衡，表现出微重力效应状态，但是对组成物体的每一个质量元和每个分子来说，并非如此。

　　混合悬浮微重力效应地面模拟方法的基本原理是：基于液体浮力，并结合某些非接触力特性，形成混合悬浮力共同作用于物体上，达到完全克服物体重力的效果，从而实现空间微重力效应的模拟。混合浮力作用过程中，液体浮力占总悬浮力的大部分，而非接触悬浮力只占小部分，但它却补充了液体浮力可控性差的不足。

　　在构建混合悬浮系统时，引入了以下需要考虑的因素：

　　1）液体浮力和非接触力。

　　2）表面（集中）力和场力。

　　3）不可控力和可控力。

　　4）试件在实验环境中不同的诱导力效。

7.1.2　混合悬浮非接触力源的选择

　　可以考虑和选用的非接触悬浮方法包括：气流悬浮（气浮台）、

电磁悬浮、声悬浮、静电悬浮、光悬浮、粒子束悬浮等，其中气流悬浮、电磁悬浮、静电悬浮、声悬浮技术已经比较成熟。气流悬浮的机理在前面第 5 章已经介绍过了，下面对其余几种比较成熟的悬浮机理进行简要介绍。

7.1.2.1　电磁悬浮

早在 1842 年，恩休（Earnshow）就提出了磁悬浮的概念，并从数学上证明了单靠永久磁铁不能使一个铁磁体在所有六个自由度上都保持自由、稳定的悬浮状态。到了 1939 年，布朗贝克（Braunbek）对实现稳定悬浮的问题作了更进一步的物理剖析并得出以下结论：唯有相对磁导率 <1 $r\mu$ 的抗磁性材料才能通过选择恰当的永磁体结构与相应的磁场分布而实现稳定悬浮。在此之后，经过近 100 年的发展，电磁悬浮已经成功应用在人们的日常生活中，例如磁悬浮列车、磁悬浮地球仪，但悬浮只在厘米级的尺寸下产生较大浮力。电磁力也被成功应用在一些试验中，但是悬浮物大都是一些金属粒子、纳米材料、蛋白质晶体等，几何尺寸小、质量很小而且悬浮高度也不高。

电磁悬浮就是通过一定方式形成电磁场，对处于其中的特殊物质产生电磁力，并通过对电磁力的控制使物体悬浮起来。根据实现方式不同，可以分为常导电磁悬浮、超导电磁悬浮、电磁-永磁混合悬浮等。

常导电磁悬浮采用由常规金属导线绕制而成的电磁铁作为工作磁体，将其通以电流，产生磁场，从而对铁磁材料产生吸引力。当电磁力足以平衡物体的重力时，物体将悬浮在空中。这种悬浮状态本质是不稳定的，任何微小的扰动都可能使物体掉下或被吸向磁体。为获得稳定悬浮状态，需要根据悬浮高度的微小变化实时调节线圈的电流来控制吸引力的大小。常导电磁悬浮是悬浮技术中最常用的一种形式，需要引入主动控制系统以维持稳定悬浮，与电磁铁相对的吸引物必须是导磁体，可以实现稳定悬浮。

超导电磁悬浮是采用具有零电阻的超导线圈绕制而成的电磁铁

作为工作磁体。它不仅从原理上克服了常导磁悬浮的发热和能耗问题，极大地提高了能量利用率，更重要的是超导线圈可毫无阻挡地让强电流通过，从而产生超强的磁场。超导电磁悬浮主要采用斥力悬浮，具体来说就是使被悬浮体与另一个导体之间发生相对运动，从而产生感应电流，这一感应电流产生的磁场与原磁场极性相反，从而获得斥力，使被悬浮体悬浮起来。由于采用了斥力，超导电磁悬浮系统是自稳定的，无需主动控制，也无需沉重的铁芯，线圈中的能量损耗很少。但其不足之处在于超导磁悬浮对环境的要求更高（环境温度要达到超导体的临界温度），这是制约超导应用的一个瓶颈。

电磁－永磁混合悬浮是近年来兴起的一种新的电磁悬浮技术，是在常导电磁悬浮的基础上，通过采用永磁铁等新材料及与其对应的新结构，形成的一种电磁悬浮技术。电磁－永磁混合悬浮主要是将永磁铁等材料嵌入常规电磁铁中，利用永磁铁本身的储能，克服一部分做功，以减小系统的总耗能和功率损耗，并使系统易于小型化，利于和其他系统集成。

电磁悬浮基本原理和计算方法可以在文献中查阅，例如文献[3]。电磁力系统本身是一个不确定性、非线性的不稳定系统，因此在外界干扰存在的情况下，不具有悬浮的稳定性，必须对其进行控制。参考文献表明[4-11]，可用于控制电磁悬浮系统的鲁棒控制方法较多，例如一些非线性控制方法如滑膜控制，线性控制方法如 H_2、混合 H_2/H_∞、H_∞/μ 综合控制以及 Q 参数化控制等，利用它们都可以控制悬浮物达到稳定。从力的大小和可控性方面来讲，电磁力可以作为混合悬浮的可控非接触力源。

7.1.2.2　静电悬浮

静电悬浮是利用静电场中带有静电的物体受到的库仑力来抵消重力，实现物体的悬浮。这种方式的理论依据是库仑定律，电荷间的相互作用力被表述为电荷电量与距离矢量的函数。即

$$F = \frac{q_1 q_2}{4\pi\varepsilon_0 R^2} e_R = \frac{q_1 q_2}{4\pi\varepsilon_0 R^3} R \tag{7-1}$$

式中　　q_1、q_2——两个点电荷；

　　　　e_R——q_1 指向 q_2 的单位矢量；

　　　　R——q_1 指向 q_2 的位置矢量；

　　　　$\varepsilon_0 = 8.85 \times 10^{-12}$ $C^2 \cdot N^{-1} \cdot m^{-2}$——真空电容率(真空介电常数)。

　　由两个无限大极板产生的静电场为

$$E = U/d \tag{7-2}$$

式中　E——电场强度；

　　　U——极板间电压；

　　　d——极板间距。

则该静电场对处于其中的带电物体产生的电场力为

$$F_E = Eq \tag{7-3}$$

若电场力与重力平衡，则可模拟失重效应。

　　通过静电力实现悬浮最早可追溯到 1909 年，Millikan 采用静电场使大量油滴带电后达到悬浮状态，证明了电量的不连续性，并测量了电子电荷，得到相应的数值。1959 年，Langmuir 等人[12]研究了小粒子（直径约为几个微米）的静电悬浮。德国宇航院[13]于 1979年通过静电悬浮起毫米尺寸的物体，开始用于材料的研究。1983 年，美国喷气推进实验室[14]设计了三种不同形状的电极并用于太空材料实验。1984 年，Rhim 等人[15]在此基础上详细研究了反馈控制系统，实现了地面条件下直径为 5 mm 左右镀银苯乙烯小球和金属球壳等物体的稳定悬浮，并利用抛物线飞机实现了直径约 10 mm 的水滴在微重力环境中的稳定悬浮。1993 年，Rhim[16]又研制了地面条件下材料高温无容器处理的静电悬浮设备，研究重点转向地面模拟。至此之后，科学界利用静电悬浮技术实现无容器状态，以模拟空间环境特征，并利用其悬浮时间长、悬浮样品尺寸较大、可对样品的熔凝过程进行实时观察和定量测量的优点，对材料的物理化学性质进行研究，使静电悬浮逐步应用于材料的热物理性质、凝固过程、合成与制备等方面。

但是静电悬浮目前只能实现大小为毫米级物体的悬浮，而且这种方法要求物体带电，在匀强电场中获得平衡重力的电场力。从理论上而言，也可以用于米级悬浮高度，例如可以选择两个无限大的极板，通过施加一定的电压 U，产生近似的匀强电场。若极板间距为 d，则对于带电量为 q 的物体，产生的电场力为

$$F_E = Eq = \frac{U}{d}q \tag{7-4}$$

假设物体质量为 m，那么要使物体悬浮起来，所需的极板电压为

$$U = \frac{mgd}{q} \tag{7-5}$$

由此式可以看出，物体质量越大，所需极板电压越大，极板间距越大，所需电压越大。只要匀强电场强度足够大，形成电场的极板的耐压、耐电能力很强，则完全有可能将携带一定电量的物体悬浮起来。

假设极板为圆形，半径为 R，极板间距为 d，极板电压为 U（为保证带正电物体的悬浮，下极板电势高），极板电荷均匀分布，面电荷密度为 σ。当 $U = 10\ 000$ V，$d = 0.1$ m，$R = 2$ m，根据仿真计算数据，平行极板产生的电场在极板间是均匀的，在极板边缘有较大的不均匀性。因此，可以把处于极板间的电场作为匀强电场。若在上述极板中间放入重力为 1 N 的点电荷，则满足悬浮条件 $mg = qU/d$ 的带电量为 10^{-5} 库仑。

当极板间距为 1 m 时，不同极板半径条件下，物体质量（密度）与所需极板电压间的关系如图 7-1 所示。

由计算结果可知，对同一半径的物体，密度越大，也就是质量越大，悬浮所需的极板电压越大。对同一材料，所做物体的半径越大，悬浮所需的极板电压越大。

若悬浮物体的质量一定（计算时选择 $m = 1$ kg），在不同极板间距条件下，物体密度与所需极板电压间的关系如图 7-2 所示。由计算结果可知，要悬浮起质量一定的物体，极板间距越大，所需极板

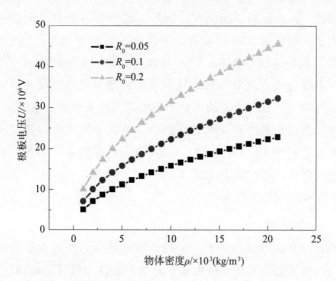

图 7-1　不同半径下物体密度与所需极板电压间的关系（$d = 1$ m）

电压也越大。同时可知，相同质量的物体，密度越大（也就是体积越小），所需极板电压越大。

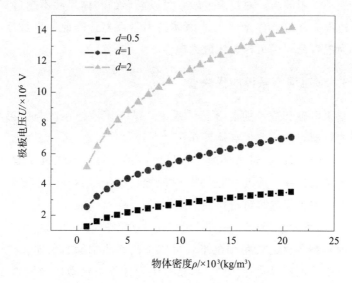

图 7-2　不同极板间距条件下物体密度与所需极板电压间的关系（$m = 1$ kg）

因此，在米级悬浮距离下，利用电场力可悬浮起来的物体的质量相当小，即使是 1 kg 的物体，悬浮起来也相当困难，因为要在 1 m 距离下利用电场力悬浮起 1 kg 量级的物体，所需的极板电压就达到了百万伏量级，此电压在大气环境中时很容易将气体击穿，非常危险。所以，这种方式不能单独用于大范围较重物体的悬浮。

即使将静电悬浮和其他方式结合，由以上结果可知静电场产生的悬浮力也相当小。另外，电荷在液体中的保持非常困难，而且水是电的良导体，致使工程上也无法实施。因此，电场力不适合用于混合悬浮中的可控非接触力源。

7.1.2.3　声悬浮

声悬浮是高声强条件下的一种非线性效应，其基本原理是利用声驻波与物体的相互作用产生竖直方向的悬浮力以克服物体的重量，同时产生水平方向的定位力将物体稳定于声压波节处。

声悬浮近年来逐渐发展成为一项很有潜力的无容器处理技术，可以用于材料特性的研究。但是声悬浮的原理决定了悬浮物体的尺寸必须小于半波长，对超声波段，可以悬浮的物体尺寸不超过1 cm。目前还没有能够悬浮米级尺寸物体的声悬浮器。因此，声悬浮不适合作为混合悬浮的可控非接触力源。

7.1.3　液磁混合悬浮的优缺点

基于电磁和液浮的混合悬浮系统，结合了液浮系统与电磁悬浮系统的优缺点。主要优点体现在：

1) 在模拟的微重力环境下，可以提供足够大的三维实验空间，可供大型试件在六个自由度下长时间地、无限制地连续实验，可与轨道上的航天器同步进行空间活动、操作演示。

2) 微重力水平较高。相对于中性浮力模拟的微重力水平，通过电磁力对剩余重力的精确配平，可以提高微重力模拟的水平。若电磁力大小控制精度可达 1%，则相对于中性浮力模拟的微重力水平，混合悬浮模拟的微重力水平可以提高两个量级。

3）可在线调控微重力状态。利用液体浮力进行粗配平后，剩余重力可以通过电磁力来配平，可根据具体实验要求，实时调整电压、电流，改变电磁力的大小，实现实验过程中的微重力状态的在线调控。

4）可实现试件高度的稳定和任意改变。利用可变电磁力，可实现实验过程中试件高度的任意调节和稳定悬浮，有利于执行长时间的操作实验和演示。

但是这种悬浮方式也存在缺点，主要包括：

1）试件的受力环境复杂。浮力是一种表面力，不能从力学本质上进行失重效应的模拟。电磁力虽然是一种体积力，但只作用于磁性材料的每一个分子上，且具有很强的非线性特性。另外试件还会受到流体动力和干扰力，因此混合悬浮环境中试件的受力比较复杂。

2）液体介质特性引起的干扰是影响实验结果逼真度的主要因素。在混合悬浮系统中，虽然可以用液体浮力与电磁力共同克服试件的重力，但实验环境中仍旧存在液体阻力和流场扰动，会影响实验效果，降低实验的逼真度。为了减小液体阻力影响，应尽量使试件运动速度放慢，这相当于附加了实验限制条件，也会影响实验结果。

3）对试件的制备提出了约束条件。为了产生所需的电磁力，要求试件用铁磁性材料制作或者在恰当的位置装有铁磁性材料，这势必导致试件与原型的结构不同。另外，为了保障实验的顺利进行，要求试件还必须具有良好的水密性，所用电子器件和测量传感器必须能够在电磁场中正常运行，这也对试件的研制提出了特殊要求。

7.2　液磁混合悬浮的微重力效应模拟系统构建

基于上述对混合悬浮原理的介绍和分析，液浮和电磁的混合悬浮是实现地面微重力效应模拟的可行途径。本节主要介绍液磁混合悬浮微重力效应模拟系统的组成与设计方法。

液磁混合悬浮微重力效应模拟系统是对中性浮力系统的提升与

改进，是在中性浮力系统的基础上引入电磁悬浮系统，并将二者有机结合。因此，液浮系统（水池）是基础设施，除此之外，还必须有电磁系统、实验模型系统、测量系统、支持保障系统等。其中液浮系统进行重力的粗配平，电磁系统对剩余重力进行精确配平，实验模型是实施和验证微重力模拟方法及模拟结果的平台，测量系统提供实验过程所需的参数并进行数据记录，支持保障系统为整个实验过程和实验系统的正常运行提供安全保障。以上各系统又包括多个组成部分，如图 7-3 所示。

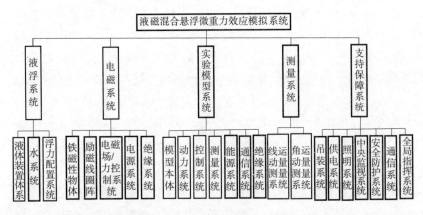

图 7-3　液磁混合悬浮微重力效应模拟系统组成与结构

7.2.1　液浮系统组成

液浮系统包括液体装置体系、水系统、浮力配置系统等，各部分结构与中性浮力模拟器基本相同。

7.2.2　电磁系统组成

电磁系统的作用主要是进行剩余重力的精确配平。根据电磁力产生原理，电磁系统应该包括产生电磁场的电磁线圈，可在电磁场中受到电磁力作用的样品线圈或者永磁体或者铁磁性物体，电磁场/力控制系统，电源系统以及绝缘系统等，如图 7-4 所示。

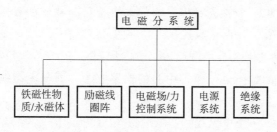

图 7 - 4　电磁系统的组成示意图

　　这里的样品线圈/永磁铁将安装在实验模型上，与实验模型一起处于混合悬浮力场中。而铁磁性物体是指直接使用导磁材料制成的实验模型，它不必搭载样品线圈或者永磁体。不论采用以上哪种形式，当这种实验模型处于电磁场中时，都会受到电磁力的作用。因此，它们和电磁线圈（阵）共同构成了电磁力场。电磁力场控制系统通过控制通入电磁线圈的电流，改变电磁场特性，从而改变作用在实验模型上的电磁力。电源系统为电磁线圈提供所需的电压和电流，直流电可以产生稳恒磁场，有利于实验模型的稳定悬浮。当外界输入为交流电时，需要交直流转换电源将交流电转换成直流电。绝缘系统保证电磁系统自身与外界绝缘，不会发生漏电、短路等现象，保证系统的正常运行。

　　电磁系统设计过程中，需要根据微重力模拟系统总体设计指标，确定所需电磁系统的指标。在此基础上设计电磁线圈组成结构、几何尺寸、形状大小、与实验模型相连的样品线圈或者永磁体几何参数、线圈通电电流大小范围、电流电压控制精度等，之后进行仿真计算，根据所需电磁力进一步对系统结构进行优化，并通过原理性实验验证电磁系统性能，对不合理的参数进行调节和改进，最终确定电磁系统参数。

　　在设计过程中应该考虑以下问题：

　　1）电磁场是一种空间三维分布的非均匀场，是随着高度、位置等参数非线性变化强烈的复杂场，因此对处于其中的导磁性物质产生的电磁力也是一种矢量力，力的大小不仅与物质的导磁性、几何尺寸和形状有关，而且与其在磁场中的位置有关。

2）电磁力分为斥力和吸力，方向指向磁场中心或者背离磁场中心，因此力的方向也与磁场中心的位置有关，即与电磁线圈的布设方式有关。

一般地，单个电磁线圈产生的磁场分布如图 7 - 5 所示。若导磁性物质（永磁体）放入线圈的磁场中，磁场分布如图 7 - 6 所示。

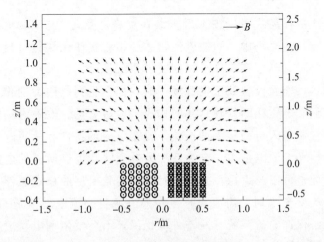

图 7 - 5　单电磁线圈磁场分布特性

可见磁场强度随高度变化很快，而且磁场方向在空间是三维变化的。对于固定的单电磁场，除了轴线上的电磁力是沿着竖直方向的之外，其他位置的电磁力都不沿竖直方向，显然无法满足混合悬浮对电磁力方向（竖直方向）的要求。为此，需要通过合理布设和人为控制，形成只利用轴向电磁力且电磁力大小随高度可控的电磁力场。

由于剩余重力配平时只需要竖直方向的电磁力，这只有当导磁性物质对称地处于电磁场中心轴线上时才能实现。考虑到实验过程中实验模型在空间的运动，必须对电磁系统进行设计，以满足以上要求，下面介绍两种方法。

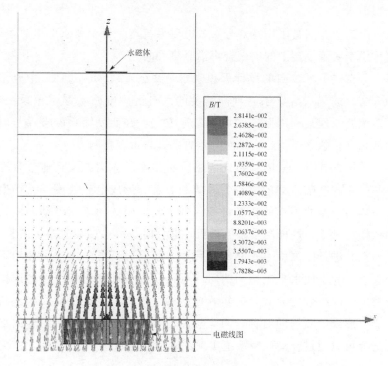

图 7-6　单电磁线圈的磁场特性变化

　　第一种方法是采用随动电磁场。电磁线圈固定在水平面内的二维位置随动系统上，在实验模型运动的过程中，随动系统带着电磁线圈跟随实验模型质心的运动而运动，从而保证实验模型始终处于电磁线圈的中心轴线上，理想情况下就只产生竖直方向的电磁力。

　　该方法中电磁力方向和大小的控制是分开进行的，因此控制系统相对比较简单。力的大小的控制只需根据悬浮高度调节电流即可。力的方向的控制主要通过随动系统来实现。若随动系统能够保证电磁线圈轴线时刻通过目标质心，那么就可以保证电磁力沿竖直方向，因此是否存在水平方向的力主要取决于随动系统的跟踪精度，若随动系统控制性能（延时、稳态误差等）满足跟踪精度要求，则可以实现水平力为零，满足实验区间内任意一点的微重力效应模拟要求。

第二种方法是采用特殊分布式电磁系统产生符合要求的电磁场，使作用于实验模型上的电磁合力沿竖直方向。

分布式电磁线圈的设计思想来自于文献［17］～［18］中介绍的方法。该文献给出了一种高精度的六自由度电磁悬浮定位系统。该系统的原理是利用互斥式电磁悬浮方式，并使悬浮物的悬浮与驱动部分互相独立作用，实现对悬浮物的六自由度控制。

系统设计时，采用分布式电磁线圈和永磁体的方案，通过合理选择分布式电磁线圈的大小、形状和数量，形成电磁线圈阵，产生一种均匀分布的理想的正弦分布磁场，且使磁场的正弦波动的波长和振幅尽量小，这样当永磁体面积足够大时，就可以覆盖多个波长，从而在其进行同高度水平移动过程中，所受竖直方向电磁力波动不会太大。为了使水平电磁力为零，可以采取根据实验模型位置选择分布式线圈组合的方式，使实验模型始终处于给定数量线圈组合的中心，形成电磁场的对称分布，从而使水平力为零。线圈组合的自动选择可以通过自动控制系统实现。原理结构如图7-7所示。

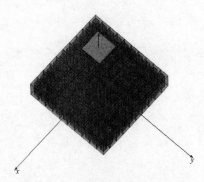

图7-7　平面电磁阵列方案示意图

其中深色柱状为在水平面内布设的电磁线圈，可以根据实验空间大小确定分布式线圈的布设面积，每一个线圈的参数是根据所需电磁力和永磁体的大小进行设计的。选择线圈组合时，根据永磁体覆盖面积的大小结合单个电磁线圈尺寸，一般选取大于覆盖面积为宜。例如，永磁体覆盖面积为 1 m×1 m，单个电磁线圈截面积为 0.5 m×0.5 m，则从覆盖面积上考虑可以选择的线圈组合是 3×3 或者以上组合。之后根据选择的线圈组合，计算各个高度、各个位置上的电磁力，以满足性能指标为条件，进行优化设计，最终得到满足同高度水平电磁力基本为零的电磁线圈最优组合。

7.2.3　实验模型系统组成

实验模型分系统本身是一个独立的系统，设计时首先应该满足空间操作地面实验大系统的总体要求，同时还须具备在水下和电磁环境中正常运行的功能。

一般地，实验模型应包括本体、GNC 系统、动力推进系统、能源系统（电路与供电系统）及通信系统五大部分，系统组成如图 7－8 所示。

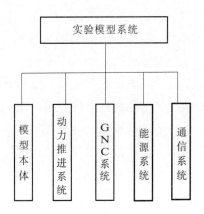

图 7－8　实验模型系统组成示意图

实验模型本体主要包括实验模型外形结构、主体框架结构及内部器件之间的相互位置布设，要求能够满足强度及刚度要求、密封性要求、质量分布特性要求，并使质心与浮心重合，保证实验过程中没有主姿态，以逼真反映空间运动结果和特性。另外，结构设计时还必须考虑电磁环境，保证实验模型在给定电磁场中能够产生所需的电磁力，一般可以采用铁磁性材料制作壳体或者在壳体上布设永磁铁来实现。值得一提的是，外形设计时需要注意以下两个问题：一是实验模型与空间原型之间的几何相似性，这是保证地面实验与空间运动等效性和实验逼真度的前提，目前在轨航天器和航天器外形主要包括圆柱形、立方体、长方体等，而新型航天器的外形比较复杂，包括桁架结构、模块化结构等。二是在保证几何相似的条件下，外形形状的选择要尽可能使运动阻力小，而阻力的大小不仅与迎流面积有关，而且与阻力系数有关，不同形状和大小的实验模型，相同姿态和速度下的运动阻力不相同。

动力系统主要为实验模型运动提供所需的推力和控制力。一般可以根据所需推力的大小和控制精度选择相应型号的对转螺旋桨（可以产生正、反向推力），推进器的驱动采用无刷直流电机。初步设计时可以根据螺旋桨发动机推力模型进行理论分析，并选择相应型号。

GNC 系统是实验模型最重要且关键的分系统。其中导航系统主要是通过各种方法测定实验模型运动状态参数，为控制系统提供输入。制导系统的主要任务是设计导引方法、实验轨迹等，并产生控制指令，输入给控制系统。控制系统根据输入指令和测量参数，在设计的控制算法下，自动驱动相应的推进器旋转并控制转速，产生所需的推力，使实验模型自动沿着预定的轨迹和姿态运行。不同的实验任务和目的对 GNC 系统的要求不同，因此需要根据具体实验任务进行详细设计。

实验模型对能源系统的需求主要体现在维持 GNC 系统、动力系统、通信系统正常工作的电能维持。实验模型能源可以来自本体携带的电池，也可以考虑通过电缆从本体外获取。显然，后者会给实验模型运动带来严重干扰，因此对于运动状态精度要求较高的实验任务，应选择内置电池。

通信系统主要完成实验模型内部数据传输和交互，实验模型和地面控制台、地面综合显示系统之间的数据交互和数据传输。通信系统必须具备从水下到水面的传输功能，确保传输的数据容量和时间要求满足总体指标。一般地，实验模型通信传输的主要数据包括：

　　1）实验模型各分系统监测状态信息；

　　2）实验模型各敏感器测量信息；

　　3）实验模型运动状态信息；

　　4）控制系统向实验模型发出的控制指令信息等。

　　信息传输可以采用无线方式或者有线方式进行。若传输数据量不大且对时延要求不高，可采用水声通信方式。若数据传输量较大且对实时性要求较高，可以采用光纤通信方式。

7.2.4　测量系统组成

　　这里的测量系统不包括实验模型内置的测量元器件，而是指布设于实验环境中的测量设备，也称外部测量设备。测量系统的目的是利用这些外部测量设备对实验模型位置、速度、姿态等运动参数进行测量，一方面与实验模型自身测量器件的数据进行融合，提高测量精度，另一方面也可将实验模型运动状态的测量信息输入给电磁控制系统，组成一个完整的互补的测量和感知系统。

　　由于地面实验环境是一种液体介质、空气介质、电磁场共存的复杂环境，要求测量系统可以在多介质环境下对所需参数进行精确测量，因此测量系统设计时必须考虑对环境的适应性。水下测量采用 3 维声学定位系统，通过声呐信号找到水中物体的位置，但存在的问题是水中信号太多较难滤除，例如实验模型的电子器件的噪声有可能正好和实验模型运动的噪声频率相同，声波遇到池壁和池底产生反射，池中其他物体对声波产生遮挡等问题。视觉测量系统是目前在空间航天器上应用较多的一种测量方式，特别是在相对测量和距离较近的测量定位中应用广泛。视觉测量基于光影成像和双目立体视觉原理，可在液体介质和电磁环境中正常运行，只要保证相机的水密性符合要求，则可应用于地面实验环境。目前在 20 m 范围内，双目视觉定位精度可达毫米级，定姿精度可达 0.1°。

针对微重力效应模拟地面实验，实验区域和范围相对较小，可以采用视觉测量系统作为外部测量系统。该系统主要由防水相机、防水镜头、数据线和数据采集卡以及相应的图像处理软件组成。可根据测量区域大小和测量精度要求，考虑介质环境，确定相机性能参数和相机个数以及安装布设方案，实现全实验区域的测量。

7.2.5　支持保障系统

支持保障系统属于实验系统的附属设施，是顺利实施实验所需的一些保障设备。其组成与中性浮力设施的附属设备基本相同，包括用于对较重的物体进行移动、吊起或放入水中等的起重机和航吊系统，用于对实验水池和实验模型以及整个实验过程进行监视的可视化输出终端（一般可以采用闭路电视系统），用于实验过程中在测试室、水下、控制室之间进行联系的通信设施，用于对整个实验过程进行控制、对实验过程中的各个环节进行协调和指挥的中央控制系统以及应对突发事件（例如突然停电、漏电、短路、着火等）的安全保障系统。

7.3　混合悬浮系统实验方法

利用混合悬浮系统进行地面微重力模拟和实验，涉及液体粗配平方法、电磁力控制（剩余重力配平）方法、环境干扰因素消除方法等。其中液体粗配平方法与中性浮力实验方法相同，这里不再赘述。下面对实验过程中必须用到的其余实验方法进行分析。

7.3.1　电磁力控制方法

进行剩余重力配平时，需要利用竖直方向的电磁力，且要求电磁力精确可控。例如，若要求微重力模拟水平达到 $10^{-4}g$，假设粗配平后微重力水平为 $10^{-2}\ g$，则要求电磁力的控制精度优于 1%，即在整个实验空间内的电磁力大小保持不变，其误差不能超过 1%。由于电磁力是电压、电流的函数，而且随着悬浮物与电磁线圈中心的相对高度和相对位置变化而变化，因此，当悬浮物运动时，必须对电流电压进行控制，以使电磁力大小满足要求。下面分别对竖直方向电磁力控制和水平面内电磁力控制方法进行介绍。

7.3.1.1　竖直方向电磁力的控制方法

　　进行竖直方向电磁力研究和控制时，假设电磁场在空间分布对称，且悬浮物处于电磁场的中心轴线上，此时理想情况下不产生水平面内的电磁力，因此电磁力大小只随高度变化。为了满足整个实验空间微重力模拟水平，在给定的粗配平精度下，要求实验模型在不同高度时的电磁力大小恒定。因此需要根据高度变化对电压/电流进行调整，从而控制作用在实验模型上的电磁力，以实现任意高度的稳定悬浮和微重力效应模拟。一般可以通过高度反馈来实现。首先给定所要求的实验模型悬浮高度的理想值，通过测量实际位置和理想位置之间的偏差，输入给电源控制系统，控制电流/电压的大小/方向变化，改变磁场特性，从而改变作用在实验模型上的电磁力。

　　基于高度反馈的电磁力控制系统结构框图如图 7-9 所示，其中控制器的设计可以采用 PI 控制、PID 控制或者模糊控制、智能控制等。另外，在控制系统设计过程中，要考虑电磁系统的时延特性，包括控制器的运算时间、D/A 转换多路的输出时间、电源对于控制信号的响应时间、电流的响应时间、磁场建立时间、悬浮物惯性导致的延迟、位置检测及数据处理的时间等。为了提高系统的实时性，一般需要考虑采用相应的前馈控制或者预估控制方法。

7.3.1.2　水平方向电磁力的控制方法

　　由于电磁场是一种空间矢量场，处于其中的铁磁性物体所受的电磁力不仅与悬浮高度有关，而且也与相对电磁场中心的位置有关。前面设计时提出了两种实现水平电磁力为零的方案，即移动磁场和

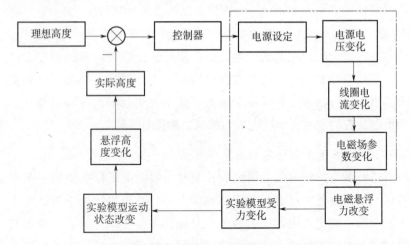

图 7-9　电磁力系统的高度反馈控制系统结构框图

分布式电磁系统，下面分别对其控制方法进行介绍。

　　对于随动磁场，主要实现二维平面内的运动跟踪，一般采用位置反馈，其控制系统原理框图如图 7-10 所示。

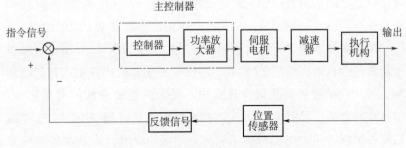

图 7-10　随动系统跟踪实验模型运动原理框图

　　一般可采用二维丝杠系统，将电磁线圈放置其上，用电动机驱动丝杠运动，从而带动电磁线圈运动，达到跟踪实验模型的目的。丝杠系统主要由丝杠、导轨、工作台（放置电磁线圈）、电机、减速器、传感器等组成。丝杠连接工作台，工作台上固连有电磁线圈，传感器检测工作台自身的位置信息，与被跟踪物位置信息一起输入给主控制器，主控制器根据输入信息和控制算法自动产生控制信号，输出给伺服电机，电机在减速器的作用下驱动丝杠运动，直至工作台位置和被跟踪物位置相同为止。

对于分布式电磁系统，其实质就是根据悬浮物的位置，选择分布式电磁线圈的组合，使分布式线圈产生的磁场相对于悬浮物对称，从而使作用在悬浮物水平方向上的电磁力为零。当多个电磁线圈同时运行，在互感的作用下，会产生耦合。这类系统的一般控制方法有 PID 控制、Smith 预估补偿、滑模变结构控制、鲁棒控制、模糊PID、模型参考自适应控制、预测控制、神经网络、专家系统等，进行控制律设计时不仅要考虑大时延，还要考虑耦合作用。

控制过程中，一方面需要根据实验模型的位置选择其周围的线圈组合，使实验模型位于这些线圈的对称中心。另一方面，通过调节线圈中电流的大小和方向控制实验模型竖直方向的电磁力，从而控制悬浮高度。分布式电磁线圈的选择主要是根据悬浮物的位置进行的，只要保证悬浮物位于所选择的分布式线圈的中心即可，图 7-11 给出了选择方案框图。其中，随着悬浮物的运动，所选择的分布式电磁线圈会发生变化，为了减小电磁系统的大时延效应和电磁线圈

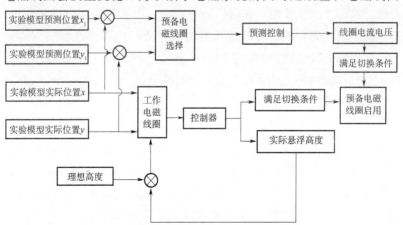

图 7-11　分布式电磁线圈的选择及切换控制原理框图

切换过程中引起的电磁场波动对作用在悬浮物上电磁力的影响，需要控制系统根据悬浮物运动历史对其未来运动进行预测（预测控制）。这样，随着悬浮物运动，就可以选择不同的分布式线圈组合。

7.3.2　阻力预估与减阻方法

实验模型在液体中运动，由于液体的粘性会产生运动阻力，为了减小或者消除阻力影响，首先需要知道阻力的大小和变化特性，在此基础上进行阻力的减小或者消除。

运动阻力与流场特性有关，目前一般使用 CFD 软件对流场进行模拟。CFD 软件是计算流体力学（Computational Fluid Dynamics）软件的简称，是专门用来进行流场分析、流场计算、流场预测的软件。通过 CFD 软件，可以分析并且显示发生在流场中的现象，在比较短的时间内，能预测模拟对象性能，并通过改变各种参数，达到最佳设计效果，可以对实验结果的整理和规律的得出起到很好的指导作用。

Fluent 是目前国际上比较流行的商用 CFD 软件包，可以用于分析流体、热传递及化学反应等的工程问题，它具有丰富的物理模型、先进的数值方法以及强大的前后处理功能，在航空航天、汽车设计、石油天然气、涡轮机设计等方面都有着广泛的应用。已有文献资料显示，使用 CFD 软件尤其是 Fluent 软件进行水动力系数的相关计算，是目前国内外普遍采用的方法。软件中的 k-epsilon 及 k-omega 湍流模型得到了广泛应用。

因此，对于地面中性浮力或者混合悬浮实验，可以利用 Fluent 软件计算及分析不同条件，如不同实验模型形状、不同运动速度、不同边界条件、不同的 Fluent 算法下的水动态阻尼及粘滞效应。计算及分析的结果将为实验提供相关数据，为减少实验中水的动态阻尼、粘滞效应等提供相关方法及依据，同时为实验中控制系统的设计提供数据。有关计算方法可参见参考文献 [19]。

在微重力模拟实验中，液体阻力是一种环境干扰力，要尽量使其减小或者消除其对运动特性的影响，一般采取阻力补偿来实现。

　　所谓阻力补偿就是指水的阻力作为输入信号是预先未知且随时间变化的，为了使实验模型在液体环境下能实时地补偿水的阻力和外界干扰，系统需要根据运动过程中的阻力实时产生推力，精确并几乎无延迟地消除阻力影响。

　　这可以通过两种途径来实现，一种是开环补偿方法，另一种是闭环补偿方法。

　　所谓开环补偿，就是对运动过程中的阻力进行实时测量（一般可以通过在实验模型上装配六分力天平实现），并以测量值作为开环输入，通过控制推进器产生相应的推力，抵消阻力对运动的影响。这种补偿方式要求推进器响应快、推力控制精度高，但由于推进器启控时延及力的控制精度的影响，补偿精度相对较低。

　　闭环补偿方法，就是以测量得到的速度、加速度等参数作为输入量，进行阻力的在线估算，通过控制系统产生控制信号，驱动推进器产生推力克服阻力，使速度、加速度跟踪无阻力运动时设计的标称值，从而消除阻力对运动状态的影响。这种阻力补偿系统是一种闭环控制系统，主要由控制器、功率放大器、电机（执行机构）及反馈检测元件组成。其工作原理是：控制器接收实验模型的运动速度，预估当前时刻的阻力，并按照一定的控制策略进行信号调整，然后通过功率放大器驱动电机，产生补偿推力；当补偿推力完全抵消阻力后，实验模型的运动状态将与无阻力时的标称运动状态相同。但是由于测量和控制存在时间延迟，推进器产生的补偿推力并不能抵消当前时刻的运动阻力，抵消的是该时刻之前某一时刻的运动阻力。为了减小或者消除这种时间延迟导致的补偿误差，需要对运动状态进行预估，通过测量得到的加速度，预估该时刻之后的速度变化，通过预估控制实现阻力的实时补偿。这种补偿方式不用在实验模型上装配专门的测力装置（六分力天平），可以直接利用实验模型上的加速度计或者 IMU 的输出结果，得到速度和加速度测量值，与开环方式相比，阻力补偿精度相对较高。

7.4　混合悬浮系统设计及实验实例

7.4.1　混合悬浮微重力效应模拟系统设计

（1）液浮系统设计

液浮系统设计中最关键的就是水池的大小和形状，需要根据实验任务要求确定。例如，若实验系统主要用于进行空间近距离操作的地面微重力实验，则要求水池能够同时容纳一个大型航天器和一个较小型的航天器，同时留有足够的近距离操作尺度（相对运动范围和距离），这时实验所需空间就是大型航天器最大外包络尺寸加上较小型航天器外包络尺寸再加上操作长度，在此基础上，四周还要留有潜水员活动区域和水下辅助设备安装区域。水下辅助设备安装区域以所需实际尺寸为宜。而水池的形状可以是圆形或者方形，主要由绝大多数实验任务所需的空间区域形状决定。

水池的建造方面，参照国外已有的水池布置方式，地面以下约一半高度，地面以上约一半高度，并留有观察窗口；内部为混凝土结构，表面涂瓷。

（2）水系统

实验过程中，要求水质保持透明、清洁，以满足测量、成像等的要求，因此需要水处理系统对实验水池内的水进行定期处理，并满足以下指标。

1）水质酸碱度基本中性，$6.5 < pH < 8.5$。

2）浑浊度小于 1 NTU 或者 5 度。

3）色度小于 15 度，无异味。

4）注水速度可调，可根据用户要求设定。

水系统的目的是为了保证水池用水的质量，主要包括一整套的供水、水循环和水的净化处理设施，可根据以上要求进行定制。一般在水池设计过程中要考虑水处理设备的安装和布设，要留有泵房、入水/出水口、净化控制室等。

（3）浮力配置系统

在进行浮力与重力的粗配平时，一般通过在水下和岸上对实验模型的重力和浮力进行反复测量，然后对测试数据进行分析，根据分析结果选择配重块和浮块，并设计相应的安装位置，装入实验模型。

第一步，根据粗配平精度，计算达到粗配平时所要求的重力与浮力的差 δ。

第二步，测量实验模型重力 G_1 和浮力 F_1（测体积并进行计算），并假设初步设计时已经考虑了重心与浮心的重合。

第三步，比较重力和浮力的大小，若 $|G_1-F_1|=\Delta$，且 $\Delta<|\delta|$ 表明已达到粗配平精度。直接跳到第五步，否则进入下一步。

第四步，若 $G_1-F_1=\Delta>0$，且 $\Delta>|\delta|$，选用密度小于水的平板型浮体，要求该浮体产生的纯浮力（浮力减去自身的重力）的大小 $F=\Delta-|\delta|$，之后将该平板型浮体对称加装在实验模型外表面上。若 $G_1-F_1=\Delta<0$，且 $|\Delta|>|\delta|$，选择密度大于水的配重块，要求该配重块的重力大小 $F=|\Delta|-|\delta|$，之后将该配重块加装到实验模型的重心处，或者将总质量与该配重块相同的几个小配重块分别架装到实验模型内部，并保证实验模型重心不变。之后进入第二步。

第五步，根据第二步测量结果，给出最终的重力与浮力粗配平精度 $G_1-F_1=\Delta$。

（4）电磁系统设计

这里基于分布式方案进行设计，拟在底部铺设电磁铁单元，实验模型上铺设大面积（相对于底部电磁铁单元）永磁铁，使其覆盖尽可能多的电磁铁单元，使实验模型的受力来自多个电磁铁的共同作用，如图 7-12 所示。这样通过对多个电磁铁单元的协调控制，就可以生成竖直方向力场。

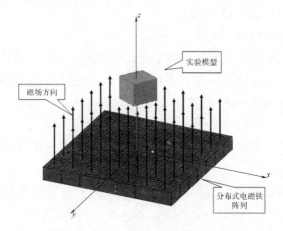

图 7 - 12　电磁系统设计模型

设计过程如下：

第一步，根据物体的质量和粗配平精度，按照公式 $F_{电磁力}=G_1-F_1=\Delta$，计算进行精配平所需的电磁力大小。

第二步，根据经验给定单个电磁线圈结构尺寸，初步设计 $n\times n$ 分布式电磁阵列，给出线圈几何参数。

第三步，根据实验要求初步设计永磁铁尺寸，保证其大小和质量满足给定的约束条件。

第四步，电磁线圈不通电的情况下，计算悬浮最低高度、实验模型所受的电磁力是否满足要求。

第五步，给定允许的最大电流，在最高高度下，基于 Ansoft 软件进行电磁力的计算。

第六步，将悬浮高度逐渐降低，同时使通电电流由大到小逐渐变化，计算电磁力随着高度和电流的变化情况，给出最低悬浮高度对应的最小电磁力。

第七步，给出分布式电磁阵列的设计参数和永磁铁的设计参数。

第八步，根据以上设计参数，进行缩比模型研制和测试，同时进行仿真计算，对比仿真结果和实测结果，并利用实测结果修订仿真结果。

7.4.2　混合悬浮实验实例

7.4.2.1　混合定点悬浮实验

测试条件如下：

1）水深 110 cm。

2）重力粗配平后达到的水平大约为 $101\%g$（即浮力大于重力）。

3）电磁配平力大小约占 $1\%g$。

采用分布式电磁系统，调节电流方向，产生电磁吸力，利用吸力进行配平。实验过程中，利用电磁自动控制系统，根据理想位置与实际位置之间的误差生成控制信号，转换成电压、电流信号，通过控制电压、电流的大小改变电磁场特性，达到改变作用在实验模型上的电磁力的目的，使实验模型可以稳定悬浮在某一期望高度，测试结果如表 7-2 所示。

表 7-2　定点悬浮自动控制结果

实验次序	位置	初始位置/mm	期望悬浮位置/mm	稳定悬浮后误差/mm
第 1 次	X	1 170	1 120	±7
	Y	600	520	±9
	Z	1 110	1 130	±5
第 2 次	X	1 165	1 120	±4
	Y	600	440	±10
	Z	1 097	1 130	±3
第 3 次	X	1 142	1 120	±4
	Y	600	400	±10
	Z	1 110	1 130	±4
第 4 次	X	1 140	1 120	±6
	Y	600	500	±10
	Z	1 129	1 130	±7

　　从自由运动实验模型的静态悬浮测试结果看，自动控制可以使实验模型悬浮在给定的高度和位置，控制精度小于±10 mm。为了更直观地说明测试过程中实验模型位置的变化，图 7－13～图 7－15以第一次测试为例，给出实验模型质心位置随时间的变化曲线。定点悬浮后位置仍存在小的扰动，一方面是测量和控制系统精度有待提高，另一方面是由于存在水的波动和扰动。

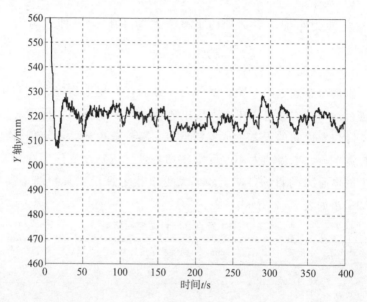

图 7－13　定点悬浮控制过程中实验模型高度（Y 方向）随时间变化的曲线

7.4.2.2　微重力状态下实验模型高度的稳定和任意改变能力测试

　　测试条件如下：

　　1）水深 110 cm。

　　2）重力粗配平后达到的水平大约为 101％ g（即浮力大于重力）。

　　3）电磁配平力大小约占 1％ g。

　　采用分布式电磁系统，调节电流方向，产生电磁吸力，利用吸力进行配平。

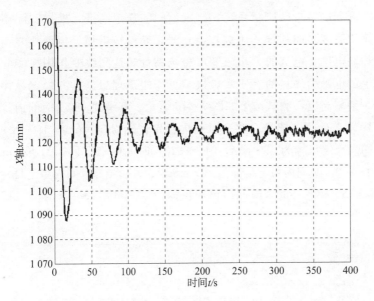

图 7 - 14 定点悬浮控制过程中实验模型 X 方向位置随时间变化的曲线

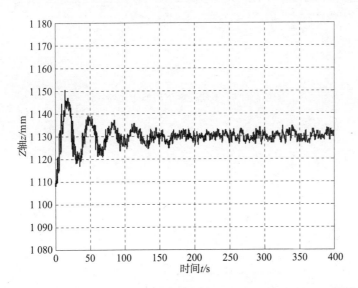

图 7 - 15 定点悬浮控制过程中实验模型 Z 方向位置随时间变化的曲线

利用电磁自动控制系统，给定不同的理想高度，根据实际高度与理想高度之间的误差生成控制信号，转换成电压、电流信号，通过控制电压、电流的大小改变电磁场特性，达到改变作用在实验模型上的电磁力的目的，使实验模型可以跟踪理想高度并稳定悬浮在某一期望高度，测试结果如图 7-16 所示。其中 0～80 s 时间内稳定目标为 550 mm，80～160 s 时间内稳定目标为 500 mm，160～240 s 时间内稳定目标为 450 mm，240～320 s 时间内稳定目标为 400 mm，320～400 s 时间内稳定目标为 450 mm，400～480 s 时间内稳定目标为 500 mm，480～560 s 时间内稳定目标为 550 mm，560 s 时间以后稳定目标为 450 mm。

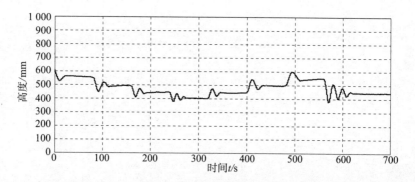

图 7-16　不同高度下切换运动曲线图

参 考 文 献

[1] 袁建平，等. 一种分布式电磁与液浮的混合悬浮方法，中国，专利申请号：201110010827.7.

[2] 袁建平，等. 一种基于磁液混浮的微重力效应地面模拟方法，中国，专利申请号：201110010828.1.

[3] 吴百诗主编. 大学物理学（中册）[M]. 北京：高等教育出版社，2004.

[4] Abdelfatah M. Mohamed，Fimio Matsumurat，Toru Namerikawat and Jun-Ho Lee. Q - parameterization/μ control of an electromagnetic suspension system. Proceedings of the 1997 EEE International Conference on Control Applications，Hartford，CT，October 5 - 7，1997.

[5] 尹春雷. 永磁、电磁混合磁悬浮系统的研究. 硕士学位论文，山东科技大学，2003，5.

[6] 魏鹏. 悬浮控制器的伪微分反馈控制研究. 硕士学位论文，西南交通大学，2007，7.

[7] 蒋启龙，张昆仑，李熹. 单磁铁悬浮系统的数字控制. 铁道学报，1999（5）：45 - 48.

[8] 江浩，连级三. 单磁铁悬浮系统的动态模型与控制. 西南交通大学学报，1992（1）：59 - 67.

[9] Mostafa Lairi，Gerard Bloeh. A Neural Network with Minimal Structure for Maglev System Modeling and Control. Proceedings of the 1999 IEEE International Symposium on Intelligent control/Intelligent Systems and Semioties，1999：40 - 45.

[10] Sungjun Joo，JiJoon Byun，Hyungbo Shim，JinHeon Seo. Design and analysis of the nonlinear feedback linearizing controller for an EMS system. Proceedings of the Third IEEE Conference on Control，1994：593 - 598.

[11] Sung jun Joo，J. H. Seo. Design and analysis of the nonlinear feedback lin-

earizing control for an electromagnetic suspension system. IEEE Transactions on Control Systems Technology, vol. 5, 1996: 135 – 144.

[12] Wuerker R F, Shelton H, Langmuir R V. J. App. l Phys., 1959, 30 (3): 342.

[13] Clancy P F, Lierke E G, Grossbach R. Acta Astron. 1980, 7: 877.

[14] WangT G, Trinh E, Rhim W K. Acta Astron. 1984, 11: 233.

[15] RhimW K, CollenderM, Hyson M T. Rev. Sc. Instrum. 1985, 56 (2): 307.

[16] RhimW K, Chung S K, BarberD. Rev. Sc. Instrum. 1993, 64 (10): 2961.

[17] YAKUSHIK, KOSEKI T, SONE S. 3 degree – of – freedom zero power magnetic levitation control by a 4 – pole type electromagnet [C]. International Power Electronics Conference, Tokyo, 2000: 2136 – 2141.

[18] 王晶, 王建辉. 一种无位置传感器的四极电磁悬浮系统控制方法 [J]. 电机与控制应用, 2007 (1): 20 – 25.

[19] 于勇. Fluent 入门与进阶教程 [M]. 北京: 北京理工大学出版社, 2008.

[20] Craig R. Carignan, David L. Akin , Using Robots for Astronaut Training, IEEE Control Systems Magazine, 2003, 4: 46 – 59.

[21] 舒怀林. PID 神经网络对强耦合多变量系统的解耦控制 [J]. 控制理论与应用, 2001, 15 (6): 920 – 924.

[22] 张好, 荣盘祥一种基于模糊神经网络的 PID 控制器 [J]. 哈尔滨理工大学学报, 2005, 10 (6): 63 – 69.

[23] 朱海峰, 李伟, 张林. 基于 BP 神经网络整定的 PID 控制 [J]. 动力学与控制学报, 2005, 3 (4): 93 – 96.

第8章 空间操作地面实验的相似性理论研究

各种模拟实验中,人们总是希望实验结果能够逼真反映原型的结果和特性,达到用实验说明实际结果的目的。在空间操作地面实验中,地面实验环境与空间实际环境之间的不同,实验模型与实际航天器原型的不同,导致实验数据与实际运动数据不同,如何用实验结果说明空间实际结果,在什么情况下可以用实验数据说明和推演空间数据?这就是本章主要讨论的问题。

相似性理论是研究系统与系统之间、原型与模型运动参数之间关系的基本理论,它可以给出系统之间相似的准则,建立参数之间的相似关系,从而由一个系统的特性推论出另一个系统的特性,由模型特性推出原型特性。基于相似性理论,可以建立航天器地面实验系统与空间原型系统之间的相似准则和相似关系,从而给出描述空间操作运动的各物理量在空间与地面之间的对应关系以及它们之间的相互约束。基于相似性理论给出的这些关系和约束,我们就可以用地面实验结果推演空间实际运动特性。

8.1 相似性的基本概念

相似性是指不同类型、不同层次的系统之间存在某些共有的物理、化学、几何、生物学或功能等方面的具体属性或特征。

相似现象可分为纵向和横向两种形式。自然界中的理论基础范围内,各个独立的学科形成的一些相似系列组成了纵向相似系列。而跨行业、跨学科形成的那些相互联系、相互作用的相似关系,成为横向相似系列。按照相似的具体表现可以分为功能相似、结构相似、动力相似、几何相似。科学研究中,普遍应用的一些方法,如类比、模型、模拟、推理等都是依赖人们头脑中储存的相似现象和过程为基础的。因此相似现象和规律可以提供给人们建立类比、模型、模拟、推理等的物理模式。

随着科学技术的发展，人们所研究的自然现象和需要解决的实际问题越来越复杂。因此，很多实际问题只靠数学工具不能得到圆满的解决，有的甚至根本无法解决。因为，对于很多复杂现象，有时难以列出它们的微分方程，即使列出了微分方程，也无法求解。这是理论研究方法的缺点。因此，人们不得不依靠直接实验的方法来探索其规律性。但是，实验研究也存在着诸多缺点，比如受限于尺寸、费用等因素，难以展开实验等。

单纯的理论研究方法和一般的实验方法都有一定的局限性。这促使人们去创造一种新的研究方法。这种新方法的特点是，既可以避免数学方法的困难，又可以使研究结果具有更普遍的使用价值。相似理论正是在这种客观需要的推动下产生和发展起来的。它是把数学分析和实验研究结合起来的桥梁。相似理论通过物理学、化学、生物学、神经生理学中的相似原理，为通过替代系统研究实际系统找到了依据和方法。

相似理论综合了理论研究和实验研究两种方法的优点。它从描述过程的微分方程中导出所研究现象规律的相似准则的一般关系式，并将它作为实验和整理数据的依据，使一般性的关系式具体化，从而得到解决具体问题的准则方程。这样得到的结果，不但避免了求解微分方程时所遇到的困难，而且使实验结果具有普遍的指导意义。相似理论可以使描述现象的微分方程用实验方法来求解，它是一种用得很成功的求解微分方程和整理实验数据的特殊的物理数学方法。目前，这种方法已得到广泛应用。

8.2　相似三定律及其发展历程

相似理论是近 150 多年前产生的一门新的学科，是说明自然界和工程科学中各种相似现象、相似原理的学说。它的理论基础是关于相似的三个定理。

早在 1606—1638 年间，俄国学者米哈伊洛夫（О. Михайлов）、意大利学者伽利略等都曾从力学相似的某种情况提出过相似的概念。这是相似理论的萌芽时期。对于相似理论这门学科的英明预见，是 1686 年由著名科学家牛顿在他的著作《哲学原理》（Principia）中提出的。牛顿之后，关于相似问题的研究在很长的一段时期内处于停滞状态。1822 年，傅里叶（J. B. Fourier）在《导热分析理论》这本著作中，提到了两个冷却球体的温度场相似的条件，同时还提到描述物理现象的方程式中各项必须具有相同的量纲的问题（数学物理方程的这种属性叫做量纲的齐次性）。这些相似的概念，都只是在个别情况下提出的，但它是相似理论这门新科学形成的初始阶段。

直到 1848 年，法国科学院院士伯特朗（J. Bertand）在分析力学方程的基础上首先确定了相似现象的基本性质，构成了相似第一定理，即相似现象对应点的同名相似准则相等。

（1）相似第一定理

凡彼此相似的现象，必定具有数值相同的相似准则。由相似的概念知，现象的相似，是具有同一特性的现象中，表征现象的所有量，在空间中相对应的各点和时间上相对应的各瞬间，各自互成一定的比例。

相似第一定理提出后不久，就被很多学者应用到各个研究领域。例如，柯西（Коши）把它应用于声学现象。19 世纪末叶，雷诺（O. Reynolds）将这个定理应用到流体力学中，并把水、空气、蒸汽和各种油类在通道内流动时流动阻力的实验数据整理成便于实际应用的公式，从而把人们从 18 世纪以来积累的大量经验公式中解放出来，他用相似准则雷诺数来描述流体沿管道流动时的规律，使流体力学在其发展史上大大地向前跨进了一步。1990 年，俄国杰出的空气动力学家茹科夫斯基（Н. Б. Жуковский）将相似理论应用于气体力学，使得用模型进行实验的结果可以应用到与模型相似的飞机上。

1910 年，努谢尔特（W. Nusselt）又用相似理论研究了换热过程。这些都是在相似理论发展初期，应用它有效地解决工程实际问题的例子。

1911 年，俄国学者费德尔曼（A. O. Фецерман）提出了相似第二定理，确定了微分方程的积分结果可以用相似准则之间的函数关系来表示。这种由相似准则组成的方程对于所有相似的现象完全相同，而相似准则是从描述过程特征的微分方程中推导出来的。

（2）相似第二定理

凡具有同一特性的现象，当单值条件彼此相似，且由单值条件的物理量所组成的相似准则在数值上相等，则这些现象必定相似。这是做模型实验必须遵守的条件或法则，也称模型法。

根据相似第二定理，我们用模型与原型相似准则相等的关系式，可求得模型实验遵守的条件。三年后，即 1914 年，美国学者柏金汉（E. Buckingham）在特定条件下证明了量纲分析的 π 定理。1925 年，爱林费斯特-阿法那赛耶瓦（T. A. Erenfest-Afanassiewa）指出，微分方程必须满足齐次性条件才可使其积分值表示为相似准则的函数形式。同年，他又在最一般的情况下，对于自然界的任何相似现象推导出相似第一定理和第二定理。至此，关于相似现象性质的学说就基本上完成了。

相似准则通常从微分方程推导而来，因而需要从理论上证明：由微分方程与由该方程的积分所导出的相似准则是相同的。这个任务是科纳柯夫（П. К. Конаков）在 1949 年完成的。显然，这个结论是正确的。因为，微分方程和由它得到的积分式应该表征同一物理现象，并包含同样的一些物理量，而积分运算不应该改变相似的条件。否则，通过数学运算改变了客观现象相似的条件，这显然是不可能的。

为了将由某个物理现象所得到的实验结果推广应用到与它相似的现象上去，在相似理论中还缺少一项重要的内容。这就是，如何确定现象之间是否相似的问题。

相似第一定理和相似第二定理都是在现象已经相似的基础上导

出的。这两个定理确定了相似现象所具有的性质。但是，它们并没有指出确定任何两个现象相似的原则。那么应根据什么样的原则来判断现象之间是否相似呢？相似第三定理回答了这个问题。

（3）相似第三定理

现象相似的充分和必要条件是单值性条件相似，而且由单值性条件包含的物理量所组成的相似准则相等。这句话可以这样理解：当一个现象由 n 个物理量的函数关系来表示，且这些物理量中含有 m 种基本量纲时，则能得 $(n-m)$ 个相似准则，描述这一现象的函数关系式，可表示成 $(n-m)$ 个相似准则间的函数关系式。

根据相似第三定理，可以把模型实验结果整理成相似准则间的函数式，以便把模型实验结果逆推到原型中去。这个定理是 1931 年苏联著名学者基尔皮乔夫（М. В. Кирпичев）和古赫曼（А. А. Гухман）提出的，并在 1933 年由基尔皮乔夫给出了证明。后来，基尔皮乔夫和科纳柯夫以及沃斯克列先斯基（К. Д. Воскресенский）等人又用其他方法证明了这个定理。

8.3　相似性与模型实验研究

按照相似理论，"模型"二字有它确切的涵义。一位美国学者这样说："模型是与物理系统密切相关的装置，通过对它的观察或实验，可以在需要的方面精确地预测系统的性能，这个被预测的物理系统，通常就叫做'原型'。"根据这个定义，为了利用一个模型，当然有必要在模型和原型间满足某种关系。这种关系通常称之为模型设计条件，或系统的相似性要求。

模拟，在多数情况下是指同类事物的模拟（当然还有其他形式的模拟）。而同类事物的模拟是指在实验室条件下，用缩小的或放大的模型来进行现象的研究。这样，又引伸出"模型实验"的概念。模型实验是构成相似方法的重要环节，在近代科学研究和设计工作中，起着十分重要的作用。

模型实验，是以相似理论为依据建立模型，针对建立的模型进行实验，得到某些量之间的关系和规律，然后再把它推广到实际对象上。由于采用了模型实验方法，因而，其实验结果可能推广应用到与之相似的所有对象，并且能够研究直接实验无法进行的对象，以及在装备设计制造前要求研究的对象。

模型实验研究具有重要意义。第一，模型实验作为一种研究手段，可以严格控制实验对象的主要参量而不受外界条件或自然条件的限制，做到结果准确；第二，模型实验有利于在复杂的实验过程中突出主要矛盾，便于把握、发现现象的本质特征和内在联系（例如探明大型复杂设备或复杂物理化学过程的内部规律），有时，它也被用于校验原型所得的结论；第三，由于模型与原型相比，尺寸一般都是按比例缩小或放大，故容易制造、装卸方便、实验人员少，较之原型实验，能节省资金、人力、时间和空间；第四，模型实验能预测或探索尚未建造出来的实物对象或根本不可能进行直接研究的实物对象的性能（例如人体耐振度、宇宙飞船的飞行环境等），有时则用于探索一些机理未尽了解的现象或结果的基本性能或其极限值；第五，对于自然界一些变化过程极为缓慢的现象（例如由油井中开采出来的石油的渗流现象），模型实验可以加快其研究进程，而对于一些稍纵即逝的现象，模型实验又可代之用以研究与之相似的、在模型上进行得缓慢得多的现象；第六，当其他各种分析方法或实验方法不可能采用时，模型实验就成了现象研究唯一的和最为重要、有效的研究手段。

模型实验的关键是模型与原型之间的相似性问题。实验模型在多大程度上与原型具有可比性是模型实验成败的重要判据。因此，模型实验必须遵从相似理论。

相似理论是把数学分析和实验研究结合起来的桥梁。它既可以把由描述物理过程的微分方程得出的一般形式的准则方程用于指导实验研究，使个别实验的结果具有普遍意义，又可利用实验所测得的可靠数据来充实、完善理论分析。

但还应该指出的是，相似方法不是一种独立的科学研究方法，它不能与数学分析方法和实验研究方法相提并论。借助于分析方法或者实验方法能够揭示各种物理现象的规律性，而仅靠相似方法做不到这一点，因为这种方法只是实验研究和理论研究的一种辅助方法。相似方法也和其他研究方法一样，只有把它与对所研究现象的深刻分析结合起来时，只有把它与由实验或解析解所得到的对有关现象的物理本质的认识结合起来时，相似理论才是有价值的。如果对所研究的物理现象没有合理的数学描述，而只是指望利用形式推理的方法来揭露客观现象的实质，那将是不可能的。

目前，随着各门类科学技术的不断更新、进步，以相似理论和模型实验为基础的相似分析技术，已日益成为广大科技工作者实验研究能力的重要组成部分。相似方法已为越来越多的人所掌握、接受。它必将同其他技术，如产品优化技术、可靠性技术、实验优化技术等一起，引起人们设计观念和思维方式的变化，并不断推动科学技术的进步。

8.4　相似准则的导出方法

相似准则的导出一般采用三种方法：定律分析法、方程分析法、量纲分析法。从理论上说，三种方法可以得出同样的结果，只是用不同的方法来对物理现象（或过程）作数学上的描述。但在实际运用上，却各有不同的特点、限制和要求。

（1）定律分析法

定律分析法要求人们对所研究的现象充分运用已经掌握的全部物理定律，并能够辨别其主次关系。一旦满足以上要求，问题的解决将会十分容易，而且还可获得数量足够的，能够反映现象实质的 π 项（将在下节介绍）。这种方法的缺点是：

1）就事论事，看不出现象变化的内在联系，故作为一种方法缺乏典型意义。

2）由于必须找出全部的物理定律，所以对于未能全部掌握其机理的、较为复杂的物理现象，运用这种方法比较困难，甚至于无法找到它的近似解。

3）常常会有一些物理定律，对于所讨论的问题表面看上去关系并不密切，但又不宜妄加剔除，需要通过实验去找出各个定律间的制约关系，并决定哪个定律对问题来说是重要的，因此实际上为问题的解决带来了不便。

（2）方程分析法

这里提到的方程，主要指微分方程，此外也有积分方程、积分/微分方程，它们统称为数理方程。这种方法的优点是：

1）结构严谨，能够反映出现象的本质，故可指望在解决问题时结论可靠。

2）分析过程程序明确，分析步骤易于检查。

3）各种因素的贡献一览无余，便于推断、比较和校验。

但是也存在不足：

1）在方程尚未建立时，需要人们对现象的机理有很深的认识。

2）在有了方程以后，由于运算上的困难，也并非任何时候都能找到它的完整解析解，或者只能在一定的假设条件下找出它的近似解，从而在某种程度上失去了它原来的意义。

（3）量纲分析法

量纲分析方法是在研究现象相似的过程中，对各个物理量的量纲进行考察时产生的。它的理论基础是关于量纲齐次方程的数学理论。根据这一理论，一个能完善、正确地反映物理过程的数学方程，必定是量纲齐次的，这也是下一节要介绍的 π 定理得以通过量纲分析导出的理论前提。但 π 定理一经导出，便不再局限于带有方程的物理现象。这时根据正确选定的物理量，通过量纲分析法考察其量纲，可以求得和 π 定理一致的函数关系式，并据此进行实验结果的推广。量纲分析法的这个优点，对于一切机理尚未彻底弄清，规律也未充分掌握的复杂现象来说，尤为明显。它能帮助人们快速地通过相似性实验核定所选参量的正确性，并在此基础上不断地加深人们对现象机理和规律性的认识。

以上三种方法，方程分析法和量纲分析法目前应用较广，其中又以量纲分析法为最广。它和方程分析法相比，凡是能用量纲分析法的地方，未必能用方程分析法；而在能用方程分析法的地方，必定能用量纲分析法（只要物理量正确）。一般在没有掌握足够的、成熟的物理定律的情况下，常选用量纲分析法以求取各种物理现象的相似准则。

8.5　Buckingham π 定理

8.5.1　Buckingham π 定理的表述

任何物理现象都可以用一组变量 x_1，x_2，x_3，$\cdots$，x_k 来描述，通过对上述变量的组合可以形成一系列的无量纲量，即通过选择 $x_1^{n_1}$，$x_2^{n_2}$，$x_3^{n_3}$，$\cdots$，$x_k^{n_k}$ 的指数 n_1，n_2，n_3，$\cdots$，n_k，使得其乘积为无量纲量。因此，如果我们假设其中的一个变量 x_i 具有基本量纲，$x_i = L^{a_i} T^{b_i} M^{c_i}$，则其乘积可以被表示为 $(L^{a_1} T^{b_1} M^{c_1})^{n_1}$ $(L^{a_2} T^{b_2} M^{c_2})^{n_2} \cdots (L^{a_k} T^{b_k} M^{c_k})^{n_k}$。为了达到乘积无量纲化的目的，每一个基本量纲的指数和应该为零，即

$$\begin{cases} a_1 n_1 + a_2 n_2 + \cdots + a_k n_k = 0 \\ b_1 n_1 + b_2 n_2 + \cdots + b_k n_k = 0 \\ c_1 n_1 + c_2 n_2 + \cdots + c_k n_k = 0 \end{cases} \qquad (8-1)$$

显然，有几个基本量纲，上述方程组中就含有几个方程，假设基本量纲数目为 m，而 k 为该现象或问题的原始变量的数目。从线性方程组的理论易知，假设 r 为上述齐次线性方程组系数矩阵的秩，则方程组存在一个由 $k-r$ 个线性无关的解向量构成的基础解系。因此，由变量的幂函数构成的相互独立的无量纲量的个数也为 $k-r$ 个。如此一个无量纲量的集合称作一个完整集。一旦找到一个完整集，所有其他的无量纲组合都可以由这个完整集元素的乘积形式给

出。因此，Buckingham π 定理可以陈述如下。

如果一个含有 k 个变量的等式是量纲齐次的，设其为

$$q_1 = f(q_2, q_3, \cdots, q_k) \tag{8-2}$$

则它可以被简化为含有 $k-r$ 个相互独立的无量纲量的关系式

$$\pi_1 = f(\pi_2, \pi_3, \cdots, \pi_{k-r}) \tag{8-3}$$

其中 r 为量纲矩阵的秩。

理想情况下系统模型与原型的形式完全相似，即相似现象服从同一动力学规律，可以用完全相同的方程组描述，组成相似现象的一切单值量彼此互成比例，且比例系数存在一定约束关系。两个系统完全相似的充分条件为原型与模型的全部相关 π 值相等。因而，如上所述，完全相似需要满足如下关系，即相似准则

$$(\pi_i)_{\text{原型}} = (\pi_i)_{\text{模型}} \quad (i = 1, 2, 3 \cdots k-r) \tag{8-4}$$

根据系统属性及 π 值相等可以推导出系统各描述参数在原型与模型间的比例因子 λ。λ 为"不变量"，而非"常量"，因为比例因子只有在相似现象的对应点和对应时刻上才数值相等。这一系列的比例因子实际上给出了全尺寸系统与用于实验的缩小模型间的内在关系。需要说明的是，相似准则与模型的选取无关，而比例因子则因模型的不同而不同。

8.5.2　Buckingham π 定理的证明

π 定理是量纲分析的普遍定理。下面根据物理方程中各项的量纲一定相同的基本原理，来证明这一定理。

设某个物理现象包含 m 个物理量 s_1, s_2, $\cdots$, s_m，并可用这些物理量所组成的物理方程

$$f(s_1, s_2, s_3, \cdots, s_m) = 0 \tag{8-5}$$

来描述。在这些物理量中，有些量具有相同的量纲（如管的长度和直径等）。对于这些具有相同量纲的物理量，可以用它们的比值，即所谓简单数群 r_1, r_2, $\cdots$ 来表示。显然，这些简单数群都是无量纲的。引入简单数群后，方程（8-5）可以改写为

$$f\ (s_1,\ s_2,\ s_3,\ \cdots,\ s_n,\ r_1,\ r_2,\ r_3,\ \cdots)\ =0 \qquad (8-6)$$

在方程（8-6）中，仍然有 n 个有不同量纲的物理量 $s_1,\ s_2,\ \cdots,$ s_n。这些物理量在方程（8-6）中可组成许多个幂次不同的项。根据物理方程的量纲原则，这些项的综合量纲一定是齐次的，故方程（8-6）又可写成

$$N_1 s_1^{a_1} s_2^{b_1} s_3^{c_1} \cdots s_n^{k_1} + N_2 s_1^{a_2} s_2^{b_2} s_3^{c_2} \cdots s_n^{k_2} + \cdots + N_r s_1^{a_r} s_2^{b_r} s_3^{c_r} \cdots s_n^{k_r} + \cdots =0$$

$$(8-7)$$

式中，系数 $N_1,\ N_2,\ \cdots,\ N_r$，是无量纲数；指数 $a_1,\ a_2,\ \cdots,\ a_r$；$b_1,\ b_2,\ \cdots,\ b_r$；$\cdots$；$k_1,\ k_2,\ \cdots,\ k_r$ 也都是无量纲数。

一般说来，方程（8-7）中的每一项都不一定包含方程（8-6）中所包含的全部物理量，而只含有其中的某几个量。也就是说，a_1，$a_2,\ \cdots,\ a_r$；$b_1,\ b_2,\ \cdots,\ b_r$；$\cdots$；$k_1,\ k_2,\ \cdots,\ k_r$ 等指数中的某些指数等于零。

现用其中的任意一项 $N_k s_1^{a_k} s_2^{b_k} s_3^{c_k} \cdots s_n^{k_k}$ 除方程（8-7）中的各项，这样所得到的商一定都是无量纲的，即

$$\frac{N_1}{N_k} s_1^{a_1-a_k} s_2^{b_1-b_k} s_3^{c_1-c_k} \cdots s_n^{k_1-k_k} + \frac{N_2}{N_k} s_1^{a_2-a_k} s_2^{b_2-b_k} s_3^{c_2-c_k} \cdots s_n^{k_2-k_k} + \cdots + 1$$

$$\cdots + \frac{N_r}{N_k} s_1^{a_r-a_k} s_2^{b_r-b_k} s_3^{c_r-c_k} \cdots s_n^{k_r-k_k} + \cdots =0 \qquad (8-8)$$

将上式中所有无量纲用 π' 来表示，则有

$$\begin{cases} s_1^{a_1-a_k} s_2^{b_1-b_k} s_3^{c_1-c_k} \cdots s_n^{k_1-k_k} = \pi'_1 \\ s_1^{a_2-a_k} s_2^{b_2-b_k} s_3^{c_2-c_k} \cdots s_n^{k_2-k_k} = \pi'_2 \\ \qquad \cdots \\ s_1^{a_r-a_k} s_2^{b_r-b_k} s_3^{c_r-c_k} \cdots s_n^{k_r-k_k} = \pi'_r \\ \qquad \cdots \end{cases} \qquad (8-9)$$

于是，方程（8-8）可简化为

$$\frac{N_1}{N_k}\pi'_1 + \frac{N_2}{N_k}\pi'_2 + \cdots + 1 + \cdots + \frac{N_r}{N_k}\pi'_r + \cdots =0$$

上式可写成下列一般形式

$$\phi\ (\pi'_1,\ \pi'_2,\ \pi'_3,\ \cdots,\ \pi'_r \cdots)\ =0$$

再考虑上述同类物理量所组成的简单数群 $r_1,\ r_2 \cdots$ 最后得到

$$\phi\ (\pi'_1,\ \pi'_2,\ \pi'_3,\ \cdots,\ \pi'_r,\cdots;\ r_1,\ r_2,\ \cdots)\ =0 \qquad (8-10)$$

这就是费德尔曼定理的数学表达式。方程（8-10）适用于任何单位制的物理方程，可以表示为无量纲综合数群和简单数群的关系式。这些数群都由该方程中所包含的物理量所组成。在方程（8-10）中，无量纲综合数群 π' 的数目等于方程（8-8）中不同结构的项数减 1，简单数群的数目等于方程（8-5）中同类量之比的个数。

在尚未将方程（8-5）改写成方程（8-7）的形式时，不能肯定其中究竟有几个独立的无量纲量 π'，但可从下面的叙述看出独立的 π' 的个数。

方程（8-6）中共有 n 个量纲不同的物理量 s_1，s_2，$\cdots$，s_n，并假定其中有 i 个基本量，则导出量有 $n-i$ 个，用 s_1，s_2，$\cdots$，s_i 表示基本量，s_{i+1}，s_{i+2}，$\cdots$，s_n 表示导出量，根据确定导出量量纲的原则，可以建立下列量纲的表达式

$$\dim s_{i+1}=\dim\ (s_1^a s_2^\beta \cdots s_i^\eta)$$

这样的量纲表达式共有 $n-i$ 个，其中每个量纲表达式都可以给出一个无量纲量 π，即

$$\begin{cases}
\pi_1=s_{i+1}s_1^{a_1} s_2^{\beta_1} \cdots s_i^{\eta_1} \\
\text{式中}\quad a_1=-a,\ \beta_1=-\beta,\ \cdots\eta_1=-\eta \\
\text{同理有} \\
\pi_2=s_{i+2}s_1^{a_2} s_2^{\beta_2} \cdots s_i^{\eta_2} \\
\cdots \\
\pi_{n-i}=s_n s_1^{a_{n-i}} s_2^{\beta_{n-i}} \cdots s_i^{\eta_{n-i}}
\end{cases} \qquad (8-11)$$

因为 s_{i+1}，s_{i+2}，$\cdots$，s_n 这些导出量的量纲不同，所以总共有 $n-i$ 个独立的无量纲量 π。

在求每个 π 方程中的 s_1，s_2，$\cdots$，s_i 这些基本量的指数时给出了 i 个方程式，因此 $n-i$ 个 π 方程总共给出 $i\ (n-i)$ 个代数方程，用它们可以确定未知的指数 α_1，β_1，$\cdots$，η_1；α_2，β_2，$\cdots$，η_2；α_{n-i}，β_{n-i}，$\cdots$，η_{n-i} 等。

现在，从方程（8-11）求解 s_{i+1}，s_{i+2}，$\cdots$，s_n，得

$$\begin{cases} s_{i+1} = \dfrac{\pi_1}{s_1^{\alpha_1} s_2^{\beta_1} \cdots s_i^{\eta_1}} \\[2mm] s_{i+2} = \dfrac{\pi_2}{s_1^{\alpha_1} s_2^{\beta_1} \cdots s_i^{\eta_1}} \\[2mm] \cdots \\[2mm] s_n = \dfrac{\pi_{n-i}}{s_1^{\alpha_{n-i}} s_1^{\beta_{n-i}} \cdots s_i^{\eta_{n-i}}} \end{cases} \qquad (8-12)$$

将方程 (8-12) 代入方程 (8-8)，可得

$$\frac{N_1}{N_k} s_1^{a_1-a_k} s_2^{b_1-b_k} s_3^{c_1-c_k} \cdots s_i^{p_1-p_k} \left(\frac{\pi_1}{s_1^{\alpha_1} s_2^{\beta_1} \cdots s_i^{\eta_1}} \right)^{q_1-q_k} \left(\frac{\pi_2}{s_1^{\alpha_2} s_2^{\beta_2} \cdots s_i^{\eta_2}} \right)^{r_1-r_k} \cdots$$

$$\left(\frac{\pi_{n-i}}{s_1^{\alpha_{n-i}} s_1^{\beta_{n-i}} \cdots s_i^{\eta_{n-i}}} \right)^{k_1-k_k} + \cdots + 1 + \cdots = 0 \qquad (8-13)$$

式中每项都是无量纲量。因此，式中基本量 s_1，s_2，$\cdots$，s_i 的指数都是零。这样，就得到下列代数方程组

$$\begin{cases} a_1-a_k-\alpha_1 (q_1-q_k) - \alpha_2 (r_1-r_k) - \cdots - \alpha_{n-i} (k_1-k_k) = 0 \\ b_1-b_k-\beta_1 (q_1-q_k) - \beta_2 (r_1-r_k) - \cdots - \beta_{n-i} (k_1-k_k) = 0 \\ \cdots \\ p_1-p_k-\eta_1 (q_1-q_k) - \eta_2 (r_1-r_k) - \cdots - \eta_{n-i} (k_1-k_k) = 0 \\ \cdots \\ \cdots \\ a_1-a_k-\alpha_1 (q_r-q_k) - \alpha_2 (r_r-r_k) - \cdots - \alpha_{n-i} (k_r-k_k) = 0 \\ b_1-b_k-\beta_1 (q_r-q_k) - \beta_2 (r_r-r_k) - \cdots - \beta_{n-i} (k_r-k_k) = 0 \\ \cdots \\ p_r-p_k-\eta_1 (q_r-q_k) - \eta_2 (r_r-r_k) - \cdots - \eta_{n-i} (k_r-k_k) = 0 \end{cases}$$

$$(8-14)$$

于是，方程 (8-14) 可写成

$$\frac{N_1}{N_k} \pi_1^{q_1-q_k} \pi_2^{r_1-r_k} \cdots \pi_{n-i}^{k_1-k_k} + \frac{N_2}{N_k} \pi_1^{q_2-q_k} \pi_2^{r_2-r_k} \cdots \pi_{n-i}^{k_2-k_k} + \cdots + 1 + \cdots = 0$$

式中共有 π_1，π_2，$\cdots$，π_{n-i} 等 $n-i$ 个 π。因此，写成一般的形式为

$$\phi (\pi_1, \pi_2 \cdots, \pi_{n-i}) = 0 \qquad (8-15)$$

这就是 π 定理的数学表达式。它是美国学者柏金汉发现的，故又称柏金汉定理。该定理可用文字表述为：由量纲分析所得到的无量纲综合数群的个数 N，等于影响现象的全部物理量数 n 减去用以表达这些物理量的基本量的个数 i，即 $N = n-i$。

在方程（8-15）中，每一个 π 包含一个导出量，即 s_{i+1}，s_{i+2}，$\cdots$，s_n 中的一个。因此，综合数群 π 的个数等于导出量的个数。

由于量纲分析法是从物理方程各项量纲相同这一原理出发，在量纲分析过程中往往对问题的物理本质了解甚少，所以通过这种方法所获得的准则一般不易看出它的物理意义。因此，在应用量纲分析研究问题时不应忽视对现象物理本质的分析。首先，必须定性地了解现象的情况，正确地选择影响现象的物理量。通过量纲分析所获得的无量纲准则，有时还需要把它们转化为大家熟悉的或是标准的准则形式。这样，才可能保证正确地运用量纲分析法，使所获得的相似准则具有明显的物理意义，而且便于应用。

8.6　空间操作地面实验相似准则的建立

理想情况下系统模型与原型的形式完全相似，即相似现象服从同一动力学规律，可以用完全相同的方程组所描述，组成相似现象的一切单值量彼此互成比例，且比例系数存在一定约束关系。两个系统完全相似的充分条件为原型与模型的全部相关 π 值相等。因而，如上所述，完全相似需要满足如下关系，即相似准则

$$(\pi_i)_{原型} = (\pi_i)_{模型} \quad (i=1,\ 2,\ 3,\ \cdots,\ k-r) \qquad (8-16)$$

根据系统属性及 π 值相等可以推导出系统各描述参数在原型与模型间的比例因子 λ。这一系列的比例因子实际上给出了全尺寸系统与用于实验的缩小的模型间的内在关系。下面基于 π 定律，推导航天器动力学问题的相似准则。

8.6.1　基于 Buckingham π 定理的相似准则

对于航天器动力学问题，描述该问题的相关变量如表 8-1

所示。

表 8 - 1　航天器动力学涉及的变量及量纲

变量符号	被量测量	量纲
sa	轨道半长轴	L
m	航天器质量	M
F	力	MLT^{-2}
μ	引力系数	L^3T^{-2}
v	速度	LT^{-1}
a	加速度	LT^{-2}
P	周期	T
ω	角速度	T^{-1}
α	角加速度	T^{-2}
I	冲量	MLT^{-1}
h	角动量（单位质量）	L^2T^{-1}
J	转动惯量	ML^2
N	力矩	ML^2T^{-2}

给出上述变量的幂函数的形式为

$$(sa)^{x_1} m^{x_2} F^{x_3} \mu^{x_4} v^{x_5} a^{x_6} P^{x_7} \omega^{x_8} \alpha^{x_9} I^{x_{10}} h^{x_{11}} J^{x_{12}} N^{x_{13}} \quad (8-17)$$

带入每个变量的基本量纲，我们得到

$$(L)^{x_1} \ (M)^{x_2} \ (MLT^{-2})^{x_3} \ (L^3T^{-2})^{x_4} \ (LT^{-1})^{x_5}$$

$$(LT^{-2})^{x_6} \ (T)^{x_7} \ (T^{-1})^{x_8} \ (T^{-2})^{x_9} \ (MLT^{-1})^{x_{10}}$$

$$(L^2T^{-1})^{x_{11}} \ (ML^2)^{x_{12}} \ (ML^2T^{-2})^{x_{13}} \quad (8-18)$$

使每个基本量纲的指数（L，M，T）为零，我们可以得到下面的等式

$$\begin{cases} M: 0+x_2+x_3+0+0+0+0+0+0+x_{10}+0+x_{12}+x_{13}=0 \\ L: x_1+0+x_3+3x_4+x_5+x_6+0+0+0+x_{10}+2x_{11}+2x_{12}+2x_{13}=0 \\ T: 0+0-2x_3-2x_4-x_5-2x_6+x_7-x_8-2x_9-x_{10}-x_{11}+0-2x_{13}=0 \end{cases}$$

$$(8-19)$$

因此，量纲矩阵为

	sa	m	F	μ	v	a	P	ω	α	I	h	J	N
M	0	1	1	0	0	0	0	0	0	1	0	1	1
L	1	0	1	3	1	1	0	0	0	1	2	2	2
T	0	0	-2	-2	-1	-2	1	-1	-2	-1	-1	0	-2

计算量纲矩阵前三列形成的行列式

$$\begin{vmatrix} 0 & 1 & 1 \\ 1 & 0 & 1 \\ 0 & 0 & -2 \end{vmatrix} = 2 \tag{8-20}$$

因为上述行列式不为零，所以量纲矩阵的秩为 3，从而根据 Buckingham Pi 定理，共有 13－3＝10 个无量纲量用来描述航天器动力学问题。为了能得到一组适当的无量纲量，也就是 π 数，适宜地选取三个参数，比如 x_1，x_2，x_7，用其他几个参数 x_3，x_4，x_5，x_6，x_8，x_9，x_{10}，x_{11}，x_{12}，x_{13} 来表示这三个参数，得到

$$\begin{cases} (sa)^{(-x_3-3x_4-x_5-x_6-x_{10}-2x_{11}-2x_{13})} m^{(-x_3-x_{10}-x_{12}-x_{13})} F^{x_3} \mu^{x_4} v^{x_5} a^{x_6} \\ P^{(2x_3+2x_4+x_5+2x_6+x_8+2x_9+x_{10}+x_{11}+2x_{13})} \omega^{x_8} \alpha^{x_9} I^{x_{10}} h^{x_{11}} J^{x_{12}} N^{x_{13}} \end{cases} \tag{8-21}$$

合并上述方程中相同次幂的项，我们得到

$$\left[\frac{FP^2}{(sa)\,m}\right]^{x_3} \left[\frac{\mu P^2}{(sa)^3}\right]^{x_4} \left[\frac{vP}{(sa)}\right]^{x_5} \left[\frac{aP^2}{(sa)}\right]^{x_6} (P\omega)^{x_8} (P^2\alpha)^{x_9} \left[\frac{IP}{(sa)m}\right]^{x_{10}}$$

$$\left[\frac{hP}{(sa)^2}\right]^{x_{11}} \left[\frac{J}{(sa)^2 m}\right]^{x_{12}} \left[\frac{NP^2}{(sa)^2 m}\right]^{x_{13}} \tag{8-22}$$

假设 x_3，x_4，x_5，x_6，x_8，x_9，x_{10}，x_{11}，x_{12}，x_{13} 为 1，则可以得到 10 个无量纲数如下

$$\begin{cases} \pi_1 = \dfrac{FP^2}{(sa)m}, \ \pi_2 = \dfrac{\mu P^2}{(sa)^3}, \ \pi_3 = \dfrac{vP}{(sa)}, \ \pi_4 = \dfrac{aP^2}{(sa)}, \ \pi_5 = P\omega \\[3mm] \pi_6 = P^2\alpha, \ \pi_7 = \dfrac{IP}{(sa)m}, \ \pi_8 = \dfrac{hP}{(sa)^2}, \ \pi_9 = \dfrac{J}{(sa)^2 m}, \ \pi_{10} = \dfrac{NP^2}{(sa)^2 m} \end{cases} \tag{8-23}$$

显然，现在可以将建立模型的相似条件应用在这些 π 数上。为了实现模型与原型的相似，我们假设两个系统分别由下述方程来

$$f_p\ (\pi_{1p},\ \pi_{2p},\ \pi_{3p},\ \pi_{4p},\ \pi_{5p},\ \pi_{6p},\ \pi_{7p},\ \pi_{8p},\ \pi_{9p},\ \pi_{10p})\ =0\ （原型）$$

$$(8-24)$$

$$f_m\ (\pi_{1m},\ \pi_{2m},\ \pi_{3m},\ \pi_{4m},\ \pi_{5m},\ \pi_{6m},\ \pi_{7m},\ \pi_{8m},\ \pi_{9m},\ \pi_{10m})\ =0\ （模型）$$

$$(8-25)$$

我们进一步假设模型与原型为对同一物理现象的展现，当然，这也是我们进行实验的初衷，则上述的两个函数 f_p 与 f_m 应该是相等的，于是可以推出

$$\begin{cases}\pi_{1p}=\pi_{1m},\ \pi_{2p}=\pi_{2m},\ \pi_{3p}=\pi_{3m},\ \pi_{4p}=\pi_{4m},\ \pi_{5p}=\pi_{5m}\\ \pi_{6p}=\pi_{6m},\ \pi_{7p}=\pi_{7m},\ \pi_{8p}=\pi_{8m},\ \pi_{9p}=\pi_{9m},\ \pi_{10p}=\pi_{10m}\end{cases}\quad(8-26)$$

现在可以提取出相应的比例因子

$$\pi_{1p}=\pi_{1m}\Rightarrow\left[\frac{FP^2}{(sa)m}\right]_p=\left[\frac{FP^2}{(sa)m}\right]_m\Rightarrow\frac{F_p}{F_m}=\left[\frac{(sa)_p}{(sa)_m}\right]\left(\frac{m_p}{m_m}\right)\left(\frac{P_m}{P_p}\right)\Rightarrow\lambda_F=\frac{\lambda_{sa}\lambda_m}{\lambda_p^2}$$

$$(8-27)$$

$$\pi_{2p}=\pi_{2m}\Rightarrow\left[\frac{\mu P^2}{(sa)^3}\right]_p=\left[\frac{\mu P^2}{(sa)^3}\right]_m\Rightarrow\frac{\mu_p}{\mu_m}=\left[\frac{(sa)_p}{(sa)_m}\right]\left(\frac{P_m}{P_p}\right)\Rightarrow\lambda_F=\frac{\lambda_{sa}^3}{\lambda_p^2}$$

$$(8-28)$$

$$\pi_{3p}=\pi_{3m}\Rightarrow\left[\frac{vP}{(sa)}\right]_p=\left[\frac{vP}{(sa)}\right]_m\Rightarrow\frac{v_p}{v_m}=\left[\frac{(sa)_p}{(sa)_m}\right]\left(\frac{P_m}{P_p}\right)\Rightarrow\lambda_v=\frac{\lambda_{sa}}{\lambda_p}\quad(8-29)$$

$$\pi_{4p}=\pi_{4m}\Rightarrow\left[\frac{aP^2}{(sa)}\right]_p=\left[\frac{aP^2}{(sa)}\right]_m\Rightarrow\frac{v_p}{v_m}=\left[\frac{(sa)_p}{(sa)_m}\right]\left(\frac{P_m}{P_p}\right)^2\Rightarrow\lambda_a=\frac{\lambda_{sa}}{\lambda_p^2}$$

$$(8-30)$$

$$\pi_{5p}=\pi_{5m}\Rightarrow\ (P\omega)_p=\ (P\omega)_m\Rightarrow\frac{\omega_p}{\omega_m}=\left(\frac{P_m}{P_p}\right)\Rightarrow\lambda_\omega=\frac{1}{\lambda_p}\qquad(8-31)$$

$$\pi_{6p}=\pi_{6m}\Rightarrow\ (P^2\alpha)_p=\ (P^2\alpha)_m\Rightarrow\frac{\alpha_p}{\alpha_m}=\left(\frac{P_m}{P_p}\right)^2\Rightarrow\lambda_\alpha=\frac{1}{\lambda_p^2}\qquad(8-32)$$

$$\pi_{7p}=\pi_{7m}\Rightarrow\left[\frac{IP}{(sa)m}\right]_p=\left[\frac{IP}{(sa)m}\right]_m\Rightarrow\frac{I_p}{I_m}=\left[\frac{(sa)_p}{(sa)_m}\right]\left(\frac{m_p}{m_m}\right)\left(\frac{P_m}{P_p}\right)\Rightarrow\lambda_I=\frac{\lambda_{sa}\lambda_m}{\lambda_p}$$

$$(8-33)$$

$$\pi_{8p}=\pi_{8m}\Rightarrow\left[\frac{hP}{(sa)^2}\right]_p=\left[\frac{hP}{(sa)^2}\right]_m\Rightarrow\frac{h_p}{h_m}=\left[\frac{(sa)_p}{(sa)_m}\right]^2\left(\frac{P_m}{P_p}\right)\Rightarrow\lambda_h=\frac{\lambda_{sa}^2}{\lambda_p}$$

$$(8-34)$$

$$\pi_{9p} = \pi_{9m} \Rightarrow \left[\frac{J}{(sa)^2 m}\right]_p = \left[\frac{J}{(sa)^2 m}\right]_m \Rightarrow \frac{J_p}{J_m} = \left[\frac{(sa)_p}{(sa)_m}\right]^2 \left(\frac{m_p}{m_m}\right) \Rightarrow \lambda_J = \lambda_{sa}^2 \lambda_m$$

$$(8-35)$$

$$\pi_{10p} = \pi_{10m} \Rightarrow \left(\frac{NP^2}{(sa)^2 m}\right)_p = \left(\frac{NP^2}{(sa)^2 m}\right)_m \Rightarrow \frac{N_p}{N_m} = \left(\frac{(sa)_p}{(sa)_m}\right)^2$$

$$\left(\frac{m_p}{m_m}\right)\left(\frac{P_m}{P_p}\right)^2 \Rightarrow \lambda_N = \frac{\lambda_{sa}^2 \lambda_m}{\lambda_p^2} \qquad (8-36)$$

现象的物理量除去多数是带有量纲的以外，往往还会出现少数不带量纲的。对于这些不带量纲的物理量，在 π 关系式中是直接把它们当作 π 项来处理的。这是因为，这些物理量除了具有无量纲的特征，物理意义也往往十分明显。例如摩擦系数，它可理解为摩擦力和正压力之比，所以它符合无量纲数的要求。因此，对于角度（ψ）、偏心率（e）等无量纲量，将其直接视为 π 项，则两系统的这些物理量保持大小不变，即

$$\lambda_\psi = 1, \quad \lambda_e = 1 \qquad (8-37)$$

如果以球坐标参数作为描述航天器轨道问题的状态变量，即 φ、θ、r 及这三个参数的变化率（见图 8-1），则相应的 π 数为

$$\pi_1 = \frac{r}{(sa)}, \quad \pi_2 = \theta, \quad \pi_3 = \varphi, \quad \pi_4 = \frac{\dot{r}P}{(sa)}, \quad \pi_5 = \dot{\theta}P, \quad \pi_6 = \dot{\varphi}P$$

$$(8-38)$$

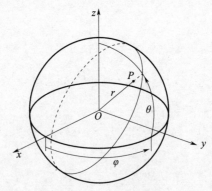

图 8-1　球坐标变量

相应的比例因子为

$$\lambda_r = \lambda_{sa} , \ \lambda_\theta = 1 , \ \lambda_\varphi = 1 , \ \lambda_{\dot{r}} = \frac{\lambda_{sa}}{\lambda_P} , \ \lambda_{\dot{\theta}} = \frac{1}{\lambda_P} , \ \lambda_{\dot{\varphi}} = \frac{1}{\lambda_P} \quad (8-39)$$

如果在系统的所有被关注时刻均能满足上述的相似准则，则航天器轨道动力学问题在空间与地面实验环境中满足相似关系。当然，因为描述问题的 6 个参数在整个系统时间内为时变量，所以，如前所述，比例因子的关系为相似现象在对应点和对应时刻上的关系。

8.6.2　轨道动力学问题的相似准则

轨道动力学相关变量及量纲如表 8-2 所示。

表 8-2　轨道动力学相关变量及量纲

符号	物理意义	量纲
sa	半长轴	L
e	偏心率	
RAAN	升交点赤经	
AP	近地点幅角	
i	轨道倾角	
M	平近点角	
m	航天器质量	M
P	轨道周期	T
μ	引力系数	$L^3 T^{-2}$
F	力	MLT^{-2}
v	速度	LT^{-1}
a	加速度	LT^{-2}

上述轨道动力学变量中共有 12 个物理量，其中有量纲量 7 个，无量纲量 5 个，基本量纲数为 3 个，从而根据 Pi 定理，可导出 9 个无量纲数

$$\begin{cases} \pi_1 = e , \ \pi_2 = \text{RAAN} , \ \pi_3 = AP , \ \pi_4 = i , \ \pi_5 = N \\ \pi_6 = \dfrac{\mu P^2}{(sa)^3} , \ \pi_7 = \dfrac{F P^2}{(sa)m} , \ \pi_8 = \dfrac{v P}{(sa)} , \ \pi_9 = \dfrac{a P^2}{(sa)} \end{cases} \quad (8-40)$$

根据式（8-40）所得到的 π 数，可以导出各个变量在系统原型与模型间的比例因子要满足的约束关系

$$
\begin{cases}
\lambda_e = 1, \ \lambda_{RAAN} = 1, \ \lambda_{AP} = 1, \ \lambda_i = 1, \ \lambda_M = 1 \\
\lambda_\mu = \dfrac{\lambda_{sa}^3}{\lambda_P^2}, \ \lambda_F = \dfrac{\lambda_{sa}\lambda_m}{\lambda_P^2}, \ \lambda_v = \dfrac{\lambda_{sa}}{\lambda_P}, \ \lambda_a = \dfrac{\lambda_{sa}}{\lambda_P^2}
\end{cases}
\tag{8-41}
$$

如果以球坐标参数 (r, θ, φ) 以及它们的变化率作为描述航天器轨道问题的状态变量，即径向距离 r、仰角 θ、方位角 φ，则相应的 π 项为

$$
\pi_1 = \frac{r}{(sa)}, \ \pi_2 = \theta, \ \pi_3 = \varphi, \ \pi_4 = \frac{\dot{r}P}{sa}, \ \pi_5 = \dot{\theta}P, \ \pi_6 = \dot{\varphi}P
$$

$$
\tag{8-42}
$$

相应的比例因子为

$$
\lambda_r = \lambda_{sa}, \ \lambda_\theta = 1, \ \lambda_\varphi = 1, \ \lambda_{\dot{r}} = \frac{\lambda_{(sa)}}{\lambda_P}, \ \lambda_{\dot{\theta}} = \frac{1}{\lambda_P}, \ \lambda_{\dot{\varphi}} = \frac{1}{\lambda_P} \quad (8-43)
$$

8.6.3　姿态动力学问题的相似准则

姿态动力学相关变量及量纲如表 8-3 所示。

表 8-3　姿态动力学相关变量及量纲

符号	物理意义	量纲
Ψ	姿态角	—
ω	角速度	T^{-1}
α	角加速度	T^{-2}
q	四元数	—
m	航天器质量	M
J	转动惯量	ML^2
N	力矩	ML^2T^{-2}
I	冲量	MLT^{-1}
H	动量矩	ML^2T^{-1}

上述姿态动力学变量中共有 9 个物理量，其中量纲量 7 个，无量纲量 2 个，基本量纲数为 3 个，从而根据 Pi 定理，可导出 6 个无

量纲 π 数

$$\pi_1 = \psi, \ \pi_2 = \frac{\alpha}{\omega^2}, \ \pi_3 = q, \ \pi_4 = \frac{N}{J\omega^2}, \ \pi_5 = \frac{I}{\omega\sqrt{mJ}}, \ \pi_6 = \frac{H}{J\omega}$$

$$(8-44)$$

根据式（8-44）所得到的 π 数，可以导出各个变量在系统原型与模型间的比例因子要满足式（8-45）的约束关系

$$\lambda_\Psi = 1, \ \lambda_\alpha = \lambda_\omega^2, \ \lambda_q = 1, \ \lambda_N = \lambda_J \lambda_\omega^2, \ \lambda_I = \lambda_\omega \sqrt{\lambda_m \lambda_J}, \ \lambda_H = \lambda_J \lambda_\omega$$

$$(8-45)$$

8.7　基于相似准则的地面实验规划与设计

8.7.1　近距离空间操作地面实验

8.7.1.1　近距离操作实验任务

如前所述，复杂空间操作涉及的步骤很多，不同的任务涉及的关键技术不同，地面实验和演示的重点不同。针对混合悬浮实验系统的特点，选择实验任务时应该基于以下原则：

1）实验任务与空间实际运行任务相对应，实验结果具有代表性。

2）通过特定实验可建立实验结果与空间运行结果之间的等效性。

3）对目前空间操作亟待发展和解决的技术的验证和实验。

4）对已有理论或者新理论的验证。

5）结合具体空间操作过程中的故障问题的实验。

空间近距离操作主要包括接触性操作（交会对接、模块更换、空间加注等）和非接触性操作（非合作目标测量与识别、绕飞与检测等）。目前在实现方式上已经开始向自主操作迈进，但仍有大部分保持人在回路（由地面遥操作或航天员参与）的操作，随着技术的发展，自主操作将成为未来空间操作的必然趋势。

　　对于接触性操作，按照操作执行阶段和过程，可以分为相对运动与接近、相对状态检测、交会对接、具体操作、分离撤离这几个阶段，因此地面实验时，可以分段进行，地面实验任务的选择也可以考虑这些阶段选择具有代表性的任务，例如可以选择以下任务类：

　　1）沿开普勒轨道漂移式的相对接近过程的地面实验与演示。

　　2）连续控制作用下的接近和交会对接过程实验。

　　3）非接触式的站位保持。

　　4）对接后复合体运动的控制。

　　5）分离操作。

　　相似性研究表明，混合悬浮地面实验环境中影响相似性的主要因素排序如下：重力配平水平→水阻力消除程度→控制力精度→发动机推力精度，因此发动机推力大小偏差和方向偏差对实验过程相似程度的影响均较小，可以作为次要因素来考虑。

　　结合空间环境中航天器的实际受力，可知以上几类空间操作任务对混合悬浮力场特性提出了要求，具体构建的方法已在第 7 章中进行了说明。

8.7.1.2　实验任务流程

　　实验的实施过程如下。

　　（1）分布式电磁系统检测

　　启动外部供电电源，开启电磁力控制系统和交直流转换电源，给分布式电磁线圈供电，通过手动控制，改变作用在各个电磁线圈上的电流、电压值，检测系统是否正常运行。

　　（2）实验模型系统入水前的准备

　　实验模型进行粗配平，之后进行入水前的功能和密封性测试，检查正常之后，由机械吊装系统将实验模型放入水池中。

　　（3）实验模型入水之后的检测

　　遥操作系统发出指令给实验模型，实验模型根据指令运行，检测实验模型的结构、密封性、GNC 系统运行是否正常。

　　（4）外围辅助系统检测

外围测量系统自检，并对实验模型进行初始位置和姿态的测量，测量数据通过通信系统传输给实验模型和分布式电磁控制系统，主动实验模型和目标实验模型完成初始位置和姿态的调整。

（5）电磁力作用下的实验模型悬浮

由实验操作人员通过外部控制计算机向实验模型和分布式电磁系统等发出具体操作和控制指令。分布式电磁系统根据主动实验模型和目标实验模型的位置自动选择工作线圈，分别对主动实验模型和目标实验模型产生垂直方向上的电磁力，以平衡实验模型的剩余重力，实现实验模型的稳定悬浮。

（6）近距离操作实验

根据具体实验任务，对主动实验模型进行操控，完成相应的操作动作。同时对实验模型的任意运动位置，电磁系统可根据位置自动选择作用线圈并自动实现工作线圈间的切换，提供所需的电磁力，保证操作过程中的微重力效应水平。

下面给出对接加注过程的实验流程，如表 8-4 所示，其实验目的是验证对接过程中的各种技术、机构、过程的可靠性。

表 8-4　对接技术实验流程

序号	主要事件或动作	实现方式	备注
1	主动实验模型入水沉底	机械吊装	
2	目标实验模型入水沉底	机械吊装	
3	电磁线圈启动	手工操作	输入标称电流 i
4	主动实验模型和目标实验模型浮起	自动实现	
5	目标实验模型理想位置和姿态参数注入	遥操作	
6	目标实验模型到达理想位置姿态	遥操作	手动控制目标实验模型来实现
7	主动实验模型运动指令/程序注入	遥操作	相对位置、速度、姿态等
8	主动实验模型进行位置姿态的调整	自主实现	VPS 系统运行，将主动实验模型和目标实验模型位置、姿态等信息发送给主动实验模型，主动实验模型自主生成制导指令，控制自身运动

续表

序号	主要事件或动作	实现方式	备注
9	主动实验模型目标搜索和捕获	自主实现	
10	主动实验模型跟瞄系统启动	自主实现	
11	主动实验模型接近目标实验模型	自主实现	测量与目标实验模型的相对信息，自主生成制导指令，实现接近
12	主动实验模型防撞程序启动	自主实现	在设定的防撞距离内自动启动
13	主动实验模型接近到目标实验模型的对接口附近并在限定距离进行定点保持	自主实现	
14	主动实验模型姿态调整	自主实现	
15	主动实验模型和目标实验模型对接机构打开	遥操作	
16	主动实验模型按照对接要求轨迹运动	自主实现	
17	主动实验模型和目标实验模型对接机构接触并锁紧	自主实现	
18	主动实验模型和目标实验模型机械对接成功	自主实现	
19	主动实验模型和目标实验模型电信号对接测试	自主实现	
20	燃料加注管阀开启	遥操作	
21	燃料加注开始	遥操作	
22	燃料加注结束提醒	遥操作	
23	燃料加注管阀关闭	遥操作	
24	主动实验模型和目标实验模型对接机构解锁	遥操作	
25	主动实验模型自主运动并与目标实验模型分离	自主实现	
26	主动实验模型运动到安全距离之外	自主实现	
27	实验模型断电	手动实现	
28	电磁线圈电流逐渐减小	自主实现	
29	实验模型下落并与水池底部接触	自主实现	

续表

序号	主要事件或动作	实现方式	备注
30	电磁线圈断电	手动实现	
31	实验模型稳定沉底	自主实现	
32	实验模型出水、实验结束	吊装机构	

8.7.1.3　基于相似性的实验任务设计

地面实验必须能够反映空间实际效果，因此，地面任务设计必须基于相似性理论和相似准则。下面以空间多脉冲滑移接近为例，进行地面实验设计。

首先设定空间任务。针对空间近程自主交会对接任务，假定追踪航天器采用多脉冲滑移制导律直线接近目标航天器，目标运行在高度为 200 km 的圆轨道上，取目标航天器轨道坐标系三个轴向初始相对位置为 $[1\ 000\quad 0\quad 0]^{\mathrm{T}}m$，终端相对位置 $[100\quad 0\quad 0]^{\mathrm{T}}m$，初始时刻沿期望方向 ρ 的相对速度为 $\dot{\rho}_0 = -3$ m/s，终端时刻沿期望方向 ρ 的相对速度为 $\dot{\rho}_T = -1$ m/s，作用 10 次脉冲，采用直线多脉冲滑移制导律设计相对轨道，如图 8-2 所示。

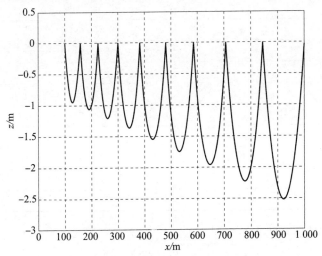

图 8-2　多脉冲滑移共面接近轨道

施加 10 次脉冲速度如表 8-5 所示。

表 8-5　脉冲次数及脉冲速度

脉冲次数	$\Delta \mathbf{v}/$ (m/s)
1	[0.180 1　0　−0.183 6]
2	[0.324 4　0　−0.346 1]
3	[0.287 1　0　−0.306 3]
4	[0.254 1　0　−0.271 0]
5	[0.224 8　0　−0.239 8]
6	[0.199 0　0　−0.212 2]
7	[0.176 1　0　−0.187 8]
8	[0.155 8　0　−0.166 2]
9	[0.137 9　0　−0.147 1]
10	[0.060 7　0　−0.069 1]

10 次脉冲之间的相对距离变化如表 8-6 所示。

表 8-6　脉冲次数与相对距离

脉冲次数	$r/$m
1	[1 000.000 0　0　0]
2	[844.684 8　0　0]
3	[707.238 3　0　0]
4	[585.604 8　0　0]
5	[477.965 1　0　0]
6	[382.709 1　0　0]
7	[298.412 2　0　0]
8	[223.813 4　0　0]
9	[157.797 2　0　0]
10	[99.376 0　0　0]

总转移时间为

$$T = 494.375\ 5\ \text{s}$$

所需总脉冲速度大小为

$$\Delta v_{\text{total}} = 2.921\ 4\ \text{m/s}$$

然后根据设定的空间任务，基于相似准则和相似关系，进行地面实验任务设计。假设给定地面实验系统中近距离相对运动的距离为 7 m，选择基本量纲为长度 L 和周期 T。下面给出实验任务的两种设计结果。

(1) 第一种设计

在接近过程中，7 m 距离上依次进行 10 次脉冲作用的演示。此时长度比例因子为

$$\lambda_{sa} = \frac{1\ 000}{7} = 142.86$$

若工作周期为 60 s，则周期比例因子为

$$\lambda_P = \frac{494.375\ 5}{60} = 8.24$$

速度比例因子为

$$\lambda_v = \frac{\lambda_{sa}}{\lambda_P} = 17.34$$

则地面实验所需的速度脉冲矢量如表 8-7 所示。

表 8-7　第一种设计各次脉冲所需的速度矢量

脉冲次数	$\Delta v /$ (m/s)
1	[0.010 4　0　−0.010 6]
2	[0.018 7　0　−0.017 7]
3	[0.016 6　0　−0.017 7]
4	[0.014 7　0　−0.015 6]
5	[0.013 0　0　−0.013 8]
6	[0.011 5　0　−0.012 2]
7	[0.010 2　0　−0.010 8]
8	[0.009 0　0　−0.009 6]
9	[0.008 0　0　−0.008 5]
10	[0.003 5　0　−0.004 0]

（2）第二种设计

每两次脉冲作用之间的运行轨迹分开实验，即在 7 m 距离上，每次只验证一个脉冲作用效果，分 10 次验证完所有脉冲作用效果。由于每两次脉冲点火之间对应地面实验距离的长度为 7 m，则长度比例因子为

$$\lambda_{sa} = \frac{\mid r \mid_{max}}{7} = \frac{155.315\ 2}{7} = 22.19$$

若每两次脉冲点火之间对应地面实验的时间为 15 s，则周期比例因子为

$$\lambda_P = \frac{\Delta t}{15} = \frac{55}{15} = 3.66$$

速度比例因子为

$$\lambda_v = \frac{\lambda_{sa}}{\lambda_P} = 6.06$$

则地面实验所需的速度脉冲矢量如表 8-8 所示。

表 8-8　第二种设计各次脉冲及脉冲矢量

脉冲次数	Δv/（m/s）
1	[0.029 7　0　−0.030 3]
2	[0.053 5　0　−0.057 1]
3	[0.047 4　0　−0.050 5]
4	[0.041 9　0　−0.044 7]
5	[0.037 1　0　−0.039 6]
6	[0.032 8　0　−0.035 0]
7	[0.029 1　0　−0.031 0]
8	[0.025 7　0　−0.027 4]
9	[0.022 8　0　−0.024 3]
10	[0.010 0　0　−0.011 4]

上表中列出的 10 个 Δv 为在每次脉冲时刻的速度变化量。我们

发现，如果地面实验系统中只考虑相对运动不考虑绝对运动，假设目标实验模型不动，则在每一个脉冲作用下，主动实验模型（相对于目标实验模型运动）将沿着此脉冲作用方向作直线运动，这种忽略空间力学环境的结果是没有意义的。因此，首先要在两个实验模型上施加"力学环境"效应，再施加相对操作效应。

下面将主动实验模型受到的发动机推力 T 分为两个部分

$$T(t) = T_1(t) + T_2(t) \tag{8-46}$$

并且令

$$\begin{cases} T_{1x} = f_x \\ T_{1y} = f_y, \\ T_{1z} = f_z \end{cases} \begin{cases} T_{2x} = m(2\omega\dot{y} + 3\omega^2 x) \\ T_{2y} = -2m\omega\dot{x} \\ T_{2z} = -m\omega^2 z \end{cases}$$

即作用在主动实验模型上的发动机推力有两个"用途"：用来模拟主动航天器所受到的控制力的 $T_1(t)$；用来补偿地面绝对运动与空间相对运动之间差别的 $T_2(t)$。其中 f_x，f_y，f_z 代表了施加在主动实验模型上的控制力在轨道坐标系中的投影。m 为主动实验模型的质量。ω 为主动实验模型的轨道角速度。x，y，z 为相对位置矢量在轨道坐标系三轴上的投影。

因此，以上设计的相对运动地面实验任务，除了在脉冲作用时刻主动实验模型产生相应的控制推力之外，在整个实验过程中，主动实验模型还应该作用如下的附加推力，即

$$\begin{cases} T_{2x} = m(2\omega\dot{y} + 3\omega^2 x) \\ T_{2y} = -2m\omega\dot{x} \\ T_{2z} = -m\omega^2 z \end{cases} \tag{8-47}$$

需要注意的是，以上的 $T_2(t)$ 并不是常值推力，而是随主动实验模型的状态变化而变化。$T_2(t)$ 由具体的实验任务确定，但它又不属于实验任务，它属于实验环境设置的一部分，就如同主动实验模型在地面实验环境中要实时地受到人为施加的电磁力来补偿其受到的剩余重力，目的都是为了构成与空间真实状况相似的实验环境。

8.7.2　环绕运动地面实验

8.7.2.1　环绕运动实验任务

行星运动遵循开普勒定律，人造航天器只有在理想状态下才能用开普勒方程求解。实际上，将不可避免的人为控制施加给航天器后，其运动都是非开普勒运动，对应的轨道设计、控制效果等都要借助于实验验证。概括来说，环绕运动的实验目的在于以下四个方面。

（1）验证依据各种理论所设计的快速机动轨道的合理性

在进行快速机动轨道的设计时，可能需要依据非线性理论、最优控制理论、动力系统理论等，如何判断理论轨道的合理性并进行取舍，实验数据是最直接的依据。

（2）地面验证空间快速机动的可达性

即使合理的理论轨道，也不一定能够工程实现。因此，必须先行通过地面实验来验证快速机动方式实现过程中对空间环境和实验模型本体以及控制力作用方式等的要求，来判断其可实现性，即理论设计轨道的可达性。

（3）验证空间远程精确交会和拦截的精准性

远程精确交会和拦截不仅涉及远程快速机动，而且涉及在此过程中的制导、控制、测量等技术，若在地面能够对这些技术进行实验和检验，并验证交会区、拦截区、交会精度、拦截概率等，可为空间验证提供先验数据和经验，在提高空间验证成功概率的同时极大地节约空间验证的成本。

（4）多引力区域航天器机动的解决方案

由于环绕运动的非线性本质，多体问题目前没有解析方案，通过环绕运动的叠加寻求多体问题的解是一种可能的途径。

由此，选择远程空间变轨机动的地面实验任务如下。

1）开普勒轨道运动的模拟和实现。包括圆轨道、椭圆轨道，以验证天—地相似准则的合理性、相似性的满足程度。

2）基于非开普勒运动的空间快速机动轨道的合理性和可实现性

的验证。

3）空间远程精确交会/拦截技术的地面演示和实验。

对以上几类任务进行分析不难发现，第一类任务实际上是对中心引力作用下的周期性轨道运动的模拟，即对开普勒轨道的模拟和验证，需要中心引力的模拟和微重力环境的模拟。在这类任务成功完成的基础上，可以得出地面实验与空间实际运行参数之间的真实关系（相似性参数），验证实验系统的可靠性，同时为其他机动问题的解决奠定基础。

第二类任务结合未来空间活动发展趋势，针对未来操作所需的快速机动，用于验证在人为控制力作用下（有限推力或者连续推力）的快速机动轨道的可实现性，对航天器实际运行轨道的设计和变轨控制方案的可行性进行验证和检验，为上天飞行提供参考。这类实验的完成不仅需要中心引力模拟、微重力效应模拟，还需要有限/连续推力的等效模拟。

第三类任务实质上可以包含在第二类任务之中，但这类任务的重点在于验证交会/拦截的精确性，即假定机动变轨过程合理且可靠，主要验证末制导系统的性能。

8.7.2.2　中心引力模拟方法

航天器环绕地球的运动主要是由于受到中心天体/地球的引力而形成的，因此环绕运动的地面实验，必须考虑中心引力作用，进行中心引力效应的模拟。

根据相似理论，要满足精确相似（即在一组物理现象中，其对应点上基本参数之间成固定的数量比例关系，可以精确度量相似程度），要求相似现象服从同一自然规律，可以用完全相同的方程组所描述，组成相似现象的一切单值彼此互成比例，且比例系数存在一定约束关系。就地面实验环境中绝对运动的模拟而言，要求空间与地面的中心引力的施加规律一致，均是平方反比引力场，且指向变化规律一致。即实验模型在地面环境中始终受到如下形式的力（加速度）

$$g_c = -\frac{\mu_e}{r^3} r \qquad\qquad (8-48)$$

其中 g_c 为实验模型的中心引力加速度，μ_e 为地面实验系统的中心引力系数。即实验模型所受的中心引力随其位置的变化关系和空间真实情况相同，同时，通过调节中心引力系数 μ_e 来调节其受力的大小。地面实验的过程中，实验环境相对空间要小得多，实验模型的运动速度也要小得多，这些都是依据相似理论来设计的。

由于电磁力与距离的平方成反比，和二体力场中引力与距离的平方成反比的关系具有一定的相似性，因此可以用电磁力来模拟中心引力效应。但是这两种力又有本质区别，二体引力是一种万有引力，任何两个质量的物体之间都存在，但是电磁力只有铁磁性物体处于电磁场中时才存在。因此，需要设计特殊的实验模型，通过控制电磁场参数使处于其中的实验模型受到的电磁力的大小和方向满足要求。

模拟中心引力时，不仅对力的大小进行模拟，还需要模拟力的方向，即需要控制电磁力方向始终指向椭圆的焦点。当电磁力沿着电磁场中心轴线方向时，理想情况下垂直于轴线的力为零（磁场对称），符合中心引力的指向性要求，因此中心轴线方向是电磁力的最佳方向。但是，当实验模型在电磁场中运动时，位置会发生变化，所受的电磁力方向会偏斜，不会处于中心轴线上，这时需要对其方向进行控制。实验过程中若能够保证磁场随着实验模型运动，使实验模型始终处于磁场的中心轴线上，则电磁力方向始终指向线圈中心，这时只要保证线圈中心位于椭圆焦点处就可以。这可以通过采用二维随动系统跟踪实验模型空间方位，保证其上的载荷（电磁线圈）中心轴线时刻指向实验模型质心来实现。关于二维方向随动系统，在工程中应用较多，其中雷达天线对目标的跟踪就是一个成功应用的例子，这里不再赘述其原理。

8.7.2.3　实验任务流程

通过以上任务分析可见，远程轨道运动模拟与演示实验任务可以分为最基本的两部分：第一部分实现实验模型在轨周期运动的模拟，校验相似性理论，检验实验系统的可靠性和精确度（第一类任务）。第二部分在第一部分的基础上进行轨道转移、拦截、远程精确交会等轨道机动任务的实验，验证制导控制以及转移过程的合理性。

按照以上任务划分进行实验流程的设计。第一部分的实验流程以椭圆轨道模拟为例，第二部分的实验流程基本相同，以同平面的轨道机动实验为例。

（1）椭圆轨道模拟实验任务

首先确定实际轨道及航天器参数，包括实际航天器的质量 m_m，轨道半长轴 sa_m，周期 T_m 参数。之后进行实验实施方案的设计，根据地面实验系统尺寸、中心引力设备尺寸、中心引力体的作用力等限制条件，主要依据相似性理论设计地面实验轨道周期 T_p，轨道半长轴 sa_p，中心引力体电流参数 i，轨道切入点速度位置。在此基础上，需要完成实验模型配平、实验模型运动性能检测、密封性检查、漏电检查，外围计算机、控制台、蓝牙通信系统、中心引力设备、监视系统等各分系统的硬件设施选择以及仪器设备的检查、软件的运行检查，完成水池准备、中心引力设备入水并安装监测等工作。

（2）同平面轨道机动实验

首先确定具体实验任务，即确定所要模拟的实际轨道机动过程及相关参数，包括实际航天器的质量 m_m，机动前后轨道参数、机动时间、变轨推力、控制与制导参数等。接下来根据相似性理论和地面实验系统的尺寸，设计地面实验初始轨道和目标轨道的参数、实验时的机动时间 T_p、中心引力体电流参数 i，轨道切入点速度位置，轨道转移制导控制算法，对于远程精确交会和拦截等实验还要设计相应的制导控制律。第三步与椭圆轨道实验一样，进行设备选择和检查。

不同的实验任务和目的，具体流程不同。代表性任务的实验流程如表 8-9 和表 8-10 所示。

表 8-9　开普勒椭圆轨道实验流程

序号	主要事件或动作	实现方式	备注
1	实验模型入水	机械吊装	
2	进入开普勒圆轨道的实验指令和参数的注入	遥操作	轨道切入点位置，速度，中心引力体参数电流 i
3	测定实验模型初始点位置和初始姿态	自主实现	VPS 系统运行
4	标称轨道参数设定与注入	遥操作	轨道周期、偏心率、长半轴、短半轴等
5	在 GNC 系统作用下，实验模型由初始点向标称轨道切入点运动	自主控制	VPS 将测定的实验模型位置、姿态等信息作为制导初值，根据轨道切入点位置速度信息，自主生成制导指令，控制实验模型运动
6	中心引力设备随动系统运行	自主随动控制	使中心轴线指向实验模型质心
7	中心引力设备开始启动	遥操作	实验模型到达标称轨道切入点附近，电流变化
8	永磁体姿态保持对中心引力体定向	遥操作/自主实现	
9	实验模型飞行至轨道切入点，调整速度、位置、姿态满足要求	自主实现	
10	轨道切入，中心引力符合要求	自主实现	电流开始恒定
11	实验模型开始在预定轨道上运行	自主实现	由 VPS 测量系统提供速度、姿态信息，由阻力随动补偿、系统自主调整动力进行阻力补偿
12	实验模型在轨飞行 n 圈，测量系统同时实时记录实验模型的信息	自主实现	实验模型的飞行时间，位置、速度、姿态，动力系统补偿量
13	关闭中心引力体，同时实验模型动力系统反推，使实验模型减速停止	自主实现	

表 8 - 10　同平面圆轨道转移实验流程

序号	主要事件或动作	实现方式	备注
1	实验模型入水	机械吊装	
2	进入 Hohmann 转移轨道实验指令和参数的注入	遥操作	轨道切入点位置、速度、中心引力体参数电流、目标轨道参数，轨道转移制导程序
3	实现实验模型在轨运动	遥操作/自主实现	具体过程参考表 8 - 9 中的 3～11 步
4	轨道机动的控制指令计算	程序计算	确定发动机点火时刻和关闭时刻
5	当实验模型飞行至初始轨道近地点附近时，轨道机动开始	遥操作	控制计算机向实验模型发出轨道转移指令
6	发动机由阻力补偿模式切换到轨道机动模式，发动机提供变轨推力	遥操作	轨道参数开始改变
7	发动机工作 t 时间之后，再切换为阻力补偿模式，第一次变轨结束	遥操作	实验模型进入转移轨道
8	实验模型在转移轨道飞行，同时进行轨道确定	自主实现	转移轨道参数
9	转移过程中控制指令计算	程序计算	
10	当实验模型飞行至转移轨道远地点附近时，向实验模型发出机动控制指令	遥操作	轨道的圆化
11	发动机由阻力补偿模式切换到轨道机动模式，轨道圆化开始	遥操作	
12	发动机工作 t 时间后，再切换为阻力补偿模式，轨道圆化结束	遥操作	
13	实验模型在目标轨道飞行，同时进行轨道确定	自主实现	目标轨道参数
14	实验模型在目标轨道作周期性飞行	自主实现	
15	关闭中心引力体，同时实验模型动力系统反推，使实验模型减速停止	遥操作	
16	实验停止		

8.7.2.4　基于相似性理论的实验任务设计案例

　　下面我们分别以空间 Hohmann 转移和 Lambert 机动任务为例进行相应的地面实验任务设计。空间 Hohmann 转移过程如图 8-3 所示。

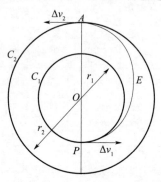

图 8-3　Hohmann 转移

　　转移过程中需要施加两个脉冲，分别为 Δv_1 和 Δv_2，称为转移所需的特征速度，与初始轨道和目标轨道参数有关，可用下式计算

$$\Delta v_1 = \sqrt{\frac{\mu}{a_1}}\left(\sqrt{\frac{2a_2}{a_1+a_2}}-1\right)$$

$$\Delta v_2 = \sqrt{\frac{\mu}{a_2}}\left(1-\sqrt{\frac{2a_1}{a_1+a_2}}\right)$$

则转移所需的总特征速度为

$$\Delta v_\Sigma = \Delta v_1 + \Delta v_2$$

　　若航天器从近地点 480 km、远地点 800 km 的地球轨道应用 Hohmann 转移到达轨道高度 16 000 km 的圆轨道上，根据上式计算可得，$\Delta v_1 = 1.727\,8$ km/s，$\Delta v_2 = 1.329\,7$ km/s。

　　若选取地面实验系统最大实验半径为 6 m，最小实验半径为 1.5 m，最大速度 $v_{max} = 0.5$ m/s，最大中心引力 $F_{\text{中心max}} = 10$ N。地面实验模型质量为 $m_t = 100$ kg，地面推力作用时间预定为 5 s，地面实验转移时间为 200 s。则地面实验所需的速度增量和推力为 $\Delta v_{t1} = 0.020\,4$ m/s，$\Delta v_{t2} = 0.015\,7$ m/s，$F_{t1} = 0.407\,41$ N，$F_{t2} = 0.313\,538$ N，地面实验

低轨道近地点 $r_{At}=1.838\ 8$ m，地面实验引力系数 $\mu=0.014\ 855\ 7$ m^3/s^2。

对于空间快速 Lambert 机动任务，可以基于 Lambert 时间定理设计[16]。

假设空间任务为航天器从 A 点运动至 B 点，其中 A 点位于高度 200 km 圆轨道上，B 点位于高度 3 000 km 圆轨道上，假设飞行时间为 2 400 s，根据 Lambert 飞行时间定理可得其转移轨道如图 8 - 4 所示。

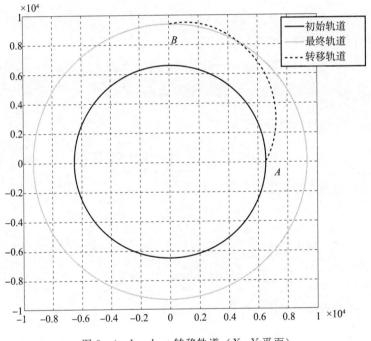

图 8 - 4　Lambert 转移轨道（X - Y 平面）

A、B 两点所在轨道半长轴分别为 $a_1=6\ 578$ km，$a_2=9\ 378$ km，根据轨道要素得到 A、B 两点在地心赤道坐标系下的位置矢量和速度矢量分别为 $\boldsymbol{r}_A=\begin{bmatrix}6\ 578 & 0 & 0\end{bmatrix}$ km、$\boldsymbol{v}_A=\begin{bmatrix}0 & 7.784\ 3 & 0\end{bmatrix}$ km/s，$\boldsymbol{r}_B=\begin{bmatrix}0 & 9\ 378 & 0\end{bmatrix}$ km、$\boldsymbol{v}_B=\begin{bmatrix}-6.519\ 5 & 0 & 0\end{bmatrix}$ km/s，转移轨道半长轴为 $a_T=6\ 940.39$ km。通过 Lambert 定理计算可得其

两次速度脉冲矢量分别为

$$\Delta \boldsymbol{v}_A = \begin{bmatrix} 3.029\ 9 & -0.401\ 9 & 0 \end{bmatrix} \text{ km/s}$$

$$\Delta \boldsymbol{v}_B = \begin{bmatrix} 1.341\ 3 & -0.825\ 8 & 0 \end{bmatrix} \text{ km/s}$$

假定地面实验系统轨道实验完成于最大截面半径为 6.5 m 的圆内,根据空间实验 A、B 两点的位置矢量,将最大轨道半径取为 6.5 m,按照等比缩放原则对空间任务进行等效,则

$$\lambda_{sa} = \frac{9\ 378\ 000}{6.5} = 1\ 442\ 800$$

则 A、B 两点位置矢量分别为

$$\boldsymbol{r}_A = \begin{bmatrix} 4.559\ 2 & 0 & 0 \end{bmatrix} \text{ m} \quad \boldsymbol{r}_B = \begin{bmatrix} 0 & 6.5 & 0 \end{bmatrix} \text{ m}$$

假设演示时间为 2 min,则周期比例因子为

$$\lambda_P = \frac{2\ 400}{120} = 20$$

引力常量比例因子为

$$\lambda_\mu = \frac{\lambda_{sa}^3}{\lambda_p^2} = \frac{1\ 442\ 800^3}{20^2} = 7.508\ 6 \times 10^{15}$$

则地面实验系统引力系数为

$$\mu_e = \frac{\mu}{\lambda_\mu} = \frac{3.986\ 005 \times 10^{14}}{7.508\ 6 \times 10^{15}} = 0.053\ 1 \text{ m}^3/\text{s}^2$$

速度比例因子为

$$\lambda_v = \frac{\lambda_{sa}}{\lambda_p} = \frac{1\ 442\ 800}{20} = 72\ 140$$

A 点施加脉冲前速度为

$$\boldsymbol{v}_A = \begin{bmatrix} 0 & 7.784\ 3 & 0 \end{bmatrix} \times \frac{1\ 000}{\lambda_v} = \begin{bmatrix} 0 & 0.107\ 9 & 0 \end{bmatrix} \text{ m/s}$$

B 点施加脉冲后速度为

$$\boldsymbol{v}_B = \begin{bmatrix} -6.519\ 5 & 0 & 0 \end{bmatrix} \times \frac{1\ 000}{\lambda_v} = \begin{bmatrix} -0.090\ 4 & 0 & 0 \end{bmatrix} \text{ m/s}$$

则所需速度脉冲为

$$\Delta \boldsymbol{v}_A = \begin{bmatrix} 0.042\ 0 & -0.005\ 6 & 0 \end{bmatrix} \text{ m/s}$$

$$\Delta \boldsymbol{v}_B = \begin{bmatrix} 0.018\ 6 & -0.011\ 5 & 0 \end{bmatrix} \text{ m/s}$$

地面实验仿真结果如图 8-5 所示。

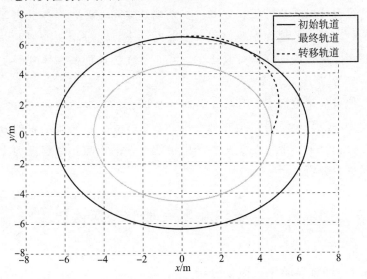

图 8-5　空间 Lambert 机动的地面实验任务轨迹

地面实验转移轨道速度变化曲线如图 8-6 所示。

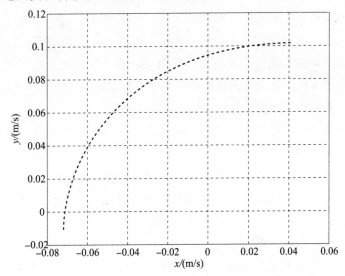

图 8-6　空间 Lambert 机动的地面实验任务中转移轨道速度变化

以上实验任务设计都是基于精确相似准则和相似关系，由任务设计过程可以看出，根据已知的、基本的空间任务中的各个物理量的值，在给定的地面实验空间和实验时间下，通过相似准则可以得出各个参量在地面实验环境下的大小，从而为地面实验任务的实施提供参考。

但是由于地面实验环境中各种干扰因素的存在，使得实验实施过程中不能完全满足以上相似准则和相似关系，使实验结果的分析存在误差。下一节将对实际实验中可能存在的影响相似程度的干扰因素进行分析。

8.8　混合悬浮实验环境影响相似程度的因素

8.8.1　环绕实验干扰因素分析

在绝对运动模拟实验中，主要考虑下面这 5 种非理想因素。

（1）偏心率偏差

地面实验系统模仿空间真实的二体问题形式，亦构建成中心引力的模式。这就需要在实验环境的中心存在一个引力设备，以电磁力的形式提供实验模型所需的中心引力。引力设备本身的尺寸可能导致一些大椭圆轨道无法保持形状不变地在地面环境中得以复现。

（2）中心引力偏差

地面实验环境的中心引力设备为实验模型提供与万有引力相同形式的引力作用，只是引力系数不同。前面已经提到，根据基本量纲关系和完全相似的相似准则，系统模型需要引力设备提供的引力系数的大小是可以求得的。在实际实验时可以通过一定的调节手段和参数选择来实现，但必然会引入误差。

（3）轨道倾角偏差

由于工艺等方面的原因，无论水池建造成何种几何形状，在三维空间保持一个动态的自悬浮精确轨道倾角是比较困难的。

（4）微重力模拟偏差

微重力模拟偏差是必然存在的，如果其大小以实验模型重力的百分比来表示，即 $K_G mg$，其中 K_G 为微重力模拟偏差系数，则在存在微重力模拟偏差的实验环境中，实验模型的动力学模型以位置速度表示为

$$\begin{cases} \ddot{X} = -\dfrac{\mu_e X}{(\sqrt{X^2 + Y^2 + Z^2})^3} \\[2mm] \ddot{Y} = -\dfrac{\mu_e Y}{(\sqrt{X^2 + Y^2 + Z^2})^3} \\[2mm] \ddot{Z} = -\dfrac{\mu_e Z}{(\sqrt{X^2 + Y^2 + Z^2})^3} - K_G g \end{cases} \qquad (8-49)$$

由上式可以看出，由于微重力模拟偏差的存在，即使没有任何外加的其他作用力，实验模型的加速度和速度也不为零，微重力模拟偏差会引起位置的改变。

（5）残余阻力

实际实验时可能并不能精确消除实验模型运动时液体产生的阻力。假设实验模型所受到的残余阻力沿实验模型速度的反方向，过度补偿时残余阻力沿实验模型速度的正方向。以实验模型在液体中所受阻力的百分比来表示残余阻力的大小，即 $K_R F_D$，其中 K_R 为残余阻力系数，F_D 为实验模型在液体中所受到的阻力。F_D 的表达式为

$$F_D = \rho C_D \frac{V^2}{2} S \qquad (8-50)$$

式中　C_D——总阻力系数；

ρ——液体密度；

V——参考速度；

S——迎流面积。

则在存在残余阻力的实验环境中，实验模型的动力学模型以位置速度表示为

$$
\begin{cases}
\ddot{X} = -\dfrac{\mu_e X}{(\sqrt{X^2+Y^2+Z^2})^3} - \dfrac{K_R C_D S V_x}{2m}\sqrt{V_x^2+V_y^2+V_z^2} \\[3mm]
\ddot{Y} = -\dfrac{\mu_e Y}{(\sqrt{X^2+Y^2+Z^2})^3} - \dfrac{K_R C_D S V_y}{2m}\sqrt{V_x^2+V_y^2+V_z^2} \\[3mm]
\ddot{Z} = -\dfrac{\mu_e Z}{(\sqrt{X^2+Y^2+Z^2})^3} - \dfrac{K_R C_D S V_z}{2m}\sqrt{V_x^2+V_y^2+V_z^2}
\end{cases}
\tag{8-51}
$$

由上式可以看出，由于残余阻力的存在，会使实验模型减速或者加速，从而影响其运动状态。

8.8.2　相对运动实验干扰因素分析

与绝对运动模拟时的情况不尽相同，在近距离相对运动实验中，主要考虑下面 3 种非理想因素。

（1）剩余 $T_2(t)$

如前所述，$T_2(t)$ 指的是由实验模型发动机提供的用来补偿地面绝对运动与空间相对运动之间差别的力，剩余 $T_2(t)$ 则是发动机实际提供的力与所需力之间的偏差。剩余 $T_2(t)$ 系数设为 K_{T_2}，以当前时刻的 $T_2(t)$ 的百分比来表示。剩余 $T_2(t)$ 与 $T_2(t)$ 的方向相反，即当发动机提供的补偿力小于理想值时，剩余 $T_2(t)$ 为正，反之为负。

存在剩余 $T_2(t)$ 时，主动实验模型在目标实验模型的第一轨道坐标系中的相对运动动力学方程为

$$
\begin{cases}
\ddot{x} = (2\omega\dot{y}+3\omega^2 x) \times (1-K_{T_2}) + \dfrac{f_x}{m} \\[3mm]
\ddot{y} = -2\omega\dot{x}\,(1-K_{T_2}) + \dfrac{f_y}{m} \\[3mm]
\ddot{z} = -\omega^2 z\,(1-K_{T_2}) + \dfrac{f_z}{m}
\end{cases}
\tag{8-52}
$$

（2）微重力模拟偏差

存在微重力模拟偏差时，主动实验模型在目标实验模型的第一轨道坐标系中的相对运动动力学方程为（假设目标实验模型第一轨

道坐标系的负 z 方向为主动实验模型的重力方向）

$$
\begin{cases}
\ddot{x}=2\omega\dot{y}+3\omega^2 x+\dfrac{f_x}{m} \\[2mm]
\ddot{y}=-2\omega\dot{x}+\dfrac{f_y}{m} \\[2mm]
\ddot{z}=-\omega^2 z+\dfrac{f_z}{m}-K_G g
\end{cases}
\tag{8-53}
$$

（3）残余阻力

存在残余阻力时，主动实验模型在目标实验模型的第一轨道坐标系中的相对运动动力学方程为

$$
\begin{cases}
\ddot{x}=2\omega\dot{y}+3\omega^2 x+\dfrac{f_x}{m}-\dfrac{K_R C_D \rho S\dot{x}\ \sqrt{\dot{x^2}+\dot{y^2}+\dot{z^2}}}{2m} \\[2mm]
\ddot{y}=-2\omega\dot{x}+\dfrac{f_y}{m}-\dfrac{K_R C_D \rho S\dot{y}\ \sqrt{\dot{x^2}+\dot{y^2}+\dot{z^2}}}{2m} \\[2mm]
\ddot{z}=-\omega^2 z+\dfrac{f_z}{m}-\dfrac{K_R C_D \rho S y\dot{z}\ \sqrt{\dot{x^2}+\dot{y^2}+\dot{z^2}}}{2m}
\end{cases}
\tag{8-54}
$$

当然，同时存在这三种非理想因素时的动力学方程为

$$
\begin{cases}
\ddot{x}=\left(2\omega\dot{y}+3\omega^2 x\right)\times\left(1-K_{T_2}\right)+\dfrac{f_x}{m}-\dfrac{K_R C_D \rho S\dot{x}\ \sqrt{\dot{x^2}+\dot{y^2}+\dot{z^2}}}{2m} \\[2mm]
\ddot{y}=-2\omega\dot{x}\times\left(1-K_{T_2}\right)+\dfrac{f_y}{m}-\dfrac{K_R C_D \rho S\dot{y}\ \sqrt{\dot{x^2}+\dot{y^2}+\dot{z^2}}}{2m} \\[2mm]
\ddot{z}=-\omega^2 z\times\left(1-K_{T_2}\right)+\dfrac{f_z}{m}-K_G g-\dfrac{K_R C_D \rho S y\dot{z}\ \sqrt{\dot{x^2}+\dot{y^2}+\dot{z^2}}}{2m}
\end{cases}
$$

$$
\tag{8-55}
$$

存在以上影响因素之后，不仅会对动力学特性产生影响，也会对实验系统与空间系统之间的相似性产生影响。

8.9　结束语

本章利用相似理论及量纲分析方法，推导出了航天器动力学问

题在空间真实情况与地面模拟实验的相似准则。相似准则的建立给出了判断系统模型与原型是否相似的公式化标准，同时也给出了如果满足相似条件，那么系统参数在原型与模型间的映射关系，以及它们之间的相互约束。

但是基于相似准则定义的相似关系是一种完全相似关系，它是一个比较严苛的概念，只有"相似"与"不相似"两种离散的状态：在系统的整个被关注时间内，所有的相似准则均被满足，则为"相似"；反之，任一时刻，任一相似准则无法满足，则为"不相似"。这样，考虑实际影响因素后，会导致系统中的某些参数无法严格满足相似准则的要求，就需要建立一套度量系统原型与模型间近似相似程度的方法。

参 考 文 献

[1] 刘武刚，魏先祥，张辉. 航天器结构缩比模型研究 [A]. 第十一届全国实验力学学术会议 [C]. 大连：2005，1224.

[2] 何兆伟，师鹏，葛冰，赵育善. 航天器地面实验的相似性分析方法 [J]. 北京航空航天大学学报，2012，38（4）：502-508.

[3] 贾杰. 航天器姿态半物理仿真原理及其试验方法研究 [D]. 西安：西北工业大学，2006.

[4] 李明强. 直升机机体动力学相似模型设计与结构响应主动控制 [D]. 南京：南京航空航天大学，2008.

[5] 高建明. 室内气流组织模型实验中的应用研究 [D]. 衡阳：2004.

[6] 董云峰，陈士明，苏建敏，胡迪. 卫星姿态控制动态模拟技术 [M]. 北京：科学出版社，2010.

[7] 李嘉曾. 创造的魄力 [M]. 南京：江苏科学技术出版社，2000：183-186.

[8] 刘杨，唐芬南. 相似原理在机械原理课程教学中的运用 [N]. 中南林学院学报，2003，23（3）.

[9] Higuchi K. Natori M C. Ground experiment of motion control of retrieving space tether [A]，In：AIAA/ASME/ASCE/AHS/ASC Structures, Structural Dynamics & Materials Conference [C]. Kismmee, USA，1997.

[10] Modi V J, Pradhan S, Misra A K. Controlled dynamics of flexible orbiting tethered systems：Analysis and experiments [J]. Journal of Vibration and Control，1997，3（4）：459-497.

[11] Mori O，Matunaga S. Formation and attitude control for rotational tethered satellite clusters [J]. Journal of Spacecraft and Rockets，2007，44（1）：211-220.

[12] 董锡鉴. 相似准则在液体火箭发动机试验中的应用. 火箭推进 [N]，

2004，30（1）.

[13]　张学学，刘静，蒙毅. 载人飞船座舱内空气对流换热地面模拟. 清华大学学报自然科学版 [N]，1999，39（6）.

[14]　张涛，汪小华，查世红，陈三风，张卫忠，梅涛. 空间微重力环境下航天器质量模拟方法研究 [N]，2008，30（6）.

[15]　Jha A，Sedaghati R，Bhat R. Dynamic testing of structures using scale models [R]. AIAA 2005 – 2259，2005.

[16]　Howard D. Curtis. 轨道力学 [M]. 周建华，徐波，冯全胜，译. 北京：科学出版社，2009.

第9章 基于键合图理论的地面实验相似程度分析

键合图（Bond Graph，BG）理论是 20 世纪 60 年代初由美国的 H. M. Paynter 教授所提出的，Paynter 从系统动力学的观点出发，提出了多能域并存系统动力学建模统一化方法的理论框架。键合图理论研究的主要目的是建立便于计算机自动生成的系统动力学模型的理论方法。为此，人们对键合图基本元件的定义、基本场及结型结构的性质、系统状态变量的定义及选择、对应不同状态变量系统状态方程间的转化、线性系统的可控性及应用键合图构建系统观测器等问题做了系统、深入的研究，提出了面向计算机的线性系统状态方程的格式化建立方法。目前，基于键合图理论的非线性系统计算机辅助建模方法的研究工作得到了迅猛的发展，使键合图理论不仅应用于一般机械、工程机械、流体传动、电器与自动控制，而且在热力学、生物学和生理学、化学、社会经济、声学及农业等许多领域得到了广泛而成功的应用。

本章的相似程度分析将基于键合图理论及其建模方法。

9.1 基于键合图理论的相似度量方法

在实际工程应用中，由于客观约束的存在，可能导致实验中的某些参数无法严格满足相似准则的要求，使得完全相似的标准失去了应用价值，因此需要建立一套可以连续的、量化的度量原型与模型间近似相似程度的方法，以此来评判实验过程与真实情况的贴近程度。

9.1.1 近似相似程度的量化度量

度量模型近似相似的程度，实际上就是量化实际模型与理想模型（即与原型完全相似的模型）之间的差异。差异越小，则模型的相似度越高，进而仿真实验的过程越贴近真实情况，实验数据的可信度越高。

以球坐标参数作为状态变量，可以初步建立度量函数 $F_s{}'$，如式（9-1）所示。

$$F'_s = (\lambda_r - S_1)^2 + (\lambda_\theta - 1)^2 + (\lambda_\varphi - 1)^2 + (\lambda_{\dot r} - S_1 S_2)^2 +$$
$$(\lambda_{\dot\theta} - S_2)^2 + (\lambda_{\dot\varphi} - S_2)^2 \tag{9-1}$$

由于各个状态量的物理单位不同，F'_s 的建立并不采用状态量自身的差值，而是基于无量纲的比例因子。式（9-1）中为 1 的两项表示理想模型的 θ 与 φ 的比例因子为 1，即这两个状态量在原型与理想模型间保持大小不变，S_1 代表理想模型的长度比例因子，S_2 代表理想模型的时间比例因子的倒数。

图 9-1 解释了 $F_s{}'$ 的物理意义。为了观察和说明的便利，这里仅取 6 个比例因子中的最后两个，即 $\lambda_{\dot\theta}$ 和 $\lambda_{\dot\varphi}$。

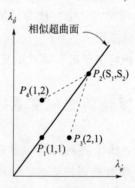

图 9-1　比例因子坐标系

图中由于 P_1 点在比例因子坐标系中的坐标值为（1，1），所以其代表了问题的原型，P_2，P_3，P_4 点为三个不同的模型，第一象限的线段表示了完全相似条件下 λ_θ 与 λ_φ 的关系（此处要求两者相等，P_2 点满足要求，P_3、P_4 点均不满足），因而可将其命名为"相似曲线"，超过三维的情况下便是"相似超曲面"，一般相似超曲面为非线性的。

　　任意位于相似超曲面上的点所代表的模型均满足完全相似准则；反之，任意相似超曲面外的点则不满足。而度量函数 $F_s{}'$ 则表征了问题的实际模型距相似超曲面上某点的距离（如图中 P_3、P_4 点距 P_2 点的距离）。用（S_2,S_2）表示 P_2 点而非某个具体的数值，是为了说明这里的距离为距相似超曲面上任意点的距离；而某个具体的 S_2 的值则代表了实际的设计目标或要求。

　　但是，距相似超曲面的距离相等也并不代表相对于原型的近似相似程度相同。这是因为每个变量在描述系统时所占有的重要程度不同。即，越重要的变量，当它偏离完全相似模型等比例大小时，对相似性的惩罚越大。

　　这里引入一种基于能量的度量方法——活性，来衡量描述系统的各变量的重要程度。活性的概念最先由 Louca L. S. 等人提出，并被证实是一种评估系统元件相对重要程度的有效度量手段，在线性系统和非线性系统中均可应用。活性的数学定义为

$$A = \int_0^T | e(t)f(t) | \, \mathrm{d}t \tag{9-2}$$

式中　e，f——为元件的广义势变量和广义流变量；

　　T——系统的讨论时间；

　　A——元件的活性。

　　元件活性的物理意义为在整个系统讨论时间内流入和流出该元件的能量总和。即流经某元件的能量越多，则该元件对系统而言越重要。

　　在近似相似的分析过程中，活性分析是十分重要且必不可少的一步。没有参数的活性计算，就无法得知系统的哪些状态更重要，哪些相对不重要，而那些更加重要的系统状态的偏离显然对实验过

程的相似性影响更大。因此，将上述对系统元件的活性度量引入到本问题中来对状态变量的重要程度进行分析，并认为高活性的状态变量所对应的比例因子对模型相似性的影响更大。

9.1.2　状态变量的活性分析

系统参数的活性越高，即在整个系统讨论时间内其所影响的系统能量总和越大，则其在描述系统中的重要性越高，那么当偏离理想系统等比例的大小时，对系统相似性的影响越大。现在的目标是利用活性，本质上也就是能量，作为衡量比例因子影响程度的度量手段。所以，应用一种基于能量或者功率的建模方法来建立本问题的动力学模型将更有利于参数活性的计算。

键合图模型恰恰是这样一种功率流图，模型中每个节点上的功率都十分便于计算。建立一个系统的键合图模型有两种基本方法：观察法和节点法。但这两种方法较多应用于电系统和机械系统。应用我们所讨论的问题时，却并不直观，也不方便。所以我们通过拉格朗日/哈密顿方法建模反推系统的键合图模型，步骤如下。

1) 假设系统是保守的。如果系统是非保守的，舍弃非保守项。

2) 提取拉格朗日方程中的流项。拉格朗日方程中的动能基本都表示为 $I \times f_2/2$ 的形式，其中 I 为惯性项，f 为流项。

3) 在键合图模型中为每一个拉格朗日方程中的流项建立一个 1-结。1-结称为共流结，用以联系系统有关物理效应中或构件中，能量形式相同且数值相等的流变量。

4) 提取广义动量项。广义动量的提取是通过对拉格朗日方程的每个广义坐标求偏导数。$p_i = \partial L/\partial \dot{q}_i$，其中 p_i 为第 i 个广义动量，q_i 为第 i 个广义坐标。

5) 对每一个广义动量方程，求解 $\dot{q}_i$。这一步决定了每一个惯性元件的形式和它们如何连接到相应的 1-结上。有时一个广义动量可能包含若干个惯性元件，则其中只有一个具备积分因果关系，而其他的皆为微分因果关系。

6）拉格朗日方程 $\dfrac{\mathrm{d}}{\mathrm{d}t}\dfrac{\partial L}{\partial \dot{q}_i}-\dfrac{\partial L}{\partial q_i}=0$ 给出每个 1-结上的势平衡。

7）导出系统的哈密顿方程形式，对系统的键合图模型结构进行检查和补充。对于大多数系统来说，经过上述的 1 至 6 步，其键合图模型就已经基本确定了。

8）为键合图模型连接上非保守元件。

9）为键合图模型加入外部力作为势源。

10）应用键合图理论的方法对模型进行简化。

有了系统的键合图模型，便可以依照式（9-2）计算其各个节点上的活性值。然后，根据节点的活性值，计算各个系统参数所对应的活性，作为衡量参数重要程度，亦是相应的比例因子的重要程度的标准。

当然，还可以进一步计算各个参数的活性比率，从而对系统有更深刻的认识。参数的活性比率的数学定义如下

$$AI_i=\frac{A_i}{A^{\text{Total}}}=\frac{\displaystyle\int_0^T |\,e_i(t)f_i(t)\,|\,\mathrm{d}t}{\displaystyle\sum_{i=1}^{k}\left\{\int_0^T |\,e_i(t)f_i(t)\,|\,\mathrm{d}t\right\}},i=1,2,\cdots,k \qquad (9-3)$$

式中　A_i——第 i 个变量的活性；

　　　A^{Total}——各变量活性之和；

　　　A_i——活性比率；

　　　k——变量个数。

参数的活性比率代表了每个参数的活性占总活性的比例大小，也可以理解为每个参数所作用到的系统能量占流经系统总能量的比例。参数的活性比率直观地给出了参数在系统中的重要程度。

9.1.3　度量函数的改善

引入了系统参数活性的概念之后，可知各个系统参数对系统行为的影响不同，从而每个参数所对应的比例因子对系统相似性的影响也不尽相同，即活性不同的两个参数，其偏离理想模型同样比例

大小时，对系统相似程度的影响也不同。活性高的参数，所对应的比例因子对系统相似性的影响大；反之，活性低的参数，所对应的比例因子对系统相似性的影响相对小。根据上述思想，可以进一步完善初步建立的度量模型相似程度的目标函数 $F_s{}'$，并将其改造成如下形式

$$F''_s = A_r(\lambda_r - S_1)^2 + A_\theta(\lambda_\theta - 1)^2 + A_\varphi(\lambda_\varphi - 1)^2 +$$
$$A_{\dot r}(\lambda_{\dot r} - S_1 S_2)^2 + A_{\dot \theta}(\lambda_{\dot \theta} - S_2)^2 + A_{\dot \varphi}(\lambda_{\dot \varphi} - S_2)^2 \qquad (9-4)$$

目标函数 $F_s{}''$ 不仅仅描述了由于各种约束或者工程实际情况而给定的实际模型偏离相似超曲面的距离，而且涵盖了这种偏离在影响系统相似性方面的重要程度。

系统的理想模型，即完全相似模型，在系统设计目标和要求给定的前提下，其相似准则所对应的各个比例因子应该是时不变的，尽管系统参数本身是时变的。但因为各种约束或者工程实际情况而给定的系统实际模型的比例因子则是时变量，相似准则及比例因子的概念本身就基于相似现象的对应点和对应时刻之上，所以，实际模型与理想模型之间差异的比较也是两个模型对应时刻之间的比较，而总差异为各个时刻差值在系统被关注时间内的积分。从而，目标函数最终的形式为

$$F_s = \int_0^T \{A_r[\lambda_r(t) - S_1]^2 + A_\theta[\lambda_\theta(t) - 1]^2 + A_\varphi[\lambda_\varphi(t) - 1]^2 +$$
$$A_{\dot r}[\lambda_{\dot r}(t) - S_1 S_2]^2 + A_{\dot \theta}[\lambda_{\dot \theta}(t) - S_2]^2 + A_{\dot \varphi}[\lambda_{\dot \varphi}(t) - S_2]^2\} dt$$
$$(9-5)$$

即

$$F_s = A_r \int_0^T [\lambda_r(t) - S_1]^2 dt + A_\theta \int_0^T [\lambda_\theta(t) - 1]^2 dt + A_\varphi \int_0^T [\lambda_\varphi(t) - 1]^2 dt +$$
$$A_{\dot r} \int_0^T [\lambda_{\dot r}(t) - S_1 S_2]^2 dt + A_{\dot \theta} \int_0^T [\lambda_{\dot \theta}(t) - S_2]^2 dt + A_{\dot \varphi} \int_0^T [\lambda_{\dot \varphi}(t) - S_2]^2 dt$$
$$(9-6)$$

9.1.4　相似性分析的流程

整个相似性分析的过程主要可以划分为 5 个阶段：模型分析，

近似相似度量的计算（核心阶段），实验精度分析，结果的对比（"排序"阶段），实验方式的讨论（"建议"阶段）。

图 9-2 以流程图的形式给出了这些阶段的主要内容及各阶段间的相互关系。其中模型分析阶段中理想模型的建立实际上给出了空间真实情况与地面实验情况在各个参数与状态间的映射关系，这种映射的基础就是完全相似的相似准则；对实际模型的近似相似性的讨论不但给出了地面环境固有约束对实验相似性的影响，同时还评估并对比了实际实验的相似性满足程度，某些分析结果对实验系统的建立、实验方式的选取亦有参考意义。所以，在整个相似性分析的过程中，近似相似度量的计算为其核心阶段，而精度分析与近似相似度量的计算为两个并行的阶段，互相没有依托的关系，不需要对方的计算结果。

需要说明的是，在这个近似相似分析的内部计算过程中，状态变量均采用球坐标变量，因而，键合图模型的建立也采用球坐标变量。

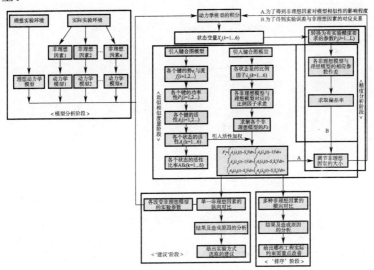

图 9-2　相似性分析流程图

9.2　环绕实验干扰对相似度的影响分析

应用上节中给出的步骤，可以建立球坐标描述方式下二体问题的键合图模型，如图 9 - 3 所示。

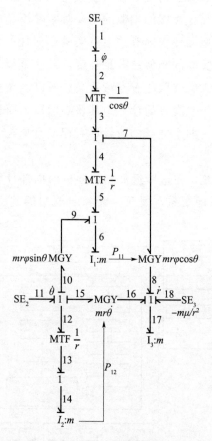

图 9 - 3　环绕运动的键合图模型

其中　　$SE_1 = m\ddot{\varphi}r^2\cos^2\theta + 2mr\dot{\varphi}\dot{r}\cos^2\theta - 2mr^2\dot{\varphi}\dot{\theta}\sin\theta\cos\theta$

$SE_2 = mr^2\ddot{\theta} + 2mr\dot{\theta}\dot{r} + mr^2\dot{\varphi}^2\sin\theta\cos\theta$

依照图 9 - 3 的键合图模型，6 个状态变量分别作用到的键合图元件所对应的键号如表 9-1 所示。

表 9-1　状态变量所对应的键号

状态变量	键号
r	4、5、5、6、7、8、9、9、10、12、13、13、14、15、16、18
θ	2、3、3、4、5、6、7、7、8、9、9、10
φ	无
$\dot{r}$	8、16、17、18
$\dot{\theta}$	10、12、13、14、15、15、16
$\dot{\varphi}$	2、3、4、5、6、7、7、8、9、9、10

　　由于参数 φ 并未出现在系统的键合图模型中，因而也没有与其相对应的键合图元件，其虽然作为系统坐标之一决定了航天器每一时刻的位置，但是其本身大小的改变对系统能量的影响为零。

　　下面通过算例分析不同干扰对相似性的影响。系统原型的轨道根数及部分参数如表 9-2 所示。

表 9-2　原型参数

a /km	e	i /(°)	Ω /(°)	ω /(°)	M /(°)	m /kg	P /s	μ /(m³/s²)
26 553.4	0.740 969	63.4	17.337 8	270	0	1 650	43 062	3.986 005E+14

　　为了分析的方便，系统的讨论时间在这个算例中设为轨道运行的一个周期，即 $T = 43\,062$ s。在分析这个算例的时候，我们先考虑4 种模型：理想模型，即完全相似模型（模型 A）；存在偏心率偏差的实际模型（模型 B）；存在中心引力偏差的实际模型（模型 C）；存在轨道倾角偏差的实际模型（模型 D）。

　　对于模型 A，假设实验环境的有效直径 D 为 16 m，且假设模拟轨道的远地点达到实验环境的外边界，则实验系统的长度比例因子满足关系式

$$\lambda_{sa} = \lambda_L = \frac{a(1+e)}{D/2} \qquad (9-7)$$

在地面进行模拟实验并不一定需要采用空间真实的轨道周期，

也不方便和实际。假设本任务为了演示和观察的便利要求模型轨道
周期为

$$\lambda_P = \lambda_T = \frac{P}{P_m} \tag{9-8}$$

同样，实验模型的质量不一定要做到真实的航天器质量。假设
本任务的实验模型质量 m_m 为 50 kg，则实验系统的质量比例因子满
足关系式

$$\lambda_m = \frac{m}{m_m} \tag{9-9}$$

根据基本量纲关系和完全相似的相似准则，可以求得地面实验
环境里中心引力设备需要提供的引力系数

$$\lambda_\mu = \frac{\lambda_{sa}^3}{\lambda_p} \tag{9-10}$$

表 9-3 为模型 A 的轨道根数及部分参数。

表 9-3　模型 A 参数

a /m	e	i /(°)	Ω /(°)	ω /(°)	M /(°)	m /kg	P /s	μ /(m³/s²)
4.595 1	0.740 969	63.4	17.337 8	270	0	50	600	0.010 6

近似相似程度的度量实际上是在量化实际模型与理想模型之间
的差异。所以，状态比例因子在影响系统相似性方面的重要程度也
应用理想模型的计算结果，即理想模型中各个状态量的活性值，如
表 9-4 所示。

表 9-4　状态变量的活性值

系统参数	活性 A / J	活性比率 A_i /%
r	8.685 301 64	38.71
θ	3.723 384 102	16.60
φ	0	0
$\dot{r}$	1.803 466 63	8.04
$\dot{\theta}$	4.500 494 922	20.06
$\dot{\varphi}$	3.723 384 102	16.60

图 9 - 4 可以验证我们前面所提到的：系统的理想模型，在系统的设计目标和要求给定的前提下，其各个状态量的比例因子理论上应该是时不变的，尽管系统状态本身当然是时变的。图 9 - 4 中微小的偏差来自于数值仿真计算的误差。

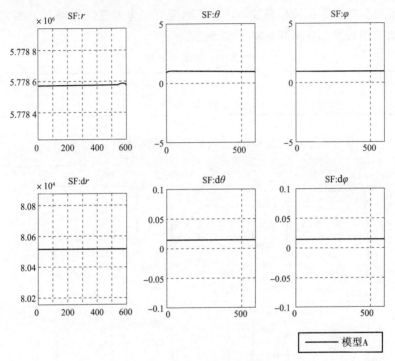

图 9 - 4　模型 A 状态变量的比例因子

根据理想模型的计算结果，可以给出本算例的近似相似程度的目标函数

$$F_s = \int_0^T A_r [\lambda_r(t) - \lambda_r^*(t)]^2 \mathrm{d}t + \int_0^T A_\theta [\lambda_\theta(t) - \lambda_\theta^*(t)]^2 \mathrm{d}t +$$

$$\int_0^T A_\varphi [\lambda_\varphi(t) - \lambda_\varphi^*(t)]^2 \mathrm{d}t + \int_0^T A_{\dot{r}} [\lambda_{\dot{r}}(t) - \lambda_{\dot{r}}^*(t)]^2 \mathrm{d}t +$$

$$\int_0^T A_{\dot{\theta}} [\lambda_{\dot{\theta}}(t) - \lambda_{\dot{\theta}}^*(t)]^2 \mathrm{d}t + \int_0^T A_{\dot{\varphi}} [\lambda_{\dot{\varphi}}(t) - \lambda_{\dot{\varphi}}^*(t)]^2 \mathrm{d}t$$

$$(9 - 11)$$

其中 A 为理想模型状态变量的活性值，加"*"号的比例因子为理想模型的比例因子，未加"*"号的比例因子为实际模型的比例因子；T 在本算例中取模型轨道的一个周期。

对于模型 B，这里假设模型 B 由于工程约束无法精确地保持其理想参数，存在偏心率偏差，其实际偏心率为理想值的 95%。则其轨道根数及部分参数如表 9-5 所示。

表 9-5　模型 B 参数

a /m	e	i /(°)	Ω /(°)	ω /(°)	M /(°)	m /kg	P /s	μ /(m³/s²)
4.595 1	0.703 921	63.4	17.337 8	270	0	50	600	0.010 6

模型 B 在系统讨论时间 T 内的计算结果如图 9-5 所示。

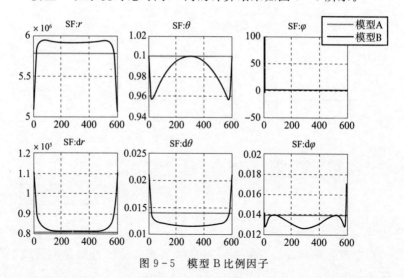

图 9-5　模型 B 比例因子

对于模型 C，这里假设模型 C 由于工程约束无法精确地保持其理想参数，存在中心引力偏差，其实际引力系数为理想值的 95%，其轨道根数及部分参数见表 9-6。

表 9-6　模型 C 参数

a /m	e	i /(°)	Ω /(°)	ω /(°)	M /(°)	m /kg	P /s	μ /(m³/s²)
4.595 1	0.740 969	63.4	17.337 8	270	0	50	600	0.010 1

模型 C 在系统讨论时间 T 内的计算结果如图 9-6 所示。

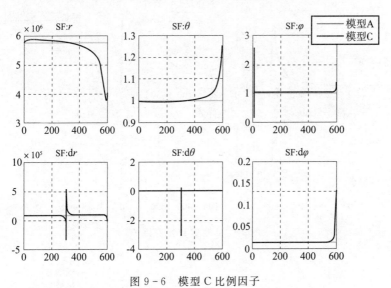

图 9-6 模型 C 比例因子

对于模型 D，这里假设模型 D 由于工程约束无法精确地保持其理想参数，存在轨道倾角偏差，其实际轨道倾角为理想值的 95%，其轨道根数及部分参数如表 9-7 所示。

表 9-7 模型 D 参数

a /m	e	i / (°)	Ω / (°)	ω / (°)	M / (°)	m /kg	P /s	μ / (m³/s²)
4.595 1	0.740 969	60.2	17.337 8	270	0	50	600	0.010 6

模型 D 在系统讨论时间 T 内的计算结果如图 9-7 所示。

综合对比本算例给出的三种实际模型，其分别考虑了地面实验系统可能存在的三种非理想因素，使被实验的轨道无法满足完全相似的相似准则，无法达到精确的理想模型。横向对比这三种非理想因素，其近似相似程度的度量值 F_s 如图 9-8 所示。

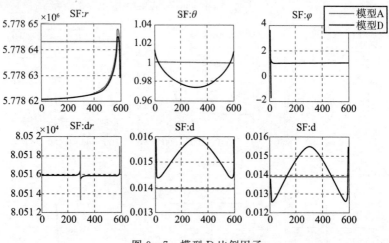

图 9 - 7　模型 D 比例因子

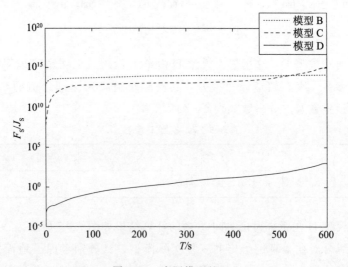

图 9 - 8　实际模型的 F_s

　　从图 9 - 8 可以看出，在系统被关注时间内，模型 C 的 F_s 值最大。按照前面对近似相似程度的目标函数 F_s 的定义，我们知道模型 C 偏离完全相似的程度最大，即其地面模拟的实际轨道与空间轨道的相似性在三种实际模型中相对而言最差。模型 B 和模型 C 的 F_s 值相对接近，其中模型 B 的 F_s 值为模型 C 的 13.41%。而模型 D 的 F_s 值则相对小得多，仅为模型 B 的 5.26×10^{-10}%，为模型 C 的 7.06×10^{-11}%。因为三种实际模型是按照地面实验系统可能存在的三种非理想因素构造的，被其影响的系统参数均只偏离了其理想值的 5%，实际模型偏离理想模型的程度并不十分严重。在这种前提下，模型 D 的 F_s 值相对模型 B 和模型 C 却小到已经可以忽略不计。证明在所建立的规则下，轨道倾角改变 5% 对模型相似性的影响可以忽略不计。

事实上，即使轨道倾角出现大幅度的改变，其对模型相似性的影响也很小。下面通过计算证明这一点。改变模型 D 的参数，令其实际轨道倾角仅为理想值的 5%，则新模型 D 的轨道根数及部分参数如表 9 - 8 所示。

表 9 - 8　新模型 D 参数

a /m	e	i / (°)	Ω / (°)	ω / (°)	M / (°)	m /kg	P /s	μ / (m³/s²)
4.595 1	0.740 969	3.17	17.337 8	270	0	50	600	0.010 6

新模型 D 在系统讨论时间 T 内的计算结果如图 9 - 9 所示。

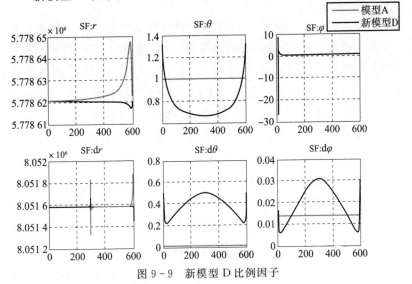

图 9 - 9　新模型 D 比例因子

在系统讨论时间内，模型 B、模型 C、模型 D 与新模型 D 的近似相似度量值 F_s 如图 9 - 10 所示。

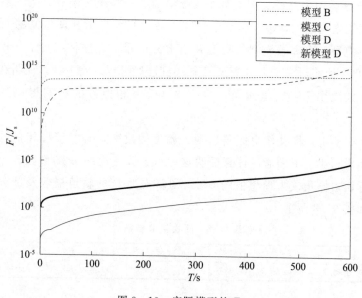

图 9 - 10　实际模型的 F_s

从图 9 - 10 中不难看出，实际模型的轨道倾角相对其理想值发生了很大改变，其 F_s 值虽然有明显的增长，但相对于模型 B 和模型 C 来说依然很小，仅为模型 B 的 $4.25 \times 10^{-8}\%$，模型 C 的 $5.70 \times 10^{-9}\%$，可以忽略不计。所以，由仿真的结果我们可以看出，在地面实验系统中进行轨道动力学模拟实验的时候，被模拟轨道的轨道倾角的改变对模型的相似性没有影响，因而可以根据任务的需要，人为地设定模拟轨道的轨道倾角。

从尺度因素的角度来考虑，因为地面实验系统的建造在长和宽维度上尺寸的扩充可能要比在高的维度上尺寸的扩充要容易或成本更低，所以可以人为地将被模拟轨道的轨道倾角设置得小一些，从而充分利用地面实验环境在水平面内的尺寸优势。

以上算例中给出的三种实际模型，模型 B 表征了轨道形状发生改变时对系统相似性的影响；模型 D 表征了轨道面方向发生改变时对系统相似性的影响；模型 C 虽然是系统的引力系数没有达到其理想值，但其事实上表征了模型中心引力的大小不能精确地达到其理想值，如果以系统的完全相似模型为基准，则实际模型中产生了"非理想力"，即实际中心引力与理想中心引力的差。从上述算例的仿真结果中可以看出，实际模型的非理想力对模型相似性的影响相较其他的实际因素来说是比较明显的，是需要被考虑的。然而在真实的地面实验环境中，模型的非理想力不仅仅包含可能存在的中心引力偏差，还包含浮力加电磁力不能精确抵消实验模型重力而形成的微重力模拟偏差和不能精确抵消实验模型运动过程中液体形成的阻力而产生的残余阻力等。这些非理想力对模型相似性的影响，依然可以用本算例的方法进行分析。假设微重力模拟偏差（模型 B）、中心引力的偏差（模型 C）、残余阻力（模型 D）大小分别为其本身所受重力的 0.000 02％，所受中心引力的 5％和所受阻力的 0.01％，图 9-11 给出了在这三种情况下，模型 B、模型 C 和模型 D 的近似

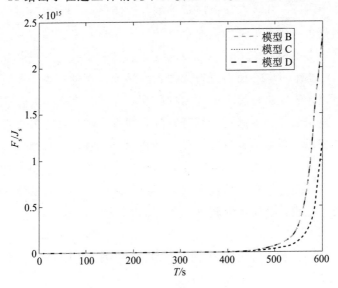

图 9-11 实际模型的 F_s

相似度量值 F_s。从图 9 - 11 的计算结果不难看出，当 $K_G = 0.000$ $000\ 2$，$K_R = 0.000\ 1$ 时，模型 B 与模型 D 的近似相似度量值 F_s 与模型 C 在同一数量级（大小约为模型 C 的一倍），即与中心引力偏差 5% 时的近似相似程度在同一水平上。

从近似相似的计算结果上可以看出，要想达到更好的实验效果、更准确的实验数据，对地面实验系统在微重力模拟偏差和阻力抵消这两项功能上提出了很高的要求，尤其是微重力模拟，要达到很高的精度。换句话说，如果实验系统的重力配平精度已经达到 99.999 9%，阻力抵消的精度达到 99.99%，与此同时引力设备所能提供的中心引力能达到 95% 的精度水平。这种情况下，如果实验人员还想再进一步提高实验结果的精度，则应首先提高重力配平的精度，而不是引力设备或者阻力抵消的精度。

分析原因，主要是由于理想模型的建立是以量纲分析为基础的，所有实验环境中的物理量，凡具有长度量纲的，应满足 λ_{sa} 的原型与模型的比例关系；凡具有时间量纲的，应满足 λ_P 的原型与模型的比例关系。所以，凡具有加速度量纲的，应满足 λ_{sa}/λ_P^2 的原型与模型的比例关系，在本算例中，这个值约等于 1 121.87。在空间环境中航天器除受到中心引力外，并没有这个所谓的"重力"的作用；地面实验环境中对中心引力进行模拟，但实验模型却不得不受到这个本不该存在于实验环境中的重力的作用，而且这个重力是不受人控制的，换句话说是不满足量纲分析的，即重力加速度不能按照理想模型的相似准则缩小 1 121.87 倍，所以这个力在实验环境中显得格外的大，所以对重力配平的精度要求很高。同理，残余阻力的抵消也存在这个问题。实验环境中的大多数非理想力在一定程度上均不受人力的控制，不满足量纲分析的规律。

9.3　近距离操作实验干扰对相似度的影响分析

相对运动实验理想模型的键合图模型，如图 9 - 12 所示。其中

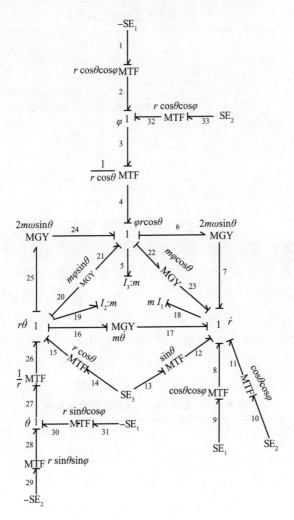

图 9 - 12　键合图模型

$$SE_1 = f_x + 3m\omega^2 r\cos\theta\cos\varphi, SE_2 = f_y, SE_3 = f_z - m\omega^2 r\sin\theta$$

6 个球坐标参数分别作用到的键合图元件所对应的键号如表 9 - 9 所示。

表 9 - 9　状态变量所对应的键号

状态变量	键号
r	1、1、2、3、4、4、5、6、9、13、14、14、15、15、16、19、20、21、22、24、25、26、26、27、28、29、30、31、31、32、33
θ	1、1、2、3、4、5、6、6、7、8、9、9、10、11、12、13、14、14、15、20、21、21、22、22、23、24、24、25、28、29、30、31、31、32、33
φ	1、1、2、8、9、9、10、11、28、29、30、31、31、32、33
$\dot{r}$	7、8、11、12、17、18、23
$\dot{\theta}$	15、16、16、17、19、20、25、26、27、28、30
$\dot{\varphi}$	2、3、4、5、6、20、21、21、22、22、23、24、32

就像绝对运动实验一样，实验人员总是希望得到非理想因素大小与实验误差的对应关系，这种对应关系可以通过分析存在非理想因素模型的动力学方程得到。下面利用一个直线 V -bar 接近的算例，以图表的方式示例性地给出这种对应关系，供工程设计人员参考，算例的初值如表 9 - 10 所示。这个算例采用等尺度的实验方式，并且由于直线 V -bar 接近关注的是最终的接近结果，所以实验误差用实验结果的终端状态与理想终端状态的差来表示。

表 9 - 10　直线 V -bar 接近算例参数取值

状态初值/m	状态初值/ (m/s)	控制力值/N	参数值
x_0 0	v_x 0 0	f_x -0.005	t 100 s
y_0 -5	v_y 0 0.05	f_y 0	m 50 kg
z_0 0	v_z 0 0	f_z 0	ω 0.001 rad/s

将上述初值分别代入到相应的状态方程进行数值积分，计算后与理想状态做对比，便可以得到相应非理想因素与实验误差的对应关系。计算结果表明，剩余 $T_2(t)$ 与残余阻力对 z 向位移和速度没有影响，而相反的，微重力模拟误差只影响 z 向位移和速度。由于各种非理想因素都有其自身的特点，影响实验过程的方式和效果也不一样，所以究竟哪种非理想因素对实验的影响大，还要视具体的实

验任务以及实验误差的定义方式来决定，无法一概而论。这里根据大量的仿真计算，只能给出一个大致上的排序，微重力模拟误差的影响最大，残余阻力的影响次之，剩余 $T_2(t)$ 的影响最小。

　　既然相对运动实验亦无法在理想状况下进行，即实际的实验模型与系统原型无法达到完全相似，则对其近似相似程度的讨论也就十分必要了。相对运动实验模型的近似相似程度的度量与绝对运动情况下是大致一样的，亦为比例因子的活性加权和，度量函数如式（9-6）所示。

　　在讨论相对运动实验模型的近似相似性时，如同绝对运动的情况，亦采用球坐标参数作为系统的状态变量。当然，此处球坐标指的是目标实验模型第一轨道坐标系的球坐标参数。在球坐标描述方式下系统的状态方程为

$$\ddot{r} = \frac{f_x}{m}\cos\theta\cos\varphi + \frac{f_y}{m}\cos\theta\sin\varphi + \frac{f_z}{m}\sin\theta + 3\omega^2 r\cos^2\theta\cos^2\varphi - \omega^2 r\sin^2\theta +$$
$$2\omega r\cos^2\theta\dot{\varphi} + r\cos^2\theta\dot{\varphi}^2 + r\dot{\theta}^2$$

$$\ddot{\theta} = -\frac{1}{r}\Big(\frac{f_x}{m}\sin\theta\cos\varphi + \frac{f_y}{m}\sin\theta\sin\varphi - \frac{f_z}{m}\cos\theta + 3\omega^2 r\sin\theta\cos\theta\cos^2\varphi +$$
$$\omega^2 r\sin\theta\cos\theta + 2\omega r\sin\theta\cos\theta\dot{\varphi} + r\sin\theta\cos\theta\dot{\varphi}^2 + 2\dot{r}\dot{\theta}\Big)$$

$$\ddot{\varphi} = \frac{1}{r\cos\theta}\Big(-\frac{f_x}{m}\sin\varphi + \frac{f_y}{m}\cos\varphi - 3\omega^2 r\cos\theta\sin\varphi\cos\varphi + 2\omega r\sin\theta\dot{\theta} -$$
$$2\omega\cos\theta\dot{r} + 2r\sin\theta\dot{\theta}\dot{\varphi} - 2\cos\theta\dot{r}\dot{\varphi}\Big)$$

$$(9-12)$$

　　下面依然通过一个 y 向连续推力转移算例，示例性地直观给出描述系统的各个参数在任务时间内的活性。算例的取值如表 9-11 所示。

表 9-11　y 向连续推力转移算例参数取值

状态初值/m	状态初值/（m/s）	控制力值/N	参数值
x_0 0	v_x 0 0	f_x 0	t $2\pi/\omega$
y_0 14	v_y 0 0	f_y $m\omega^2\Delta x/4\pi$	m 50 kg
z_0 0	v_z 0 0	f_z 0	ω 0.001 rad/s
		Δx 6 m	

　　需要注意的是，根据任务的需要给定的初值为直角坐标描述方式下的初值，但在近似相似分析的过程中，系统的状态变量统一采用球坐标参数，因而在计算的初始应将直角坐标初值转化为球坐标初值。y 向连续推力转移的预期轨迹如图 9-13 所示。

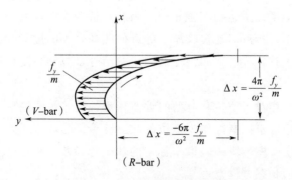

图 9-13　　y 向连续推力转移

　　基于键合图模型，根据模型各个键上的活性及表 9-12 给出的关系可求得系统状态变量的活性，如表 9-12 所示。

表 9-12　状态变量的活性值（相对运动模拟）

系统参数	活性 A /J	活性比率 A_i /%
r	0.160 1	24.53
θ	0.241 0	36.93
φ	0.104 7	16.04
$\dot{r}$	0.046 2	7.08
$\dot{\theta}$	$5.819\,4 \times 10^{-31}$	8.91×10^{-31}
$\dot{\varphi}$	0.100 7	15.42

　　有了系统状态变量的活性值，便可以根据式（9-6）对相对运动实验的实际模型进行近似相似程度的度量计算。下面依然以 y 向连续推力转移算例为例，给出实际模型近似相似分析的步骤和结果，并得到一些相应的结论。

　　同样的，假设空间真实相对运动与地面实验在长度和时间两个维度上是等尺度的。对于本算例给出的任务而言这是可能实现的。而且，即使空间真实情况与地面情况存在比例关系，这对于系统实际模型近似相似性分析的方法和过程而言，也没有任何的区别。

根据前面提到的三种实验系统固有约束，假设本算例实验任务的三种实际模型：存在剩余 $T_2(t)$ 的实际模型（模型 A）；存在微重力模拟误差的实际模型（模型 B）；存在残余阻力的实际模型（模型 C）。下面将就这三种实际模型分别给出讨论。

针对模型 A，设剩余 $T_2(t)$ 系数 $K_{T2} = 0.01$，即主动实验模型在模型 A 中受到的补偿力 $T_2(t)$ 的实时误差为 1%，则模型 A 的计算结果如图 9-14 所示。

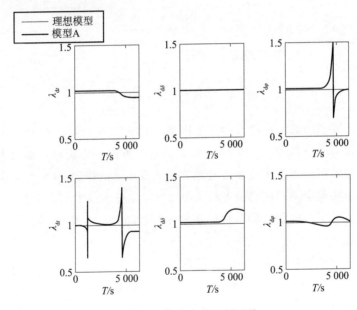

图 9-14　模型 A 的比例因子

针对模型 B，设微重力模拟误差的系数 $K_G = 0.000\,000\,1$，即主动实验模型在模型 B 中实时的重力配平误差为 0.000 01%，则模型 B 的计算结果如图 9-15 所示。

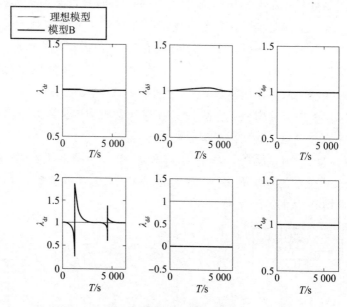

图 9 - 15　模型 B 的比例因子

需要说明的是，图 9 - 15 中模型 B 的运动轨迹在 z 向的投影之所以没有受剩余重力的影响而沿 z 轴的负方向一直运动，是因为主动实验模型在实验环境中还受到补偿力 $T_2(t)$ 的作用。$T_2(t)$ 的大小取决于实验模型当前的位置和速度，所以这里假设 $T_2(t)$ 亦是实时地根据主动实验模型此刻在目标实验模型轨道坐标系中的位置与速度而施加的。

针对模型 C，设残余阻力系数 $K_R = 0.002$，即主动实验模型在模型 C 中实时的阻力补偿误差为 0.2%，则模型 C 的计算结果如图 9 - 16 所示。

把三种实际模型放在一起横向比较，其 F_s 值如图 9 - 17 所示。

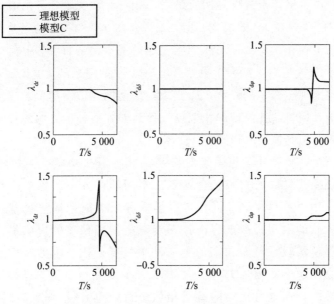

图 9 - 16   模型 C 的比例因子

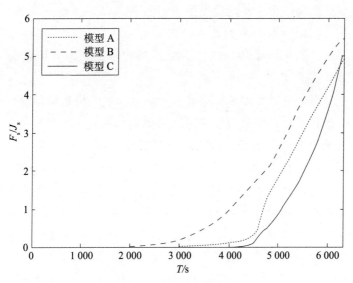

图 9 - 17   三种实际模型的 F_s

可以看出，当进行算例所给定的相对运动实验任务的时候，补偿力 $T_2(t)$ 存在 1% 的误差、重力配平存在 0.000 01% 的误差及液体阻力抵消存在 0.2% 的误差，其 F_s 值是基本相当的，其中模型 B 的 F_s 略大于模型 C 且略大于模型 A。按照 F_s 的定义，其值代表了实际模型偏离理想模型的程度，F_s 越大，模型的相似度越低。即误差极小的重力配平，其模型的相似度反而最差；而补偿力的施加相对误差较大，但其模型的相似度反而相对较好。

当然，哪种非理想因素对模型的相似程度影响大，哪种影响小，还要视具体的实验任务而定。不同的任务中，各个非理想因素的作用也不尽相同。同样，根据多种任务的大量仿真可以得出一个大致的次序：微重力模拟误差对模型相似度的影响最大，应首先保证实验环境有较高的重力配平精度；残余阻力对模型相似度的影响次之；剩余 $T_2(t)$ 的影响最小。之所以微重力模拟误差的影响最大，在绝对运动的近似相似分析中也有过讨论，即主动实验模型的重力是一个本不应该出现在实验环境中的力，它不受相似准则的约束。由于实验模型中装有各种设备，具备一定的质量，因而导致实验模型的重力相对于实验环境中的控制力而言是一个较大的量，如果地面环境的重力配平精度不高，将会引起较大的实验误差。

在之前讨论微重力模拟误差对相对运动实验模型的相似性的影响时，假设了目标实验模型第一轨道坐标系的负 z 方向为主动实验模型的重力方向。前面已经提到，目标实验模型在实验环境中是固定不动的，但由于地面实验系统为六自由度的实验系统，所以目标实验模型相对实验环境的"摆放"姿态是可以根据任务和实验环境建设的需要而改变的。然而，一般情况下，目标实验模型进行空间操作的部位，比如对接口、机械臂等，在执行任务的时候相对其本体坐标系和轨道坐标系的位置和姿态是确定的。所以，当目标实验模型的摆放姿态相对于地面惯性系发生变化时，其轨道坐标系也发生相应的转动，主动实验模型相对于目标实验模型的初始位置、运动轨迹、相应的控制力方向在地面惯性系中也发生相应的转动。然而，对于我们以目标实验模型轨道坐标系为参考系进行相对运动实验分析的情况来说，这基本相当于没有变化，唯一不同的就是微重力模拟误差在目标实验模型的轨道坐标系中的指向发生了变化。

假设目标实验模型第一轨道坐标系的 $-z$ 方向为主动实验模型的重力方向，相当于假设其轨道坐标系的 x-y 平面为地面环境的水平面。下面假设由于目标实验模型摆放姿态的变化，其轨道坐标系的 x-y 平面垂直于地面环境的水平面，剩余重力分别沿轨道坐标系的 x 方向和 y 方向。易知，当微重力模拟误差沿轨道坐标系的 x 方向时，其动力学方程为

$$\begin{cases} \ddot{x} = 2\omega\dot{y} + 3\omega^2 x + \dfrac{f_x}{m} + K_G g \\[2mm] \ddot{y} = -2\omega\dot{x} + \dfrac{f_y}{m} \\[2mm] \ddot{z} = -\omega^2 z + \dfrac{f_z}{m} \end{cases} \tag{9-13}$$

以球坐标参数表示为

$$\begin{cases} \ddot{r} = \dfrac{f_x}{m}\cos\theta\cos\varphi + \dfrac{f_y}{m}\cos\theta\sin\varphi + \dfrac{f_z}{m}\sin\theta + K_G g\cos\theta\cos\varphi + \\[2mm] \qquad 3\omega^2 r\cos^2\theta\cos^2\varphi + r\cos^2\theta\,\dot{\varphi}^2 + 2\omega\,r\cos^2\theta\,\dot{\varphi} + r\,\dot{\theta}^2 - \omega^2 r\sin^2\theta \\[3mm] \ddot{\theta} = -\dfrac{f_x}{m}\dfrac{1}{r}\sin\theta\cos\varphi - \dfrac{f_y}{m}\dfrac{1}{r}\sin\theta\sin\varphi + \dfrac{f_z}{m}\dfrac{1}{r}\cos\theta - \dfrac{1}{r}K_G g\sin\theta\cos\varphi - \\[2mm] \qquad \omega^2\sin\theta\cos\theta - 3\omega^2\sin\theta\cos\theta\cos^2\varphi - \sin\theta\cos\theta\,\dot{\varphi}^2 - \dfrac{2}{r}\dot{r}\,\dot{\theta} - 2\omega\sin\theta\cos\theta\,\dot{\varphi} \\[3mm] \ddot{\varphi} = -\dfrac{f_x}{m}\dfrac{1}{r\cos\theta}\sin\varphi + \dfrac{f_y}{m}\dfrac{1}{r\cos\theta}\cos\varphi - \dfrac{K_G g}{r\cos\theta}\sin\varphi + \dfrac{2}{\cos\theta}\sin\theta\,\dot{\theta}\dot{\varphi} + \\[2mm] \qquad \dfrac{2\omega}{\cos\theta}\sin\theta\,\dot{\theta} - \dfrac{2\omega}{r\cos\theta}\cos\theta\,\dot{r} - 3\omega^2\sin\varphi\cos\varphi - \dfrac{2}{r}\dot{r}\dot{\varphi} \end{cases}$$

$$\tag{9-14}$$

当微重力模拟误差沿轨道坐标系的 y 方向时，其动力学方程为

$$\begin{cases} \ddot{x} = 2\omega\dot{y} + 3\omega^2 x + \dfrac{f_x}{m} \\[2mm] \ddot{y} = -2\omega\dot{x} + \dfrac{f_y}{m} + K_G g \\[2mm] \ddot{z} = -\omega^2 z + \dfrac{f_z}{m} \end{cases} \tag{9-15}$$

以球坐标参数表示为

$$\begin{cases} \ddot{r} = \dfrac{f_x}{m}\cos\theta\cos\varphi + \dfrac{f_y}{m}\cos\theta\sin\varphi + \dfrac{f_z}{m}\sin\theta + K_G g\cos\theta\sin\varphi + \\[2mm] \quad 3\omega^2 r\cos^2\theta\cos^2\varphi + r\cos^2\theta\,\dot{\varphi}^2 + 2\omega r\cos^2\theta\,\dot{\varphi} - \omega^2 r\sin^2\theta + r\,\dot{\theta}^2 \\[2mm] \ddot{\theta} = -\dfrac{f_x}{m}\dfrac{1}{r}\sin\theta\cos\varphi - \dfrac{f_y}{m}\dfrac{1}{r}\sin\theta\sin\varphi + \dfrac{f_z}{m}\dfrac{1}{r}\cos\theta - K_G g\dfrac{1}{r}\sin\theta\sin\varphi - \\[2mm] \quad 3\omega^2\sin\theta\cos\theta\cos^2\varphi - \dfrac{2}{r}\dot{r}\,\dot{\theta} - \sin\theta\cos\theta\,\dot{\varphi}^2 - \omega^2\sin\theta\cos\theta - 2\omega\sin\theta\cos\theta\,\dot{\varphi} \\[2mm] \ddot{\varphi} = -\dfrac{f_x}{m}\dfrac{1}{r\cos\theta}\sin\varphi + \dfrac{f_y}{m}\dfrac{1}{r\cos\theta}\cos\varphi + \dfrac{K_G g}{r\cos\theta}\cos\varphi - 3\omega^2\sin\varphi\cos\varphi - \\[2mm] \quad \dfrac{2}{r}\dot{r}\dot{\varphi} - \dfrac{2\omega}{r}\dot{r} + \dfrac{2}{\cos\theta}\sin\theta\,\dot{\theta}\dot{\varphi} + \dfrac{2\omega}{\cos\theta}\sin\theta\,\dot{\theta} \end{cases}$$

$$\tag{9-16}$$

下面依然根据 y 向连续推力转移算例的任务设定，对这两种情况进行计算分析。同样，假设微重力模拟误差的系数 $K_G = 0.000\ 000\ 1$，即主动实验模型实时的重力配平误差为 $0.000\ 01\%$。

将剩余重力沿轨道坐标系 x 方向的模型命名为模型 Bx，其计算结果如图 9-18 所示。

将剩余重力沿轨道坐标系 y 方向的模型命名为模型 By，其计算结果如图 9-19 所示。

将上述的模型 B 重新命名为模型 Bz，将模型 Bx、By、Bz 的 F_s 绘制在同一幅图上进行比较，如图 9-20 所示。

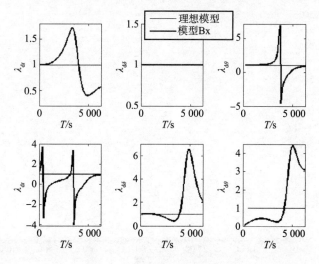

图 9-18　模型 Bx 的比例因子

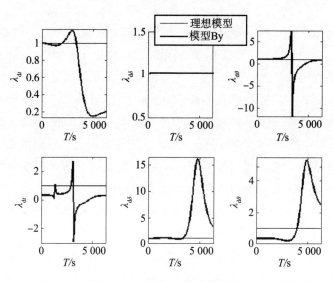

图 9-19　模型 By 的比例因子

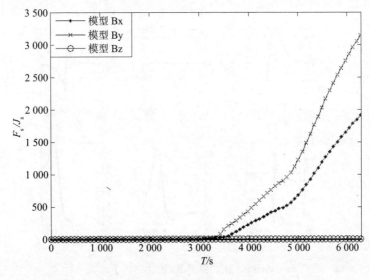

图 9 - 20　三种模型的 F_s

由图 9 - 20 可以看出，模型 Bx 与模型 By 的 F_s 远大于模型 Bz，换言之，模型 Bx 与模型 By 的近似相似程度要比模型 Bz 差。

前面已经讲过，对于一个六自由度的实验系统来说，采用这三种实验方式中的哪种都是不难实现的，实验结果也应该是没有差别的。但当考虑到实验环境中的非理想因素——重力配平精度时，模型 Bx 与模型 By 就不能保证令人满意的相似程度了，也就是说，计算结果表明，如果采用模型 Bx 与模型 By 的实验方式，实验结果将产生较大的偏差。所以，在执行该实验的时候，应根据实验环境的条件选择合适的布局方式，尽量保证主动实验模型的运动轨迹与重力方向垂直。

另外，从本算例的计算结果中也可以看出，虽然 $T_2(t)$ 的施加是为了补偿地面绝对运动实验环境与空间相对运动状况的差别，但由于 $T_2(t)$ 的存在，令微重力模拟误差对模型 Bz 的影响发生了改变：主动实验模型在模型 Bz 的实验方式下运动时，并没有因为微重力模拟误差的存在而出现 z 向位移的持续增大，而是在一个轨道周期之后回到了轨道平面内。这也是为什么模型 Bz 的相似性较好的原因之一。同时，在不考虑其他非理想因素的前提下，主动实验模型的 z 向运动与 x,y 向是解耦的（残余阻力的存在会打破这种解耦关系），z 向的运动偏差并不会影响到其他两个方向。由于微重力模拟误差往往对模型相似性的影响最大，特别是当主动实验模型的运动轨迹位于目标实验模型轨道坐标系的 x-y 平面内，即位于其轨道平面内时，应尽量保证采用的实验方式可以使主动实验模型的重力沿目标实验模型轨道坐标系的 z 轴方向。

参 考 文 献

[1] 何兆伟，师鹏，葛冰，赵育善. 航天器地面实验的相似性分析方法 [J].
北京航空航天大学学报，2012，38 (4): 502 - 508.

[2] Rezaeepazhand J，and Yazdi A A. Similitude requirements and scaling laws
for flutter prediction of angle-ply composite plates. Composites: Part B，
Vol. 42，No. 1，2010，pp. 51 - 56.

[3] Torkamani Sh，Navazi H M，Jafari A A and Bagheri M. Structural simili-
tude in free vibration of orthogonally stiffened cylindrical shells. Thin-
Walled Structures，Vol. 47，2009，pp. 1316 - 1330.

[4] Hong Y，Cao Z and Li Q. Study on energy law of similitude for laser pro-
pulsion in repetitively-pulsed mode. Chinese Journal of Aeronautics，Vol.
22，2009，pp. 583 - 589.

[5] Jha A，Sedaghati，R and Bhat R. Dynamic testing of structures using scale
models. AIAA Paper 2005 - 2259，2005.

[6] Elsen M V，Al-Bender F and Kruth J. Application of dimensional analysis
to selective laser melting. Rapid Prototyping Journal，Vol. 14，No. 1，
2008，pp. 15 - 22.

[7] Tam C K W. Dimensional Analysis of Jet-Noise Data. AIAA Journal，Vol.
44，No. 3，2006，pp. 512 - 522.

[8] Louca L S. An energy-based model reduction methodology for automated
modeling. Ph. D. Thesis，Department of Mechanical Engineering，Univer-
sity of Michigan，1998.

[9] McBride R T. System analysis through bond graph modeling. Ph. D. The-
sis，Department of Electrical and Computer Engineering，University of Ar-
izona，May 2005.

第 10 章　混合悬浮实验测试方法

混合悬浮实验测试主要包括对实验系统整体性能的测试和实验过程的测试。对于实验系统整体性能的测试，包括系统浮力特性测试、电磁力特性测试以及实验环境下的微重力水平测试。实验过程测试包括实验所需的各种参数的测量、软硬件测试、分系统之间的兼容性测试等。本章主要就混合悬浮系统整体性能测试方法和实验过程的参数测量方法进行介绍。

10.1　系统液体浮力特性测试方法

混合悬浮系统中，在液体浮力和电磁力的共同作用下，可以实现微重力效应的模拟。电磁系统的设计主要依据所需提供的电磁力，这是由液体浮力与重力之差决定的。实验模型重力的测量比较容易，采用测量精度足够的计重器或者直接用拉力计即可。因此，为了得到所需电磁力的大小，需要对实验模型在液体中所受浮力进行测量。

如第 6 章所述，物体在液体中的浮力主要取决于液体的密度和物体在液体中的体积，所受浮力的大小遵循阿基米德原理，若能够精确测量出液体的密度和物体排开液体的体积，则浮力可知。液体密度的测量一般通过密度计实现，可以根据液体的属性选择相应密度计。物体排开液体的体积相对来说也较容易测量，一般可以在带有刻度标记的容器中测量实验模型放入容器前后液体表面高度的变化得到。但是由于实验模型上一般配有浮块，浮块对液体的吸收会影响测量结果。另外，当实验模型体积过大时，所需容器很大（可能需要特殊加工和配备），而且由于表面张力的作用，会对液面高度的读数产生影响，致使测量结果误差较大。因此该方法只能进行较为粗略的测量。

为了得到更加精确的液体浮力，可以采用重力差法进行测量，即先后测量实验模型在空气中和在液体中受到的表观重力，两者之差就是实验模型所受的液体浮力。由于浮力抵消了一部分重力，因此测量重力差时，应该选用量程范围较小、分辨率较高的测力计，一般可以选择推拉力计，能够同时适用于重力略大和浮力略大的情况。值得注意的是，测量过程中，必须使实验模型完全沉浸在液体中且保持静止，等测力计上的读数稳定之后再记录。一般需要重复测量多次，对数据进行平均，以减小偶然误差。为了避免实验模型在液体中长时间浸泡吸水对空气中的重力产生影响，应该将实验模型在液体中浸泡一段时间，之后先进行重力差的测量，然后让实验模型出水，擦干表面附着水，测量其在空气中的重力，再计算出液体浮力。该方法不需要附加的容器和设备，操作简单，测量精度与实验模型体积大小无关，测量结果只受测力计量程和分辨率的影响，通过选择合适的测力计，可以使测量结果精度较高。而且由于该方法可以直接得到重力与液体浮力之差，因此，可以直接给出所需电磁力的大小，作为电磁系统设计的输入条件。

10.2　系统电磁力特性测试方法

电磁系统是一个非线性系统，实验模型在电磁场中所受的电磁力也是一个随位置、姿态、线圈电流等非线性变化的量。特别是对于分布式电磁线圈阵产生的耦合电磁场，即使理论设计时考虑了同一高度轴向电磁力不变、水平电磁力接近于零，但是由于耦合电磁场的复杂性，电磁力实际特性的变化需要通过实验测试进行评定。

10.2.1　力的基本测量原理

电磁力属于作用力的范畴，因此，电磁力的测量方法可以基于一般力的测量原理而得到。

一般地，物体受力的测量原理包括：

1）通过测量在被测力作用下的某弹性元件的形变或应变来测得被测力。

2）通过测量一个在被测力作用下的已知质量的物体的加速度来间接测量被测力。

3）当被测力张紧一根振动弦时，该弦的固有频率将随被测力的大小而变化，通过测量该频率的变化来测得被测力。

下面对这几种测量方法进行简要分析。

（1）通过测量弹性元件的形变或应变来测得被测力

这种测力方法有诸多的优点，被广泛地用在高精度的测力传感器上面。测力传感器主要有电阻应变式力传感器、压磁式力传感器和电容式力传感器等几种类型。此方法为接触测量方法，需要将测力传感器连接到实验模型上，可以直接测得实验模型所受的合力。

该方法的优点在于测力传感器的测量精度很高，测量范围广，寿命长，结构简单，频响特性好，能在恶劣条件下工作，易于实现小型化、整体化和品种多样化。但是由于是接触式测量，要求测力传感器和被测对象之间通过一定的刚性机构进行连接，而且对传感器的安装也有要求（必须装于被测力的作用线上）。另外，传感器的选择必须考虑使用环境，若在水下环境中测量，需要做好防水处理，在电磁环境中测量，要求传感器不受电磁场影响。

（2）通过测量物体的加速度来间接测量被测力

这种方法要测量实验模型的加速度，因此要用到加速度测量元件，最常用的是加速度计。加速度计由检测质量、支撑、电位器、弹簧、阻尼器和壳体组成。检测质量受支撑的约束只能沿一条轴线移动，这个轴通常称为输入轴或敏感轴。当仪表壳体随着载体沿敏感轴方向作加速运动时，具有一定惯性的检测质量力图保持其原来的运动状态不变。它将与壳体产生相对运动，使弹簧变形，于是检测质量在弹簧力的作用下随之加速运动。当弹簧力与检测质量加速运动时产生的惯性力相互平衡时，检测质量与壳体之间便不再有相对运动，这时弹簧的变形就反映了被测加速度的大小。电位器作为位移传感器把加速度信号转变为电信号，以供输出。

加速度计测量的是实验模型运动过程中，在某个轴向的总的加速度。对于混合悬浮环境而言，包括重力产生的加速度、浮力产生的加速度、电磁力产生的加速度、水动力产生的加速度等。因此该方法无法直接测量出电磁力对实验模型产生的加速度。

（3）当被测力张紧一根振动弦，该弦的固有频率将随被测力的大小而变化，通过测量该频率的变化测得被测力

振弦技术是基于张紧的振弦处于振荡时的谐振频率随其所受的张力变化来测量力或加载值。通常，张力愈大，载荷愈重，则谐振频率就愈高。用振弦原理构成的力传感器具有准确度高、数字输出、内分辨力高以及输出信号稳定等优点。但是振弦传感器中驱动振弦需要励磁线圈，因此振弦式力传感器不能在磁场中使用。

10.2.2　电磁力特性的测试方案

混合悬浮环境下，实验模型处于液体和电磁场中，对其所受的电磁力的测量，选择通过测弹性元件的形变/应变的方法进行，可以采用电阻应变式力传感器或者电容应变式力传感器，但是必须对其进行水密性处理。以电阻应变式传感器为例，它是由一个或多个能在受力后产生形变的弹性体和能感应这个形变量的电阻应变片组成的电桥电路（如惠斯登电桥），以及能把电阻应变片固定粘贴在弹性体上并能传导应变量的粘合剂和保护电子电路的密封胶等三大部分组成。在受到外力作用后，粘贴在弹性体的应变片随之产生形变引起电阻变化，电阻变化使组成的惠斯登电桥失去平衡输出一个与外力成线性正比变化的电量电信号，该信号通过转化，输出被测力的大小。

10.2.2.1　轴向电磁力的静态测量方案

在混合悬浮系统中，电磁力的主要作用是对重力与液体浮力之差进行平衡，以实现微重力效应的模拟。因此理想情况下电磁力的作用方向是竖直方向。在电磁系统设计时，要求电磁线圈的轴向和

竖直方向平行，则理想情况下，电磁力主要沿线圈轴向。实验模型在实验空间内给定点处静止不动时，对其所受电磁力的测量称为静态测量。轴向电磁力静态测量方案如图 10－1 所示，测力传感器固定在水池底部，外面有防水外壳，实验模型和测力传感器之间使用刚性支撑杆件来连接。

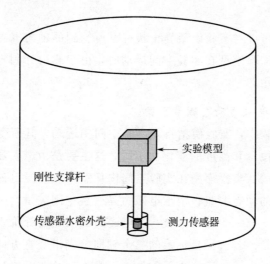

图 10－1　轴向电磁力测量方案示意图

测试步骤如下。

1）在不开通电磁场的情况下，通过测力传感器测得实验模型所受的竖直方向的力为 f_1。

2）保持步骤 1）的测量条件，开启电磁场。相对于原来的测量环境，实验模型的受力情况仅增加了电磁力的作用，此时通过测力传感器测得实验模型所受的竖直方向的力为 F_1。

3）F_1 和 f_1 的差值 $\Delta F_1 = F_1 - f_1$，即为实验模型在这个高度时所受到的电磁力。

实验模型与测力传感器之间通过支撑杆连接，因此，既能测量电磁斥力，又能测量电磁吸引力。电磁场环境中，要求支撑杆使用非铁磁性材料制作，同时支撑杆的刚度要保证施加电磁力以后实验模型在支撑杆的固定下其轴向位置不变。测力传感器自身也有一定的质量，固定在水池底部可以避免传感器自身受到的重力和浮力对测量结果的干扰。此时测力传感器的输出只有实验模型在垂直方向所受到的合力。当实验模型高度恒定时，改变电磁线圈的电流，电磁力将发生变化，可以测得实验模型所受的电磁力随电流的变化特性。

该方案可以对实验模型静止状态下所受到的轴向电磁力进行测量，但是当实验模型在实验空间运动时，由于测力计固定，导致该方案不能适用。

10.2.2.2　电磁力动态测量方案

实验过程中，实验模型将在实验空间中运动，其所受的电磁力会随着所处位置和高度的变化而不同，这主要是由电磁场的空间分布特性决定的。实验模型在实验空间内任意一点所受电磁力的测量称为电磁力的动态测量。由于电磁力是一种空间矢量，因此在给定的坐标系下，有三个轴向分量，对电磁力的测量就等价于对三个方向分量的测量。若选择坐标系的三个轴向分别沿竖直方向和水平方向（在水平面内相互垂直的两个方向），则电磁力矢量在这三个方向上的投影将分别表示水平面内的电磁力和竖直方向上的轴向电磁力大小。测得实验空间内任意位置上的轴向电磁力和水平方向电磁力分量，则在给定坐标系下，可得电磁力矢量的大小和方向及其随高度、位置等的变化特性。

实验模型所受电磁力的动态测量方案如图 10 - 2、图 10 - 3 和图 10 - 4 所示。上部支架用于调整实验模型在电磁场中的位置和高度，如图 10 - 2 所示，圆轨道由三个支撑杆固定，轨道面保持水平，上面有圆弧形齿条。中心轴上端固定，下端通过圆轨道的圆心。圆轨道面内布设一个水平支撑杆，一端和中心轴连接，可绕中心轴转动，另一端安装有齿轮，可使该支撑杆沿圆轨道上的弧形齿条绕中心轴做圆周运动。该水平支撑杆上装有滑块，力传感器安装在滑块上，力传感器和实验模型通过伸缩杆连接。伸缩杆的长度可以调整，从而可以调整实验模型在实验空间内的高度。在伸缩杆和水平支撑杆的共同作用下，可使实验模型位于实验空间内的任意一点处进行测量。

实验模型所受的轴向电磁力可以由与滑块相连的力传感器测得，具体测量方案与 10.2.2.1 节所述相同，这里不再赘述。

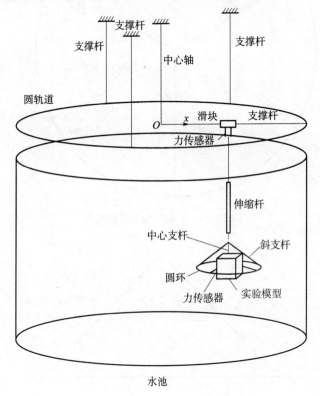

图 10-2　电磁力动态测量示意图

水平面内电磁力的测量方案如下：给实验模型安装一个支架，支架的结构如图 10-3 和图 10-4 所示，由圆环和四个支撑杆组成，包括三个斜支杆和一个中心支杆，形成类似三角框的结构，实验模型处于三角框的中央，通过中心支杆固定，使其质心处在圆环平面内。中心支架可以小幅度摆动，但其不会对实验模型施加水平方向

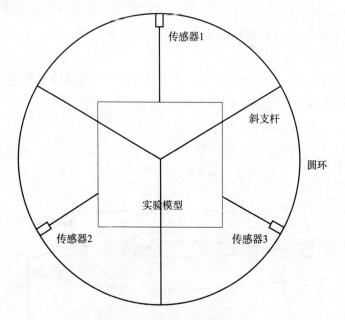

图 10 - 3　实验模型支架俯视图

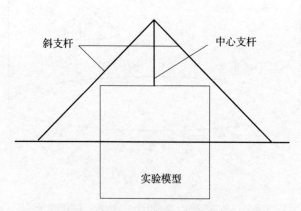

图 10 - 4　实验模型支架正视图

的作用力。三个传感器位于圆环所在的平面内，相互夹角 120°，一端固定在圆环上，另一端通过细刚性杆连接实验模型。当实验模型受到水平面内的电磁力作用时，通过对三个测力计输出数据的分析和计算，可得给定坐标系下水平面内两轴向电磁力分量，或直接得出水平面内电磁力的大小和方向。

测试步骤：

1）在实验空间内标定实验模型距离电磁线圈的准确高度 h。给定圆轨道起始位置，标定水平支撑杆与参考基准之间的夹角 θ。给定滑块的起始位置，标定滑块在水平支撑杆上的位置 x。

2）调整伸缩杆的长度，使得实验模型的高度为 h_1，得到轴向力传感器的输出为 $f(h_1)$。

3）滑块调整到 x 位置，水平支撑杆到达 θ 角度时，得到水平面内传感器 1、传感器 2 和传感器 3 的输出分别为 $f_1(x,\theta)$、$f_2(x,\theta)$ 和 $f_3(x,\theta)$。

4）在实验模型位置保持不变的条件下，开启电磁场，得到轴向力传感器的输出为 $F(h_1)$，水平面内三个传感器的输出分别为 $F_1(x,\theta)$、$F_2(x,\theta)$ 和 $F_3(x,\theta)$。

5）由

$$\Delta F(h_1) = F(h_1) - f(h_1)$$

得到此时实验模型所受的轴向电磁力大小；由

$$\Delta F_1(x,\theta) = F_1(x,\theta) - f_1(x,\theta)$$
$$\Delta F_2(x,\theta) = F_2(x,\theta) - f_2(x,\theta)$$
$$\Delta F_3(x,\theta) = F_3(x,\theta) - f_3(x,\theta)$$

得水平面内沿着三个传感器方向的电磁力，矢量合成 $\Delta F_1(x,\theta)$、$\Delta F_2(x,\theta)$ 和 $\Delta F_3(x,\theta)$ 得到此位置下实验模型水平方向的电磁力为 $\Delta F(x,\theta)$ 的大小和方向。

6）保持实验模型高度不变，电磁场参数也不变，针对不同的 (x,θ) 位置，测量轴向电磁力和水平电磁力的变化，绘制成曲线，得到同高度下电磁力随位置的变化特性。

7）改变高度，重复以上 2）～6）步骤，得到该高度下电磁力随位置的变化特性。

10.3　系统微重力水平测试方法

10.3.1　测试方法介绍

如前所述，微重力是指重力效应大大减小的一种状态，从表观的角度看，微重力是系统的表观重力（我们能从测力计上看到的力的读数）小于引力所产生的实际重力的一种状态。混合悬浮系统中实验模型的微重力实际上是一种表观重力，是重力与浮力之差。因此可以直接采用 10.1 节中的重力差法进行测量，直接由测力计的读数就可以得到微重力配平的精度。但是，这里需要强调的是，在混合悬浮环境下，微重力效应是由液体浮力和电磁悬浮力共同作用的结果，因此与 10.1 节不同之处在于，测量必须在电磁场开启的情况下进行，选择测力计时一方面要考虑测量精度，另一方面也要考虑电磁场对其性能的影响。

除了直接测量力之外，由力与加速度之间的关系，也可以将此微重力水平用实验模型受到的重力、浮力以及其他干扰力（例如因水的扰流而产生的水动力）而产生的加速度来表述。因此，可以通过测量实验模型在此环境中的加速度来测量混合悬浮系统的微重力水平。对于加速度，常用绝对法测量，即把惯性测量装置（传感器）安装在运动体上进行测量（见图 10-5）。

当前测量加速度的传感器基本上都是基于图 10-5 所示的基本结构。可以看作是由质量块 m、弹簧 k 和阻尼器 c 所组成的惯性型二阶测量系统。质量块通过弹簧和阻尼器与传感器基座相连接。传感器基座与被测运动体相固连，因而随运动体一起相对于运动体之外惯性空间的某一参考点作相对运动。由于质量块不与传感器基座相固连，因而在惯性作用下将与基座之间产生相对位移。质量块感受加速度并产生与加速度成比例的惯性力，从而使弹簧产生与质量块相对位移相等的伸缩变形，弹簧变形又产生与变形量成此例的反

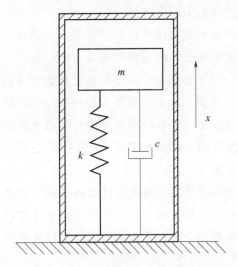

图 10 - 5　加速度计原理示意图

作用力。当惯性力与弹簧反作用力相平衡时，质量块相对于基座的位移与加速度成正比例，故可通过该位移或惯性力来测量加速度。

　　加速度计的类型较多，基于测量质量块相对位移的加速度传感器一般灵敏度都比较低，所以当前广泛采用基于测量惯性力的加速度传感器，例如电阻应变式、压阻式和压电式加速度传感器。它们在工作过程中通过敏感质量块受到的加速度，产生与之成正比的惯性力，再通过弹性元件把惯性力转变成应变、应力，或通过压电元件把惯性力转变成电荷量，然后通过测量应变、应力或电荷来间接测量加速度。根据具体测量精度，可以选择符合要求的加速度计进行测量。

10.3.2　测试方案

　　实验系统利用混合悬浮环境提供微重力效应的模拟，当实验模型处于该环境中后，为了达到微重力模拟效果，要求实验模型自由状态下所受外力基本为零，即相对于地面坐标系其水平方向加速度为零，竖直方向加速度也基本为零。

若微重力模拟水平要求达到 $10^{-4}g$ ，则竖直方向加速度应该小于 $10^{-4}g$ ，这一要求对加速度计的选择提出了条件。为了达到这样的测量要求，则加速度计的分辨率要高于 $10^{-4}g$ 。一般来说，加速度计的指标可以用零偏稳定性和零偏重复性指标来衡量，为了满足测量要求，选择时要求满足这两个指标 $\leqslant 10^{-5}g$ 。另外，实验模型运动过程中加速度不大，因此对加速度计的最大量程要求不高。目前高精度加速度计的分辨率水平可达 $10^{-9}g$ ，各种量程都有，可以满足实验测量要求。

高精度的闭环液浮摆式加速度计和振弦式加速度计内部含有磁性部件，不能在强磁场使用。摆式积分陀螺加速度计结构复杂、体积较大，在实验模型上使用不方便，因此可以优先选用挠性摆式加速度计。

另外，为了和实验模型运动状态（包括线运动和角运动）的测量结合起来，若实验模型运动状态利用惯性测量单元 IMU 进行测量，则也可直接利用其来测量混合悬浮实验环境的微重力水平，但是需要在 IMU 选择时同时考虑微重力水平测量精度和实验模型状态测量精度的要求。

10.4　面向空间操作地面实验的测试

不同实验任务对测量的要求不尽相同，对于绝对轨道运动来说，测试的主要目的是为了验证远程机动技术、新型空间理论等，而对于交会对接/相对运动来说，测试主要是为了相对位姿的控制。

一般来说，需要测量的参数和要求如下。

（1）"重力"

地面实验是在模拟空间微重力环境的前提下进行的，在实验前必须通过液体浮力和电磁力对实验模型进行重力配平，配平后"失重效应"应达到要求的量级，因此对"重力"的测量精度应该至少高出要求的量级一个量级以上。例如，若要求达到 $10^{-4}g$，则测量精度至少为 $10^{-5}g$。

(2) 位置和速度

无论绝对运动还是相对运动，位置和速度都是控制必须输入的参数，同时也是验证最终实验效果的必要参考数据，因此位置和速度是必须测量的参数。具体测量精度根据实验目的和任务确定，但是必须符合相似性条件。

(3) 姿态和角速度

不论是轨道运动还是相对运动的地面实验，实验模型的姿态和角速度与其动力学特性密切相关，在轨道和姿态控制过程中是非常关键的输入参数，因此必须进行测量。

10.4.1 测试方法分析与选择

考虑到实验模型处于水介质、强电磁场的实验环境中，因此可以从已有的位置姿态测量方法中进行选择。

(1) 利用 IMU 进行测量

IMU 即惯性测量单元，由陀螺仪与加速度计组成，陀螺仪用来测量实验模型的角运动，加速度计用来测量实验模型的线运动。"惯性"具有双重含义：陀螺仪和加速度计服从牛顿力学，基本工作原理是动量矩定理和牛顿第二定理，即基本惯性原理；作为测量元件的输出都是相对惯性空间的测量值，如角速度输出值是相对惯性空间的角速度，加速度输出值是绝对加速度（即比力，单位质量的非引力外力）。

惯导系统具有全自主、测量参数全、短时精度高、输出频率高以及抗干扰等优点，已经广泛应用于各类航行器上。将惯导系统安装在实验模型上，可以测得实验模型相对于参考坐标系的角速度和姿态、评估引力场引起的受力（即地球引力），根据比力与姿态推算出实验模型的速度和位置。但是惯导系统具有误差随时间累积的缺点，因此在长时间的实验中不适宜采用。

（2）利用视觉定位系统（visural positioning system，VPS）进行测量

视觉定位是利用视差原理获取景物的三维信息，依此来恢复深度信息，进行三维重构。视差测量是在每一对对应点或特征点上进行的，不同的视差指示出不同的深度，由此通过特征目标的检测和匹配可计算出物体的姿态和运动信息。VPS位置测量精度较高（可达毫米级），而且不受电磁场的影响，可在水和电磁环境中正常运行，因此，非常适合于混合悬浮环境。但是，该方法对于速度、姿态和角速度的测量精度不高，同时由于实时计算量特别大会导致数据输出率不高。

（3）利用激光位移传感器进行测量

激光位移传感器是把激光束扩束成多线光投射到被测物表面，用光电探测器采集漫反射光，利用三角几何测量原理得出物体的三维坐标。该传感器对位置、速度测量精度非常高，但是其测量的视场范围不大，同时需要较复杂的激光发生器。

综上，以上几种常用方法各有优缺点，没有一种方法可以同时满足混合悬浮地面实验的测量要求，因此需要采用组合测量方法。例如IMU/VPS组合测量，首先由于VPS的传感器是光学器件，因此在混合悬浮实验环境中可以正常使用，其次通过滤波可以修正纯惯导测量位置时的积累误差，弥补纯VPS姿态测量精度低的不足。VPS又可分为外设VPS和机载VPS，外设VPS是安装在实验环境中的立体视觉测量设备，位置测量精度高，可对IMU位置测量结果进行修正；机载VPS是安装在实验模型上的单目或双目视觉测量设备，适用于交会对接的相对运动，属于自主导航范畴。同时，VPS对实验模型的运动没有特殊要求，使用条件较宽松。

10.4.2　IMU测量误差机理与补偿

10.4.2.1　杆臂效应

惯性测量组件理论上应安装于载体的质心处，且正常位置时三

轴分别指向载体的惯性主轴方向。而实际上惯性测量组件的安装基座会偏离载体质心，存在切向加速度和向心加速度，从而会引起加速度计的测量误差，这种现象称为"杆臂效应"。

如图 10-6 所示，设惯性坐标系为 $o_i x_i y_i z_i$，载体本体坐标系为 $o_b x_b y_b z_b$，加速度计安装在载体系中的固定点 P，$\boldsymbol{R}_0$ 为本体系的原点位置矢量，$\boldsymbol{R}_p$ 为 P 点相对于惯性系原点的位置矢量，而 $\boldsymbol{r}_p$ 则为 P 点相对于载体系原点的位置矢量。

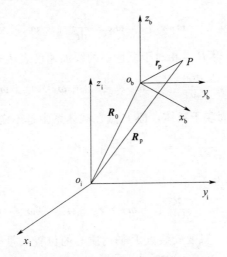

图 10-6　杆臂效应产生机理示意图

显然有如下关系

$$\boldsymbol{R}_p = \boldsymbol{R}_0 + \boldsymbol{r}_p$$

对上式两边对时间微分，得到

$$\frac{\mathrm{d}\boldsymbol{R}_p}{\mathrm{d}t}\Big|_i = \frac{\mathrm{d}\boldsymbol{R}_0}{\mathrm{d}t}\Big|_i + \frac{\mathrm{d}\boldsymbol{r}_p}{\mathrm{d}t}\Big|_b + \boldsymbol{\omega}_{ib} \times \boldsymbol{r}_p$$

式中下标 i 表示相对于惯性系求微分，下标 b 表示相对于本体系求微分。因此，$\frac{\mathrm{d}\boldsymbol{R}_0}{\mathrm{d}t}\Big|_i$ 是 $\boldsymbol{R}_0$ 相对于惯性系的线运动速度，$\frac{\mathrm{d}\boldsymbol{r}_p}{\mathrm{d}t}\Big|_b$ 是 P 点相对于载体系的线运动速度，$\boldsymbol{\omega}_{ib}$ 是载体系相对于惯性系的角速度。

再对上式在惯性系中求微分，可得到 P 点相对于惯性系的线运

动加速度

$$\frac{\mathrm{d}^2\boldsymbol{R}_\mathrm{p}}{\mathrm{d}t^2}\Big|_\mathrm{i} = \frac{\mathrm{d}^2\boldsymbol{R}_0}{\mathrm{d}t^2}\Big|_\mathrm{i} + \frac{\mathrm{d}}{\mathrm{d}t}\Big(\frac{\mathrm{d}\boldsymbol{r}_\mathrm{p}}{\mathrm{d}t}\Big|_\mathrm{b} + \boldsymbol{\omega}_\mathrm{ib} \times \boldsymbol{r}_\mathrm{p}\Big)\Big|_\mathrm{i}$$

根据相对微商原理可得

$$\frac{\mathrm{d}}{\mathrm{d}t}\Big(\frac{\mathrm{d}\boldsymbol{r}_\mathrm{p}}{\mathrm{d}t}\Big|_\mathrm{b}\Big)\Big|_\mathrm{i} = \frac{\mathrm{d}^2\boldsymbol{r}_\mathrm{p}}{\mathrm{d}t^2}\Big|_\mathrm{b} + \boldsymbol{\omega}_\mathrm{ib} \times \frac{\mathrm{d}\boldsymbol{r}_\mathrm{p}}{\mathrm{d}t}\Big|_\mathrm{b}$$

式中 $\dfrac{\mathrm{d}^2\boldsymbol{r}_\mathrm{p}}{\mathrm{d}t^2}\Big|_\mathrm{b}$ 为 P 点相对于载体系的线运动加速度。同理可得

$$\frac{\mathrm{d}}{\mathrm{d}t}(\boldsymbol{\omega}_\mathrm{ib} \times \boldsymbol{r}_\mathrm{p})\Big|_\mathrm{i} = \dot{\boldsymbol{\omega}}_\mathrm{ib} \times \boldsymbol{r}_\mathrm{p} + \boldsymbol{\omega}_\mathrm{ib} \times \frac{\mathrm{d}\boldsymbol{r}_\mathrm{p}}{\mathrm{d}t}\Big|_\mathrm{b} + \boldsymbol{\omega}_\mathrm{ib} \times (\boldsymbol{\omega}_\mathrm{ib} \times \boldsymbol{r}_\mathrm{p})$$

整理上面几式可得 P 点相对于惯性系的线加速度表达式

$$\frac{\mathrm{d}^2\boldsymbol{R}_\mathrm{p}}{\mathrm{d}t^2}\Big|_\mathrm{i} = \frac{\mathrm{d}^2\boldsymbol{R}_0}{\mathrm{d}t^2}\Big|_\mathrm{i} + \frac{\mathrm{d}^2\boldsymbol{r}_\mathrm{p}}{\mathrm{d}t^2}\Big|_\mathrm{b} + 2\boldsymbol{\omega}_\mathrm{ib} \times \frac{\mathrm{d}\boldsymbol{r}_\mathrm{p}}{\mathrm{d}t}\Big|_\mathrm{b} + \dot{\boldsymbol{\omega}}_\mathrm{ib} \times \boldsymbol{r}_\mathrm{p} + \boldsymbol{\omega}_\mathrm{ib} \times (\boldsymbol{\omega}_\mathrm{ib} \times \boldsymbol{r}_\mathrm{p})$$

由于 IMU 固联于载体,即 P 点在载体系中是不变的,所以有

$$\frac{\mathrm{d}\boldsymbol{r}_\mathrm{p}}{\mathrm{d}t}\Big|_\mathrm{b} = 0, \quad \frac{\mathrm{d}^2\boldsymbol{r}_\mathrm{p}}{\mathrm{d}t^2}\Big|_\mathrm{b} = 0$$

从而上式可简化为

$$\frac{\mathrm{d}^2\boldsymbol{R}_\mathrm{p}}{\mathrm{d}t^2}\Big|_\mathrm{i} = \frac{\mathrm{d}^2\boldsymbol{R}_0}{\mathrm{d}t^2}\Big|_\mathrm{i} + \dot{\boldsymbol{\omega}}_\mathrm{ib} \times \boldsymbol{r}_\mathrm{p} + \boldsymbol{\omega}_\mathrm{ib} \times (\boldsymbol{\omega}_\mathrm{ib} \times \boldsymbol{r}_\mathrm{p})$$

由上式可知,只要安装点 P 偏离质心的位置矢量 $\boldsymbol{r}_\mathrm{p}$ 不为零,则加速度计测量的比力中就包含 $\boldsymbol{r}_\mathrm{p}$ 所引入的杆臂效应误差项 $\dot{\boldsymbol{\omega}}_\mathrm{ib} \times \boldsymbol{r}_\mathrm{p} + \boldsymbol{\omega}_\mathrm{ib}(\boldsymbol{\omega}_\mathrm{ib} \times \boldsymbol{r}_\mathrm{p})$,其中 $\dot{\boldsymbol{\omega}}_\mathrm{ib} \times \boldsymbol{r}_\mathrm{p}$ 为切向加速度分量,$\boldsymbol{\omega}_\mathrm{ib}(\boldsymbol{\omega}_\mathrm{ib} \times \boldsymbol{r}_\mathrm{p})$ 为向心加速度分量。显然,单个加速度计的杆臂效应误差与 $\boldsymbol{r}_\mathrm{p}$ 成正比。

上式中的 $\boldsymbol{r}_\mathrm{p}$ 可以被分解为以下两个部分

$$\boldsymbol{r}_\mathrm{p} = \boldsymbol{r}_0 + \Delta\boldsymbol{r}_\mathrm{p}$$

其中,$\boldsymbol{r}_0$ 为加速度组件的中心点 A_0 在载体系中的位置矢量,$\Delta\boldsymbol{r}_\mathrm{p}$ 为单个加速度计安装点相对于中心点 A_0 的位置矢量,如图 10-7 所示。

由上述分析可知,杆臂效应误差有两种类型,一类是由于 $\boldsymbol{r}_0$ 不为零引起测量的误差,通常被称为惯性测量组件安装偏差杆臂效应 $\boldsymbol{\varepsilon}_0$,$\boldsymbol{\varepsilon}_0$ 的量值为

$$\boldsymbol{\varepsilon}_0 = \dot{\boldsymbol{\omega}}_\mathrm{ib} \times \boldsymbol{r}_0 + \boldsymbol{\omega}_\mathrm{ib} \times (\boldsymbol{\omega}_\mathrm{ib} \times \boldsymbol{r}_0)$$

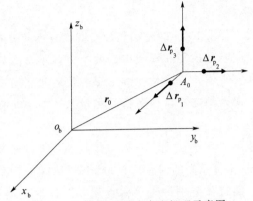

图 10-7　内杆臂效应产生机理示意图

另一类是由于 Δr_p 不为零引起的测量误差，通常被称为加速度计组件内杆臂效应 ε_p，ε_p 的量值为

$$\varepsilon_p = \dot{\omega}_{ib} \times \Delta r_p + \omega_{ib} \times (\omega_{ib} \times \Delta r_p)$$

完全消除杆臂效应必须满足三个条件：

1）惯性测量组件必须安装在载体的质心处，即 $r_0 = 0$。

2）惯性测量装置的本身尺寸为零，即意味着是"点惯性测量装置"，也就是 $\Delta r_p = 0$

3）载体无角运动，即 $\omega_{ib} = 0$。

显然，上述三个条件都是不切合实际的，所以任何惯性测量系统中都存在着杆臂效应误差，它对系统精度的影响程度与上述三点的偏离程度有关。因此，在混合悬浮地面实验中，为了得到满足精度要求的测量值，需要对杆臂效应误差进行补偿。

由前述误差公式可知，在 r_p 已知的情况下，IMU 的杆臂效应可以利用陀螺仪测得的有效载体运动角速度信息进行补偿。对于内杆臂效应，若 IMU 组件中每一个加速度计的位置矢量 Δr_p 都是已知的，则 ε_p 的补偿值便可确定；否则，必须进行相关的辨识与标定。同理，通常 IMU 在载体中的安装位置 r_0 是已知的，那么 ε_0 的补偿值便可确定；否则，也必须进行相关的辨识与标定。具体算法可参考文献 [6-7]。

10.4.2.2　安装误差角

一般来说，要求 IMU 的陀螺和加速度计的三个敏感轴指向载体惯性主轴方向，但是在实际安装中这两组方向不可能完全一致，或多或少会存在安装偏差，这是导致陀螺测角运动和加速度计测线运动误差的重要误差源之一，在高精度测量系统中，安装误差角必须补偿。

安装误差角主要分为两部分：1）惯性测量器件安装敏感轴坐标系与 IMU 壳体坐标系间的误差角；2）IMU 壳体坐标系与载体系间的误差角。下面首先分别讨论这两种误差产生的机理和传递关系，然后提出相应的补偿方法。

对于惯性测量元件非正交角安装误差的分析，设 IMU 加速度计的三个测量轴按 x_f，y_f，z_f 安装，壳体坐标系为 $X_s Y_s Z_s$，此时每个加速度计测量轴的安装误差可以用两个参数来描述，如图 10-8 所示。考虑到安装误差角都是小量，所以惯性测量组件敏感轴坐标系和安装壳体坐标系之间的变换矩阵可写为

$$C_f^s = I + \Delta C_f^s$$

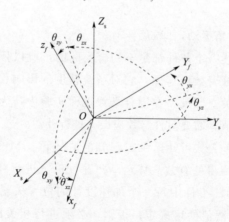

图 10-8　非正交角安装误差

式中

$$\Delta \boldsymbol{C}_f^s = \begin{bmatrix} 0 & -\theta_{yz} & \theta_{zy} \\ \theta_{xz} & 0 & -\theta_{zx} \\ -\theta_{xy} & \theta_{yx} & 0 \end{bmatrix}$$

因此，壳体系下测量到的比力为

$$\boldsymbol{f}^s = \boldsymbol{C}_f^s \boldsymbol{f}^f = (\boldsymbol{I} + \Delta \boldsymbol{C}_f^s)\boldsymbol{f}^f$$

式中，$\boldsymbol{f}^f$ 为加速度计敏感轴坐标系中的比力测量值，$\boldsymbol{f}^s$ 为壳体系中的比力值。

同理，对于陀螺的敏感轴安装误差有相同的关系，在壳体系下测量到的角速度为

$$\boldsymbol{\omega}_{ib}^s = \boldsymbol{C}_f^s \boldsymbol{\omega}_{ib}^f = (\boldsymbol{I} + \Delta \boldsymbol{C}_f^s)\boldsymbol{\omega}_{ib}^f$$

式中，$\boldsymbol{\omega}_{ib}^f$ 为陀螺敏感轴坐标系中的角速度测量值，为壳体系中的加速度值。

对于 IMU 壳体正交角安装误差的分析，设 IMU 壳体沿 $X_s Y_s Z_s$ 固定于载体的质心，载体系为 $X_b Y_b Z_b$，安装偏差角 Δx、Δy、Δz，如图 10-9 所示。

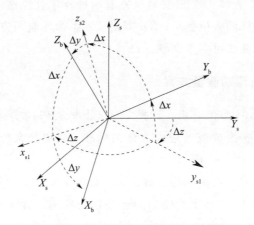

图 10-9　IMU 壳体正交角安装误差

壳体系与载体系的坐标变换矩阵为

$$C_s^b = \begin{bmatrix} \sin\Delta x \sin\Delta y \sin\Delta z + \cos\Delta x \cos\Delta z & \cos\Delta x \sin\Delta y \sin\Delta z - \sin\Delta x \cos\Delta z & -\sin\Delta z \cos\Delta y \\ \cos\Delta y \sin\Delta x & \cos\Delta y \cos\Delta x & \sin\Delta y \\ -\sin\Delta x \sin\Delta y \cos\Delta z + \cos\Delta x \sin\Delta z & -\cos\Delta x \sin\Delta y \cos\Delta z - \sin\Delta x \sin\Delta z & \cos\Delta y \cos\Delta z \end{bmatrix}$$

因此，在载体系下加速度计测量的比力为

$$f^b = C_s^b f^s = C_s^b C_f^s f^f = C_s^b (I + \Delta C_f^s) f^f$$

所以，IMU 测量载体加速度的误差为

$$\delta f^b = f^b - f^f = \left[C_s^b (I + \Delta C_f^s) - I \right] f^f$$

同理，在载体系中陀螺测量的角速度为

$$\omega_{ib}^b = C_s^b \omega_{ib}^s = C_s^b (I + \Delta C_f^s) \omega_{ib}^f$$

所以，IMU 测量载体角速度的误差为

$$\delta\omega_{ib}^b = \omega_{ib}^b - \omega_{ib}^f = \left[C_s^b (I + \Delta C_f^s) - I \right] \omega_{ib}^f$$

对于前述两种安装角误差的辨识与补偿采用不同的方法。对于惯性测量元件非正交角安装误差的标定主要依靠实验室环境进行，可采用转台上多位置翻滚实验的方法进行辨识，具体方法可参考文献 [8 – 10]。

对于 IMU 壳体正交角安装误差有两种标定补偿法：1）通过光学设备进行严格的方位标定；2）需要依赖组合导航的方法进行参数的估计，相关算法可参考文献 [11]。

10.4.3　绝对运动测量方案

根据 10.4.1 节的分析，选择 IMU/外设 VPS 的实时组合测量方案，通过事后平滑滤波处理作为评估标准。该测量系统的软硬件和数据流程如图 10 – 10 所示。

整个测量系统的流程是：首先，安装在实验模型内部的 IMU 和安装在外部的 VPS 对实验模型的运动进行感测，并输出相关参数，IMU 输出数据经过串口送入嵌入式计算机的缓存单元，而 VPS 输出数据以光纤通信方式通过网口送入嵌入式计算机的缓存单元。然后，CPU 读取相关数据，对 IMU 的数据进行捷联解算得到实验模型的位置、速度、姿态、角速度等运动参数，这些参数同 VPS 输出数据

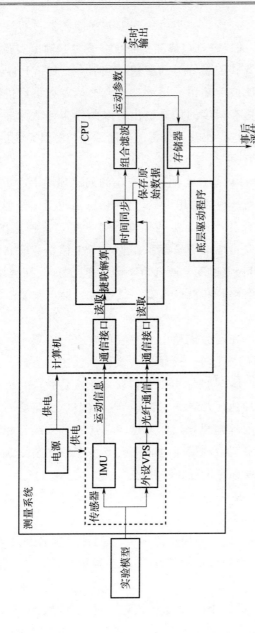

图10-10　测量系统软硬件与数据流程图

一并进行时间同步处理，同步后送入卡尔曼滤波器进行滤波，估计并校正 IMU 的相关误差，最终测量系统"实时"输出实验模型相对于参考原点的位置和姿态等运动参数。同时，存储 VPS 与 IMU 解算的原始数据和滤波后输出的运动参数，前两者在事后进行平滑滤波处理后可得到更高精度的估计输出，以此作为评估标准和在线实时输出的运动参数进行比较，分析、判断并评估测量系统的性能。

对于 IMU 的使用另有五点需要说明。

1）由于实验环境是在水池这种窄小的局部环境中，实验模型运动的范围很小，而常规的陆用 IMU 解算后输出位置是经度、纬度和高度，所以在混合悬浮地面实验环境和条件下，这种输出不合适。因此，这里可选取当地地理坐标系作为参考坐标系，即"惯性系"，要求 IMU 的输出为角速度（或者角增量）和比力，捷联解算过程就以此数据进行姿态解算和航位推算，最终位置输出都是以米为单位的相对位置量。

2）对于 IMU 在实验模型中的安装位置有一定要求。通常希望 IMU 安装在载体的质心处，三轴指向载体惯性主轴方向。如果安装位置不在质心处，IMU 的输出则会包含由于杆臂效应，而产生的离心加速度和切向加速度，导致系统的测量偏差，偏离质心越远或者安装点处的角运动越剧烈导致偏差越大，这时必须经过标定进行算法补偿。同时，安装三轴指向也必然会有一定的安装角误差，该误差也必须经过离线标定进行算法补偿。

3）IMU 正常使用前必须进行一定时间的静态初始对准，建立参考基准，获取姿态阵。

4）由于处于强电磁场的实验环境，IMU 必须有金属外壳封装，与外界交流仅限于通信接口，从而实现磁场屏蔽，通常使用铁制外壳。

5）对于实验环境中的实验模型重力的液浮和电磁力配平环节，必须在 IMU 初始对准完成后进行，否则配平后由于"失重效应"测量误差太大。

对于外设 VPS 的使用另有三点需要说明。

1）外设 VPS 的输出包括三维位置、速度、三个姿态角以及角速度，但只有位置和姿态精度较高。因此，外设 VPS 数据与 IMU 数据融合时，仅采用外设 VPS 和 IMU 的位置和姿态作为量测量（或者仅采用位置，是否加入姿态量测量要经过相关具体实验效果才能确定）。

2）VPS 的 CMOS 或者 CCD 视觉传感器测量范围必须全面覆盖实验模型的活动区域，包括视场覆盖和深度距离覆盖。

3）VPS 的数据输出率应尽量高。

10.4.4　相对运动测量方案

与绝对运动相似，选择 IMU/机载 VPS 的实时组合测量方案。该测量系统的软硬件和数据流程如图 10-11 所示。该系统整体构架和数据流程与绝对运动测量中的 IMU/VPS 组合测量方案类似，同样分为自主测量与外部测量两个部分，其中自主测量由 IMU 与机载 VPS 组成，外部测量依然是外设 VPS。

对于自主测量，其中 IMU 输出的是推力加速度和姿态角速度，这些绝对运动信息在一定假设条件下可以转化为两个实验模型（相对运动实验时，需要与主动航天器对应的实验模型，还需要与被动航天器对应的实验模型）之间的等效相对运动信息，再利用相对运动方程导航解算就能得到两实验模型之间的相对位置、速度和姿态；机载 VPS 输出的是两实验模型之间的相对位置和姿态，对于合作目标，主动实验模型上的机载 VPS 通过测定目标实验模型上标志点的图像坐标求解两实验模型之间的相对位姿。对于非合作目标，机载 VPS 通过检测目标实验模型的图像特征从而建立目标实验模型本体系，以此来求解相对位姿。利用两传感器组合进行相对测量，一方面利用 IMU 的短周期导航性能克服了一般 VPS 测量系统输出频率不高、具有时间延迟、不能直接测量相对速度和角速度、视场较小、易受外界干扰等局限性，另一方面又利用 VPS 测量的长周期性能修

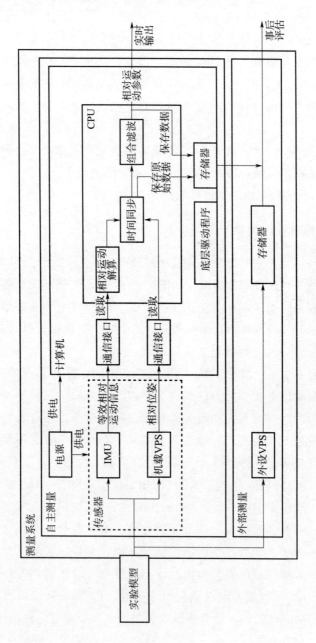

图10-11 测量系统软硬件与数据流程图

正了 IMU 固有的惯性累积误差以及测量噪声引起的测量误差，具有更高的可靠性和自主性。

对于该方案有两点需要说明：1）机载 VPS 安装指向对接轴方向，而通常对接轴方向是实验模型的主轴方向之一；2）由于 VPS 的成像系统会产生几何畸变引起测量误差，所以使用前需要进行自标定。

参 考 文 献

[1] 赵君辙，邢馨婷，杨中柳．线加速度计的现状与发展趋势综述［J］．计测技术，2007，27（5）：1-4.

[2] 白彦峥，田蔚，周泽兵，吴书朝，涂海波．高精度空间加速度计及其应用［J］．空间科学学报，2010，30（6）601-606.

[3] 张伟亮，房晓勇，崔晓光，杨震．MEMS新型光纤加速度传感器设计［J］．科学技术与工程，2010，10（17）：4294-4295.

[4] 邓铁六，王清标，胡建明，染兆群，白泰礼，何羚．振弦传感技术的新进展及新型锚索测力计［J］．岩石力学与工程学报，2001，10：1769-1771.

[5] 尚洋．基于视觉的空间目标位置姿态测量方法研究［D］．国防科学技术大学博士学位论文，2006.

[6] 严恭敏，周琪，翁浚，秦永元．捷联惯导系统内杆臂补偿方法及试验验证［J］．宇航学报，2012，33（1）：62-67.

[7] 吴文启，杨伟光，杨杰．激光陀螺捷联惯导系统尺寸效应参数标定与优化补偿［J］．中国惯性技术学报，2009，17（6）：636-642.

[8] 杨晓霞，黄一．激光捷联惯导系统的一种系统级标定方法［J］．中国惯性技术学报，2008，16（1）：1-7.

[9] 周章华，邱宏波，李延，等．用低精度双轴转台对捷联惯导进行系统级标定的方法［J］．中国惯性技术学报，2010，18（4）：503-507.

[10] 吴赛成，秦石乔，王省书，胡春生．激光陀螺惯性测量单元系统级标定方法［J］．中国惯性技术学报，2011，19（2）：185-189.

[11] 程向红，黄华．捷联惯导系统初始对准中IMU安装误差及陀螺漂移的估计与补偿［J］．中国惯性技术学报，2004，12（5）：13-15.

第 11 章　Cyber 空间辅助的模拟实验方法

11.1　概述

11.1.1　Cyber 空间与 Cyber 性

Cyber 空间是信息环境下硬件设备、软件和模型的综合集成，其中，硬件设备是 Cyber 空间的物理支撑和信息传输媒介，由信息技术框架下相互融合的网络及其节点组成，具体包括互联网、通信网、传感网、计算机系统、网络操作/指挥/控制中心及嵌入式处理器和控制器；软件模型是现实空间中存在事物、运动及其规律的数学描述，依存于硬件设备。

这里我们提出 Cyber 性的概念，即人类通过网络、电磁媒介感知事物存在、获取运动参数，通过物理节点运行数学模型，分析、规划其运动规律，进而拓展人类对事物的操控能力。这种性质描述了现实空间中的某些事物与 Cyber 空间的依存关系，现实空间中具有 Cyber 性的事物能够通过网络、电磁媒介映射于 Cyber 空间之中。如航天器的测控，就是通过电磁波感知并呈现航天器的运动状态，再将控制指令以电磁信息的形式发送给航天器，实现对其远程操控。

11.1.2　空间操作系统的 Cyber 性

航天系统与生俱来就具有 Cyber 性。由于航天器所运行的轨道和速度超越了人的感知范围，必须借助于电磁空间来测控，因此，以航天器为基础构成的空间操作系统是一种具有 Cyber 性的典型物理系统。空间操作系统的 Cyber 性表现为其通过 Cyber 空间可以拓展人类对空间环境及空间操作的感知和操作能力。引入三维仿真技术的空间操作系统，其主要思想是利用三维仿真技术给操作者提供空间操作现场的虚拟环境，操作者通过输入、输出设备与三维仿真环境直接作用，三维仿真环境依据航天器运动学、动力学对空间操作指令的执行情况进行预测，并提供给操作者实时预测的视觉信息。如果三维仿真环境的预测模型建立得足够准确，视觉信息会比较真实地反映工作现场的情况，可以有效解决空间操作系统中的时延问题。

三维仿真系统具有虚实结合、实时交互等新特点。三维仿真将各类航天器实体的三维模型导入到场景中，建立虚拟场景中的目标与空间中的目标一一映射的关系。通过控制虚拟场景中的模型来间接控制实际物体的运动，可以做到实时操作与监控，为更有效地进行在轨操控提供保障。

欧美各国已开展了多项关于空间操作系统的 Cyber 性验证及其应用的研究计划。美国国家航空航天局 2007 年开发了高级远程操作界面（Advanced Teleoperation Interfaces），旨在进行空间检查、维修、装配等关键操作；美国国家航空航天局艾姆斯实验中心的计算科学分局联合了卡内基梅隆大学的空间机器人研究所和瑞士联邦科技研究所的三维仿真和活动界面小组共同开发了在未知和不规则环境中进行易用、高效、鲁棒的远程操作工具，使地面操作者更好地操作空间机器人。

美军开展的施里弗－6 军事演习探究了在 2022 年物理空间与 Cyber 空间结合的问题，并研究了在危机中与物理空间和 Cyber 空间系统相关的多个机构的交互与服务，强调了对物理空间和 Cyber 空间的日益依赖程度是所有国防和国家安全行动的核心驱动力。此外，施里弗－6 强调对空间快速响应能力的支持和空间系统全面脆弱性评估的必要性。施里弗军事演习建议按照物理空间和 Cyber 空间实验运行特点，制定 Cyber 空间与物理空间结合的实验系统构架。这些规范化的协调流程、框架与明确的角色和职责便于应对未来的突发状况。

由此，必须洞悉物理空间和 Cyber 空间的结合，研究其对航天技术尤其是空间操作实验验证技术产生的重大影响。

11.1.3　Cyber 与地面实验系统结合下的空间操作实验验证

复杂空间操作需要航天器向着满足多任务、高机动、自主性、全高度、应急响应等方向发展，需要建立可信的地面实验系统。地面实验是空间操作技术研究的主要组成部分，它可以大大缩短操作技术的研制周期以及减少研制费用。通过地面试验可以验证空间操作地面实验总体方案与关键实验装置以及空间操作的动态过程和相容性。同时地面试验可以评估航天器自主操作、人机交互的半自主操作过程的技术可行性，验证图像信息处理和航天器动力学建模、控制等关键技术。

Cyber 与地面实验系统结合下的空间操作实验验证能通过 Cyber 实验分系统将命令和行为传到并作用在物理系统中的实验模型，实现对实体和环境的期望的无间断操作和控制，从而验证航天器对空间多任务的支持能力、轨道机动能力、应急响应能力，更高效、合理地利用资源，实现协调操作等。

为了实现良好的融合操作，作为操作者对于空间环境的感知是非常重要的，通过有效感知，才能做出正确的决策，所以 Cyber 实验分系统和物理实验分系统的信息感知和交互技术非常关键，即将 Cyber 空间感知到的实验模型和环境的交互信息以及空间环境的信息，实时、真实地反馈给操作者，使操作者在这种由 Cyber 空间信息驱动虚拟动态模型而产生的虚拟环境中得到身临其境的感觉，从而有效地感知物理实验环境及控制实验模型完成复杂操作。可以看出，Cyber 空间中的模型、参数具有多传感器感知、信息融合、网络化交换等特征，在一定程度上可以看做是物理空间作动相应的闭包映射。

通过上述分析可以看出，Cyber 空间与物理空间结合下的空间操作实验验证具有以下特点。

（1）具有空间性、时态性、Cyber 性和整体性

这四者的有机结合，形成了 Cyber 空间与物理空间结合的基本特征。从应用的角度看，本质上可以用"空间多维信息与操作系统"来描述。

（2）具有多维性、动态性，必须强调数据的标准化和规范性

海量空间数据是构成"空间数据基础设施"的主要组成部分。Cyber 空间形成的"空间数据基础设施"包括空间环境数据、空间目标数据、行星数据和其他相关数据，并且这些数据在存储上是分布式的，通过"空间环境综合数据库"将其进行统一的存储与管理。

（3）具有良好的交互性

以"空间多维信息与操作系统"形式为操作者提供应用服务系统，该系统具备良好的交互性、基于三维场景的人机界面和多种数据库之间的互操作。

（4）结合的目的是面向应用

经过对数据的统一和标准化设计，Cyber 空间与物理空间的结合将以提供数据支持、Cyber/物理模型、环境预报以及应用服务系统等多种保障形式为各类空间操作提供服务，构成"空间力量"的重要组成部分。

（5）结合是综合技术的融合与集成

从开发应用的角度看，应该采用开放平台、构件技术来组建满足不同类别空间操作需求的新型空间操作支持系统。Cyber 空间与物理空间结合的相关技术种类繁多，各种技术又可能有不同规范的实现方式，开放平台以及组件化构建技术能够为这些技术的整合提供良好基础。

通过空间操作任务的操控过程与相容性以及空间位形信息的获取与特征分析技术的研究，将为空间操作及其控制提供良好的基础理论和信息支持。结合动态模拟器和三维仿真技术，研究新型的操作方式和手段，建立虚实结合的演示验证系统，完成空间操作地面

试验验证，为未来空间操作提供地面支持系统。

11.2 空间操作地面实验与 Cyber 实验的结合

复杂空间操作需要航天器向着满足多任务、高机动、自主性、全高度、应急响应等方向发展，并从技术角度牵引出了一些新的问题。空间操作地面实验和 Cyber 实验是验证相关关键技术的两种重要途径。

地面实验与 Cyber 实验结合能将操作者利用 Cyber 实验制定的命令和行为传到并作用在地面实验的实验模型上，在复杂环境下实现对实验模型无间断、自学习、自适应、自纠错的操作和控制，从而极大地提高地面实验的可信性。

为了实现地面实验与 Cyber 实验结合，作为操作者对于"空间环境"的感知是非常重要的，这里的"环境"是指混浮微重力实验系统模拟的空间力学环境。而通过有效的感知，才能做出正确的决策，所以地面实验系统和 Cyber 实验系统的信息感知和交互技术是非常关键的，即感知到的实验模型以及实验环境的信息，实时、真实地反馈给 Cyber 实验系统，使操作者在由信息驱动虚拟动态模型而产生的 Cyber 实验环境中得到身临其境的感觉，从而有效地感知实验环境并控制实验模型完成复杂的空间操作实验任务，如图 11-1

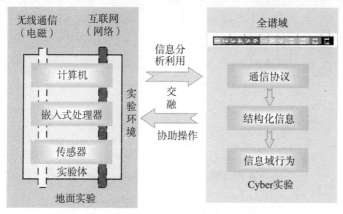

图 11-1 空间操作地面实验与 Cyber 实验的结合

所示。可以看出，Cyber 实验系统中的模型、参数具有多传感器感知、信息融合、网络化交换等特征，在一定程度上可以看做是地面实验模型作动的闭包映射。

图 11-1 中左侧地面实验是以互联网、无线通信网络分布式联接的实验模型及计算机、嵌入式处理器、控制器、传感器等。图中右侧为依靠地面实验系统而存在的 Cyber 实验系统，包括各类通信协议、结构化信息以及随之而来的信息域行为。

空间操作地面实验与 Cyber 实验结合，其实施方法大致包括以下内容（见图 11-2）。

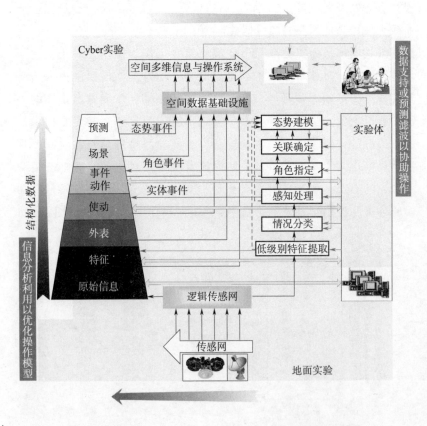

图 11-2　空间操作地面实验与 Cyber 实验结合的实施方法

　　1）依据实验模型的运动学、动力学模型、实验环境模型建立地面操作实验的虚拟动态模型。

　　2）基于计算机理解和处理方法，应用多传感器感知、信息融合、网络化交换等技术对信息进行处理，用以驱动 Cyber 实验系统中的虚拟动态模型，或者根据需要适时进行数字化分析与处理、预测与滤波。

　　3）通过驱动虚拟动态模型将实验操作信息实时、真实地反馈给 Cyber 实验系统，使操作者产生身临其境的感觉，以虚拟的方式了解变量之间、变量与参数之间以及变量与环境之间的静态和动态特性。

　　4）利用 Cyber 实验系统提供的虚拟环境对地面实验操作任务进行预演，生成的经验数据可以作为轨道规划、任务决策、效能评估的输入数据。

　　5）在实时、预演任务数据和结果分析基础上，更新、优化虚拟动态模型参数，形成模型的自组织、自优化。

　　6）操作者应用 Cyber 实验系统开展模拟空间操作，并映射于地面实验系统，驱动实验模型，形成基于 Cyber 实验系统的模拟操作闭合回路。

　　通过以上分析可以看出，由于 Cyber 实验中信息的应用，能够大大提升地面实验的可信性和有效性。

11.3　基于 Cyber 的空间操作地面实验系统总体框架

11.3.1　系统总体框架

　　基于 Cyber 的空间操作地面实验系统是空间操作地面实验与 Cyber 实验的结合，这种体系结构使用户能够尽可能地使用共享资源。这里不仅包括了数据的共享，也包括了应用的共享。地面实验系统所要做的事情只是输入命令和显示结果，而有关的一切数据处理都交给了 Cyber 实验系统去完成。

基于 Cyber 的空间操作地面实验系统软件由三部分组成：显示逻辑部分（表示层）、事务处理逻辑部分（功能层）和数据处理逻辑部分（数据层）。表示层的功能是实现与用户的交互；功能层的功能是进行具体的运算和数据的处理；数据层的功能是实现对数据库中的数据进行查询、修改、更新等，在这里还包括数据采集和实验模型控制等。将显示逻辑和事务处理逻辑均放在 Cyber 实验系统，数据处理逻辑和数据库放在服务器端。

系统利用计算机仿真技术、虚拟现实技术、网络通信技术等，构建基于 Cyber 的空间操作地面实验系统。借助工作任务分解，将复杂任务逐级分解，实现模块化任务级遥操作。借助虚拟现实技术和设备，建立三维实验模型模型，使操作者具有空间操作临场感。同时建立预测仿真模块，根据控制命令和反馈数据，实时预测并显示地面实验分系统实验模型的状态，考虑通信延时，提高地面实验可信度。系统主要的设计目标有：

1）建立友好的人机交互界面，使操作者摆脱大量点击鼠标的操作。

2）设计任务级操作模式，将复杂任务逐级分解为由基本动素组成的序列。

3）建立实验模型运动学和动力学模型、预测模型和通信时延模型，实时预测地面实验分系统实验模型的状态。

4）实现三维仿真系统，借助虚拟外设，增强操作者的临场感。

基于 Cyber 的空间操作地面实验系统框架如图 11 - 3 所示，系统可以划分为：地面实验、Cyber 实验和通信三个子系统。各部分分工协作，共同实现对实验模型的操作。

Cyber 实验系统是用户与实验系统进行交互的界面。从功能角度来看，主要包括地面实验设备状态的终端显示、控制命令及参数的输入、对命令参数和状态数据进行必要的处理以及其他操作。

通信系统作为控制的信息传输通道，进行各类控制数据的传

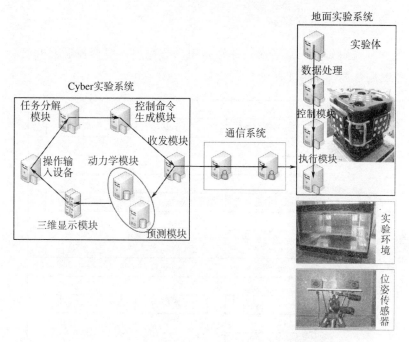

图 11-3　基于 Cyber 的空间操作地面实验系统框架图

输。传输的目的就是将现场的设备状态信息尽快地传输到 Cyber 实验系统，使操作人员通过对现场设备状态的了解，决定下一步措施（比如通过通信系统发出控制命令等）；另外还需要将 Cyber 实验系统的控制信息传输到实验模型的控制服务器，以便对设备进行控制。

地面实验系统是直接对实验模型进行监测控制的系统。主要任务是根据 Cyber 实验系统的控制数据对设备进行控制，同时监测设备的状态，并作必要的分析，再将这些状态通过传输通道反馈到 Cyber 实验分系统。现场监控系统实际是一个计算机控制系统，是以计算机为中心的集现场控制、管理、数据采集为一体的控制系统。本章就将实验模型作为基于 Cyber 的空间操作地面实验系统中的现场设备。

11.3.2　系统层次结构

系统划分为三个层次，分别是用户监控层、协调控制层和行为控制层，如图 11-4 所示。

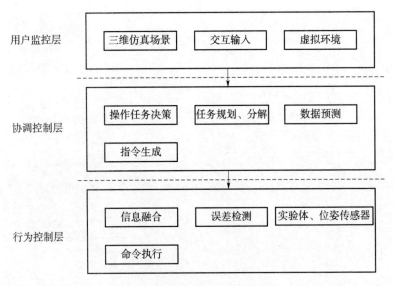

图 11-4　基于 Cyber 的空间操作地面实验系统层次结构

在用户监控层中，操作者操作实验模型，人机交互界面必须将操作者的命令传递给实验模型，通过监视以使操作者获取系统的状态信息等功能；同时操作者的反馈信息是通过三维仿真场景获得的，使操作者具有临场感。

协调控制层主要包括指令生成与解析、任务规划与分解等模块。在这一层中，复杂的任务将被逐级分解为多个简单任务，并进一步分解到基本动素，任务的完成也就变成了动素序列的实现。预测模块根据操作者的指令以及反馈的地面实验分系统实验模型的状态信息提供当前地面实验分系统实验模型状态的数据，能够在用户监控层以三维仿真模型表示。

在行为控制层中，解析后的指令被实验模型执行。

11.3.3　系统功能模块设计

系统大致上分为 Cyber 实验、地面实验和通信三个子系统。其中，地面实验子系统硬件部分在前节已做过详细介绍，软件部分主要包括指令解析模块和实验模型直接控制模块以及用户验证模块。Cyber 实验包括实验模型运动学/动力学仿真模块、预测仿真模块、三维建模模块、数据融合模块等。

11.3.3.1　Cyber 实验子系统

（1）实验模型运动学/动力学仿真模块

实验模型运动学/动力学仿真模块，针对实验模型（缩比航天器）建立刚柔耦合多体动力学模型，使用 CFD 软件对流场进行模拟，并开展流场分析、流场计算、流场预测等工作。通过 CFD 软件，分析实验模型性能，并基于性能参数建立不同流体介质环境下的实验模型运动学/动力学模型。

（2）预测仿真模块

由于时延的存在，操作者很难对实验模型进行实时控制。预测仿真就是一种减小时延对系统影响的方法。这一模块利用操作者发出的命令及传感器反馈的信息预测实验模型的状态，并以三维运动模型的方式表现出来，使操作者可以面对屏幕虚拟环境进行连续的操作。操作者对虚拟环境的实时操作等效于对实验模型的延时操作，可以减小通信时延对系统带来的不利影响。控制方式结构如图 11-5 所示。

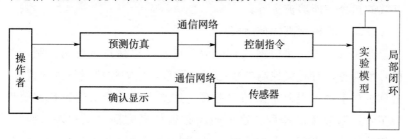

图 11-5　基于预测仿真的控制方式结构

（3）三维建模模块

构建三维仿真平台，包括构建三维环境、三维实验模型模型等内容。对于三维实验模型模型的构建，只要知道地面实验分系统实验模型的具体尺寸，就可以建立精确的物理模型，同时定义模型附属机构与实验模型三维模型附属机构保持一致。而对于三维环境，若是结构化的环境，可以采用三维软件直接建模，与真实环境保持一致，形成沉浸感的操作环境；若是非结构化的环境，则可借助摄像机反馈的信息采取增强现实的方式构建三维操作环境。将三维实验模型模型叠加到反馈环境中，形成虚实融合，在增强现实环境中实现对实验模型的控制。

（4）人机交互模块

此模块完成对实验模型的控制。利用 VR 技术给操作者提供一个由三维实验模型模型及其所处的虚拟环境构成的人机交互界面，操作者通过输入、输出设备与虚拟环境直接作用，易于理解和操作，这些操作将会生成指令序列发到地面实验分系统的服务器上。

11.3.3.2　地面实验子系统

（1）指令解析模块

指令解析模块的主要任务是指令的接收和分析，实验模型执行的任务被描绘为运动序列，程序的每个语句相当于一个实验模型动作，整个程序引导和控制实验模型完成任务。如果指令被执行后的结果是在实验模型的工作空间以外，指令将不予执行，只有正确且有效的指令才能够被执行。

（2）实验模型直接控制模块

此模块负责实验模型的直接运动控制，包括执行机构控制、电信号反馈等。有时候控制参数也存在误差，例如传感器信息的误差、运算过程中舍入误差带来的误差等，这些误差会造成理论控制效果与实际控制效果的差别。这个问题必须从多方面着手解决。例如，对传感器信息设置可信度参数，或增加传感器采集辨识精度，或多传感器信息融合等。在实验模型运动过程中，若出现超范围、超负荷运动，控制模块将以立即中断程序或切断电源的方法进行自我保护，停止实验模型的运动，同时发出出错信息，给出警报。

（3）用户验证模块

此模块负责用户访问的权限管理。为了确保实验模型工作的安全，保证用户的可信度，可以设置只有指定的 IP 才允许访问服务器，查看实验模型的运动记录和状态，避免由于网络安全的原因造成对设备的损坏。

11.3.3.3　通信子系统

使用 TCP/IP 网络协议建立通信子系统，用于 Cyber 实验分系统和地面实验分系统之间的信息传输，包括 Cyber 实验分系统向地面实验分系统传输的控制信息、地面实验分系统向 Cyber 实验分系统反馈的实验模型运动信息。使用 TCP/IP 网络协议将各种不同类型、不同规模、位于不同物理空间的物理网络联接成一个整体。

通信子系统基于 TCP 协议来完成控制信息和反馈信息的传输。具体地，控制信息是实验模型运行过程中执行机构施加的速度脉冲，反馈信息包括立体视觉系统采集的实验模型特征点坐标信息。

在网络状况不好的情况下，系统中的 Cyber 实验分系统和地面实验分系统之间的双向通信有可能会发生某一方向的停顿甚至停止。当反馈信息通信意外停顿或停止，而控制信息通信继续的时候，很容易发生误操作现象甚至出现危险状况。鉴于此，我们提出网络通信模块在控制信息的通信中添加约束，即当 Cyber 实验分系统计算机接收到地面实验分系统计算机发送来的反馈信息后才向地面实验分系统发送控制信息。反馈信息则是由地面实验分系统计算机按一定的频率向 Cyber 实验分系统计算机发送。

11.4　基于 Cyber 空间操作的地面实验模型动力学建模

为验证基于 Cyber 的空间操作地面实验系统对于空间操作任务仿真与演示的有效性与可信性，下面选用航天器多柔性舱段展开任务作为地面实验任务，开展基于 Cyber 的空间操作地面实验系统实验模型动力学建模研究。

11.4.1　坐标系定义

建模时涉及惯性坐标系、体坐标系、单元坐标系、铰坐标系等，坐标系之间通过方向余弦矩阵进行转换，给出这些坐标系的定义如下。

惯性坐标系（$OXYZ$）：基点 O 取在航天器实验模型初始构态的整体质心处，X 方向沿舱段长轴线方向，Y 方向在舱段旋转铰平面内垂直于 X 轴，Z 轴采用右手坐标系，垂直于 XOY 平面。

体坐标系（$C_i x_i y_i z_i$）：基点 C_i 在舱段 B_i 质心上的浮动坐标系，x 轴沿舱段长轴线方向背离铰 H_i，y 轴在舱段旋转铰平面内垂直于 x 轴，z 轴采用右手坐标系垂直于 xCy 平面，如图 $11-6$ 中的（a）所示。

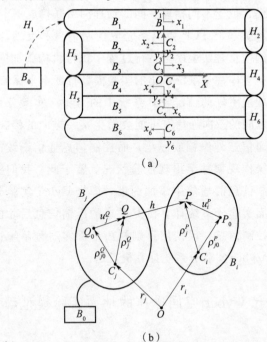

图 $11-6$　六板铰接式航天器实验模型坐标系定义

　　在描述两物体邻接关系时，定义以下坐标系。

　　图 11 - 6 中的（b）给出了六板铰接式航天器实验模型中一对邻接物体的示意图。B_0 为系统外运动已知的根物体。令 e 为按照如上定义的惯性坐标系。邻接两物体中，物体 B_j 为物体 B_i 的内接物体，即 $j = L(i)$。两物体由铰 h_i 相连，P 与 Q 分别为铰在舱段 B_i 与 B_j 上的铰点。过舱段 B_i 与 B_j 未变形前的某点（如质心 C_i 与 C_j）建立浮动坐标系 e^i 和 e^j。它们关于 e 的方向余弦阵分别记为 $\underline{A}^i$ 与 $\underline{A}^j$。铰点 P 所在的单元在未变形前处在 P_0。过 P_0 建立铰点 P 单元的当地坐标系 e^{P_0}。不失一般性，令该坐标系与 e^i 平行。此单元变形时，既移动又转动，变形后单元的坐标系记为 e^P。该坐标系关于 e^{P_0} 的方向余弦阵记为 $\underline{B}_i^P$。同样，铰点 Q 所在的单元在未变形前处在 Q_0。过 Q_0 建立铰点 Q 单元的当地坐标系 e^{Q_0}，并令该坐标系与 e^j 平行。变形后的坐标系记为 e^Q。该坐标系关于 e^{Q_0} 的方向余弦阵记为 $\underline{B}_i^Q$。过 Q 建立铰 h_i 的当地坐标系 e^{h_0}，它固结在 Q 单元上。一般情况下铰在 Q 单元上有一个固定的安装方位，故坐标系 e^{h_0} 关于 e^{Q_0} 的方向余弦阵为常值阵，现记为 $\underline{C}_i^Q$。过 P 建立铰 h_i 的动坐标系 e^h，它固结在 P 单元上。同样它在 P 单元上有一个固定的安装方位，故坐标系 e^h 关于 e^P 的方向余弦阵也为常值阵，记为 $\underline{C}_i^P$。铰坐标系 e^h 关于 e^{h_0} 的方向余弦阵记为 $\underline{D}_i^h$。综上所述，B_i 与 B_j、绝对坐标系、两物体体坐标系及其连接铰的各种铰坐标系间有图 11 - 7 所示的关系链。图中，箭头的上方或右方标记着坐标系间的方向余弦阵，其余标记着坐标系间的矢径。

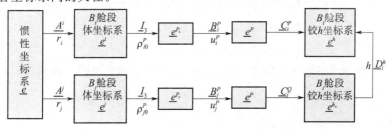

图 11 - 7　邻接舱段各参考系关系链

由图 11 - 7 不难得到 B_i 与 B_j 两物体的浮动坐标系间的方向余弦阵

$$\underline{A}^{ji} = \underline{B}_j^Q \underline{C}_j^Q \underline{D}_i^h \underline{C}_i^{PT} \underline{B}_i^{PT} \qquad (11-1)$$

铰的当地坐标系 $\underline{e}^{h_0}$ 相对于绝对坐标系方向余弦矩阵

$$\underline{A}^h = \underline{A}^j \underline{B}_j^Q \underline{C}_j^Q \qquad (11-2)$$

而 B_i 与 B_j 两物体的浮动坐标系相对于绝对坐标系方向余弦阵的递推关系为

$$\underline{A}^i = \underline{A}^j \underline{A}^{ji} \qquad (11-3)$$

11.4.2　单柔性体动力学方程

11.4.2.1　有限元模态分析

利用集中质量有限元法将变形舱段 B_i 分为 1 个等长度三维梁单元，对于任意一个三维梁单元，有两个节点，将单元质量 m_k 集中到节点上，每个节点有三个平移自由度（x_1^k　x_2^k　x_3^k）和三个转动自由度（θ_1^k　θ_2^k　θ_3^k），因此一个单元具有 12 个自由度。

根据模态截断原则选取 s 阶正则模态 $\phi_1, \cdots, \phi_s$ 描述舱段弹性变形，则由模态矢量组成的模态矢量矩阵（ϕ_1　$\cdots$　ϕ_s）可以分解为平移模态矩阵 Φ 和转动模态矩阵 Ψ，有

$$(\phi_1 \quad \cdots \quad \phi_s) = \left(\frac{\Phi}{\Psi}\right) \qquad (11-4)$$

通过模态解耦得到模态截断后的单元刚度阵、质量阵和阻尼阵为

$$\begin{cases} K_a = (\phi_1^T \quad \cdots \quad \phi_s^T)^T K^e (\phi_1 \quad \cdots \quad \phi_s) \\ M_a = (\phi_1^T \quad \cdots \quad \phi_s^T)^T M^e (\phi_1 \quad \cdots \quad \phi_s) \\ C_a = 2\zeta M_a (\omega_1 \quad \cdots \quad \omega_s) \end{cases} \qquad (11-5)$$

其中 ζ 是系统的阻尼系数，$\omega_1, \cdots, \omega_s$ 是选取的 s 阶正则模态对应的系统固有频率。

11.4.2.2　运动学关系

根据模态叠加原理可知，对于第 k 个单元节点，该节点的平移

变形 u^k 可以通过正交模态叠加获得，有

$$u^k = \overline{\Phi}^k \underline{a} \tag{11-6}$$

式（11-6）中的 Φ^k 与 a 分别是单元 k 的平移模态矩阵和 B_i 的模态坐标。假设保留了 s 阶模态，则

$$\Phi^k = (\phi_1 \quad \cdots \quad \phi_s)$$

$$a^k = (a_1 \quad \cdots \quad a_s)^\mathrm{T} \tag{11-7}$$

统一用上标"′"表示相对于当地坐标系（即 B_i 浮动体坐标系）的矢量坐标阵，无上标表示相对于绝对坐标系的矢量坐标阵。根据坐标系的定义，则存在如下关系

$$\underline{\Phi}_i^k = \underline{A}^i \underline{\Phi}_i^{\prime k} \tag{11-8}$$

对于第 k 个单元节点，仍旧利用图 11-6 中的（b）图，此时定义 k 节点相对于物体 B_i 质心 C_i 的矢径为 ρ_i^k，未变形时的矢径为 ρ_{i0}^k，质心 C_i 与节点 k 的绝对矢径记为 r_i 和 r_i^k。易知节点 k 的相对矢径与变形有 $\rho_i^k = \rho_{i0}^k + u_i^k$；绝对矢径与相对矢径有 $r_i^k = r_i + \rho_i^k$，可得绝对矢径、速度与加速度在绝对参考基的坐标关系式

$$\begin{cases} \underline{r}_i^k = \underline{r}_i + \underline{\rho}_{i0}^k + \underline{\Phi}^k \underline{a} \\ \underline{\dot{r}}_i^k = \underline{B}^k \underline{v} \\ \underline{\ddot{r}}_i^k = \underline{B}^k \underline{\bar{v}} + \underline{\bar{\omega}}^k \end{cases} \tag{11-9}$$

其中

$$\begin{cases} \underline{B}^k = (\underline{I}_3 \quad -\tilde{\underline{\rho}}^k \quad \underline{\Phi}^k) \in R^{3\times(6+s)} \\ \underline{\bar{\omega}}^k = 2\tilde{\underline{\omega}}\,\underline{\Phi}^k \underline{\dot{a}} + \tilde{\underline{\omega}}\tilde{\underline{\omega}}\underline{\rho}^k \in R^{3\times1} \\ \underline{v} = (\underline{\dot{r}}^\mathrm{T} \quad \underline{\omega}^\mathrm{T} \quad \underline{\dot{a}}^\mathrm{T})^\mathrm{T} \in R^{(6+s)\times1} \end{cases} \tag{11-10}$$

11.4.2.3　单舱段动力学方程

根据速度变分原理，物体 B_i 的速度变分形式的动力学方程为

$$\delta v^\mathrm{T}(-\underline{M}\dot{v} - \underline{\omega} + \underline{f}^O - \underline{f}^u) = 0 \tag{11-11}$$

其中 $\underline{M}$ 表示舱段的广义质量阵，$\underline{\omega}$ 是广义惯性力阵，广义外力阵

$$\underline{f}^o = \sum_{k=1}^{l} \underline{B}^{k\mathrm{T}} \underline{F}^k \in \underline{R}^{(6+s)\times1}，\text{广义变形力阵 } \underline{f}^u = [0^\mathrm{T} \quad 0^\mathrm{T} \quad (\underline{C}_a \underline{\dot{a}} + \underline{K}_a$$

$\underline{a})^{\mathrm{T}}] \in \underline{R}^{(6+s)\times 1}$。

广义质量阵

$$\underline{M} = \sum_{k=1}^{l} m^k \, \underline{B}^{k\mathrm{T}} \, \underline{B}^k = \begin{pmatrix} \underline{M}_{11} & \underline{M}_{12} & \underline{M}_{13} \\ \underline{M}_{21} & \underline{M}_{22} & \underline{M}_{23} \\ \underline{M}_{31} & \underline{M}_{32} & \underline{M}_{33} \end{pmatrix} \in \underline{R}^{(6+s)\times(6+s)} \quad (11-12)$$

其中

$$\begin{cases} \underline{M}_{11} = m \, \underline{I}_3 \\[2mm] \underline{M}_{12} = -\underline{A}\Big(\sum_{k=1}^{n} m^k \, \tilde{\varrho}'^k\Big) \underline{A}^{\mathrm{T}} = \underline{M}_{21} \\[2mm] \underline{M}_{13} = A \sum_{k=1}^{n} m^k \, \underline{\Phi}'^k = \underline{M}_{31} \\[2mm] \underline{M}_{22} = -A\Big(\sum_{k=1}^{n} m^k \, \tilde{\varrho}'^k \, \tilde{\varrho}'^k\Big) A^{\mathrm{T}} \\[2mm] \underline{M}_{23} = A \sum_{k=1}^{n} m^k \, \tilde{\varrho}'^k \, \underline{\Phi}'^k = \underline{M}_{32} \\[2mm] \underline{M}_{33} = \sum_{k=1}^{n} m^k \, \underline{\Phi}'^{k\mathrm{T}} \, \underline{\Phi}'^k \end{cases} \quad (11-13)$$

广义惯性力阵

$$\bar{\omega} = \sum_{k=1}^{l} m^k \, \underline{B}^{k\mathrm{T}} \, \underline{\omega}^k = [\tilde{\underline{\omega}}_1^{\mathrm{T}} \quad \tilde{\underline{\omega}}_2^{\mathrm{T}} \quad \tilde{\underline{\omega}}_3^{\mathrm{T}}]^{\mathrm{T}} \in \underline{R}^{(6+s)\times 1} \quad (11-14)$$

其中

$$\underline{\bar{\omega}}_1 = 2 \, \tilde{\underline{\omega}} \, \underline{A} \sum_{i=1}^{n} m^k \, \underline{\Phi}'^k \, \dot{\underline{a}} + \tilde{\underline{\omega}} \, \tilde{\underline{\omega}} \, \underline{A} \sum_{k=1}^{n} m^k \, \tilde{\underline{\varrho}}'^k$$

$$\bar{\omega}_2 = -2 \, \underline{A}\Big(\sum_{k=1}^{n} m^k \, \tilde{\varrho}'^k \, \tilde{\underline{\Phi}}'^k\Big) \underline{A}^{\mathrm{T}} \dot{a} \, \underline{\omega} + \tilde{\underline{\omega}} \, \underline{M}_{22} \, \underline{\omega}$$

$$\underline{\bar{\omega}}_3 = 2 \sum_{i=1}^{n} m^k \begin{bmatrix} \tilde{\phi}'^k_1 \phi'^k_1 & \cdots & \tilde{\phi}'^k_1 \phi'^k_s \\ \vdots & & \vdots \\ \tilde{\phi}'^k_s \phi'^k_1 & \cdots & \tilde{\phi}'^k_s \phi'^k_s \end{bmatrix} \underline{A}^{\mathrm{T}} \dot{a} \, \underline{\omega} + \underline{\omega}^{\mathrm{T}} A \sum_{k=1}^{n} m^k \, \tilde{\varrho}'^k \begin{bmatrix} \tilde{\phi}'^k_1 \\ \vdots \\ \tilde{\phi}'^k_s \end{bmatrix} \underline{A}^{\mathrm{T}} \, \underline{\omega}$$

$$(11-15)$$

　　为了保证计算效率，可以采用一定的变换，得到某些常值阵，这些常值阵可以在前处理模块中预先算出，在之后的计算中调用这些常值阵来表示广义质量阵、广义惯性力阵、广义外力阵以及广义变形力阵

$$
\begin{cases}
\underline{\gamma}^{(1)} = \sum_{k=1}^{l} m^k \, \tilde{\underline{\rho}}\,'^k_0 \in R^{3\times1} \\[2ex]
\underline{\gamma}^{(2)} = \sum_{k=1}^{l} m^k \, \underline{\phi}\,'^k_j \in R^{3\times1} \\[2ex]
\underline{\gamma}^{(3)}_j = \sum_{k=1}^{l} m^k \, \tilde{\underline{\rho}}\,'^k_0 \, \underline{\phi}\,'^k_j \in R^{3\times1} \\[2ex]
\underline{\gamma}^{(4)}_{ij} = \sum_{k=1}^{l} m^k \, \tilde{\underline{\phi}}\,'^k_i \, \underline{\phi}\,'^k_j \in R^{3\times1}
\end{cases}
\tag{11-16}
$$

$$
\begin{cases}
\underline{\Gamma}^{(1)} = \sum_{k=1}^{l} m^k \, \tilde{\underline{\rho}}\,'^k_0 \, \tilde{\underline{\rho}}\,'^k_0 \in R^{3\times3} \\[2ex]
\underline{\Gamma}^{(2)}_j = \sum_{k=1}^{l} m^k \, \tilde{\underline{\rho}}\,'^k_0 \, \tilde{\underline{\phi}}\,'^k_j \in R^{3\times3} \\[2ex]
\underline{\Gamma}^{(2)T}_j = \sum_{k=1}^{l} m^k \, \tilde{\underline{\phi}}\,'^k_j \, \tilde{\underline{\rho}}\,'^k_0 \in R^{3\times3} \\[2ex]
\underline{\Gamma}^{(3)}_{ij} = \sum_{k=1}^{l} m^k \, \tilde{\underline{\phi}}\,'^k_i \, \tilde{\underline{\phi}}\,'^k_j \in R^{3\times3}
\end{cases}
\tag{11-17}
$$

$$
\underline{\alpha}_{ij} = \sum_{k=1}^{l} m^k \, \underline{\phi}\,'^{k\mathrm{T}}_i \, \underline{\phi}\,'^k_j \in R^{1\times1}
\tag{11-18}
$$

定义

$$
\begin{cases}
\underline{\gamma}^{(5)}_j(a) = \underline{\gamma}^{(3)}_j + \sum_{i=1}^{s} \underline{\gamma}^{(4)}_{ij} a_i \\[2ex]
\underline{\Gamma}^{(4)}_j(a) = \underline{\Gamma}^{(2)}_j + \sum_{i=1}^{s} \underline{\Gamma}^{(3)}_{ij} a_i \\[2ex]
\underline{\Gamma}^{(5)}_j(a) = \underline{\Gamma}^{(2)T}_j + \underline{\Gamma}^{(4)}_j(a)
\end{cases}
\tag{11-19}
$$

则广义质量阵变为

$$\begin{cases} \underline{M}_{11} = m\,\underline{I}_3 \\ \underline{M}_{12} = -\underline{A}(\tilde{\gamma}^{(1)} + \tilde{\gamma}^{(2)}a)\,\underline{A}^{\mathrm{T}} = \underline{M}_{21} \\ \underline{M}_{13} = \underline{A}\,\gamma^{(2)} = \underline{M}_{31} \\ \underline{M}_{22} = -\underline{A}(\underline{\Gamma}^{(1)} + \underline{\Gamma}^{(5)}a)\,\underline{A}^{\mathrm{T}} \\ \underline{M}_{23} = \underline{A}\,\gamma^{(5)} = \underline{M}_{32} \\ \underline{M}_{33} = \underline{\alpha} \end{cases} \tag{11-20}$$

广义惯性力阵为

$$\begin{cases} \underline{\omega}_1 = 2\,\tilde{\underline{\omega}}\,\underline{A}\,\gamma^{(2)}\dot{a} + \tilde{\underline{\omega}}\tilde{\underline{\omega}}\,A(\gamma^{(1)} + \gamma^{(2)}a) \\ \underline{\omega}_2 = -2\,\underline{A}\,\underline{\Gamma}^{(4)}\dot{a}\,\underline{A}^{\mathrm{T}}\,\underline{\omega} + \tilde{\underline{\omega}}\,\underline{M}_{22}\,\underline{\omega} \\ \underline{\omega}_3 = 2 \begin{bmatrix} \sum\limits_{i=1}^{n} \gamma_{i1}^{(4)\mathrm{T}}\dot{a} \\ \sum\limits_{i=1}^{n} \gamma_{is}^{(4)\mathrm{T}}\dot{a} \end{bmatrix} \underline{A}^{\mathrm{T}}\,\underline{\omega} + \underline{\omega}^{\mathrm{T}}\,A \begin{bmatrix} \underline{\Gamma}_1^{(4)} \\ \underline{\Gamma}_s^{(4)} \end{bmatrix} \underline{A}^{\mathrm{T}}\,\underline{\omega} \end{cases} \tag{11-21}$$

11.4.3　舱段邻接递推关系

由图 11-6（b）可知，根据内接物体 B_j 可以递推得到 B_i 的运动学参量

$$\begin{cases} \underline{r}_i = \underline{r}_j + \underline{\varrho}_i^P + \underline{h}_i - \underline{\varrho}_j^Q \\ \underline{\omega}_i = \underline{\omega}_j + \underline{\omega}_{rj}^Q + \underline{\omega}_{ri} - \underline{\omega}_{ri}^P \\ \quad = \underline{\omega}_j + \underline{\psi}_j^Q\dot{a}_j + \underline{H}_i^{\Omega\mathrm{T}}\dot{q}_i - \underline{\psi}_i^P\dot{a}_i \end{cases} \tag{11-22}$$

令

$$v_a = (\dot{\underline{r}}^{\mathrm{T}} \quad \underline{\omega}^{\mathrm{T}} \quad \dot{\underline{a}}^{\mathrm{T}})_a^{\mathrm{T}},\ (\alpha = i,j)\ ,\ y_i = (\underline{q}^{\mathrm{T}} \quad \underline{a}^{\mathrm{T}})_i^{\mathrm{T}}\ ,$$

对上式求导，可得

$$\begin{cases} \underline{v}_i = \underline{T}_{ij}\,\underline{v}_j + \underline{U}_i\,\dot{\underline{y}}_i \\ \dot{\underline{v}}_i = \underline{T}_{ij}\,\dot{\underline{v}}_j + \underline{U}_i\,\ddot{\underline{y}}_i + \underline{\beta}_i \end{cases} \tag{11-23}$$

式中

$$\underline{T}_{ij} = \begin{pmatrix} \underline{I}_3 & -\tilde{\rho}_j^Q - \tilde{h}_i + \tilde{\rho}_i^P & \Phi_j^Q - \tilde{h}_i \Psi_j^Q + \tilde{\rho}_i^P \Psi_j^Q \\ \underline{0} & \underline{I}_3 & \Psi_j^Q \\ \underline{0} & \underline{0} & \underline{0} \end{pmatrix} \quad (11-24)$$

$$\underline{U}_i = \begin{pmatrix} \underline{H}_i^{hT} + \tilde{\rho}_i^P \underline{H}_i^{\Omega T} & -\Phi_i^P - \tilde{\rho}_i^P \Psi_i^P \\ \underline{H}_i^{\Omega T} & \Psi_i^P \\ \underline{0} & \underline{I}_s \end{pmatrix} \quad (11-25)$$

$$\begin{cases} \beta_i = (\beta_{i1}^T \quad \beta_{i2}^T \quad \underline{0}^T)^T \\ \beta_{i1} = \tilde{\omega}_j \tilde{\omega}_j \rho_j^Q + \tilde{\omega}_j^Q \tilde{\omega}_j^Q h_i - \tilde{\omega}_i \tilde{\omega}_i \rho_i^P + \\ \quad 2(\tilde{\omega}_j \underline{v}_{rj}^Q + \tilde{\omega}_j^Q \underline{v}_{ri} - \tilde{\omega}_i \underline{v}_{ri}^P) - \tilde{h}_i \tilde{\omega}_j \tilde{\omega}_{rj}^Q + \tilde{\rho}_i^P \tilde{\beta}_{i2} \\ \beta_{i2} = \tilde{\omega}_j \tilde{\omega}_{rj}^Q + \tilde{\omega}_j^Q \tilde{\omega}_{ri} - \tilde{\omega}_i \tilde{\omega}_{rj}^P + \eta_i \end{cases} \quad (11-26)$$

根据邻接舱段的递推关系，可以将任意舱段 B_i 的 v_i 写成根物体绝对速度与广义坐标的函数

$$\begin{cases} \underline{v}_i = \underline{G}_{i0} \underline{v}_0 + \sum_{\substack{k:B_k \leqslant B_i \\ k \neq 0}} \underline{G}_{ik} \dot{y}_k \quad (i=1,\cdots,N) \\ \dot{\underline{v}}_i = \underline{G}_{i0} \dot{\underline{v}}_0 + \sum_{\substack{k:B_k \leqslant B_i \\ k \neq 0}} (\underline{G}_{ik} \ddot{y}_k + g_{ik}) \quad (i=1,\cdots,N) \end{cases}$$

$$(11-27)$$

其中

$$\underline{G}_{ik} = \begin{cases} \underline{T}_{ij} \overline{G}_{jk} & \text{当 } B_k < B_i \\ \underline{U}_i & \text{当 } B_k = B_i \\ \underline{0} & \text{当 } B_k > B_i \end{cases} \quad (11-28)$$

$$g_{ik} = \begin{cases} \underline{T}_{ij} g_{jk} & \text{当 } B_k < B_i \\ \beta_i & \text{当 } B_k = B_i \\ \underline{0} & \text{当 } B_k > B_i \end{cases} \quad (11-29)$$

$$\underline{G}_{i0} = \underline{T}_{ij} \underline{G}_{j0} \quad (11-30)$$

根据定义，令 $B_k > B_i$ 时，$\underline{G}_{ik} = \underline{0}$，则当且仅当矩阵 $\underline{G}_{ik}$ 中的 k 为航天器内接物体矩阵 L 中的第 i 列的非零元素时，$\underline{G}_{ik}$ 有非零值，

其余 $\underline{G}_{ik}$ 全为 $\underline{0}$ 。

11. 4. 4　实验模型系统动力学方程

根据速度变分形式的动力学方程及虚功率原理，可得微分形式的系统动力学方程

$$\underline{Z}\ddot{\underline{y}} = \underline{z} + \underline{f}^y \tag{11-31}$$

其中

$$\begin{cases} \underline{Z} = \underline{G}^{\mathrm{T}}\,\underline{M}\,\underline{G} = \sum_{i=1}^{N} \underline{Z}_{kl}^{i} \\[2mm] \underline{z} = \underline{G}^{\mathrm{T}}(\underline{f}^y - \underline{M}\,\underline{g}\,\underline{1}_N - \underline{M}\,\underline{G}_0\,\overline{\underline{v}}_0) = \sum_{i=1}^{N} \underline{z}_{kl}^{i} \\[2mm] \underline{f}^y = -\underline{\omega} + \underline{f}^o - \underline{f}^u \end{cases} \tag{11-32}$$

根据 $\underline{G}_{ik}$ 的非零定义，可知

$$\underline{Z}_{kl}^{i} = \begin{cases} \underline{G}_{ik}^{\mathrm{T}}\,\underline{M}_i\,\underline{G}_{il} & \text{当 } B_k \text{、} B_l \text{ 均在 } B_i \text{ 内接通路上} \\ \underline{0} & \text{当 } B_k \text{ 或 } B_l \text{ 不在 } B_i \text{ 内接通路上} \end{cases}$$

$$\underline{z}_{kl}^{i} = \begin{cases} \underline{G}_{ik}^{\mathrm{T}}(\underline{f}_i - \underline{M}_i \displaystyle\sum_{l; B_l \leqslant B_i} \underline{g}_{il} - \underline{M}_i\,\underline{G}_{i0}\,\dot{\underline{v}}_0) & \text{当 } B_k \text{、} B_l \text{ 均在 } B_i \text{ 内接通路上} \\ \underline{0} & \text{当 } B_k \text{ 或 } B_l \text{ 不在 } B_i \text{ 内接通路上} \end{cases}$$

$$\tag{11-33}$$

因此可以在递推过程中利用内接物体矩阵 L 作为循环控制变量，计算 $\underline{G}_{ik}\,\underline{g}_{ik}\,\underline{Z}_{kl}^{i}\,\underline{z}_{kl}^{i}$ 时可以只计算非零项，从而减少循环次数以减小计算工作量。

11.5　基于Cyber的空间操作地面实验系统动力学预测建模

11.5.1　动态贝叶斯网络推理模型

借助动态贝叶斯网络构建了姿轨动力学预测模型，其实质是后验概率推理的过程。Pearl 于 1988 年提供了在问题域中期望的因果

关系下推理数据集合的最佳解释的一个计算模型——贝叶斯网络。它放松了完全贝叶斯模型的许多限制条件，并展示了域中数据怎么划分和推理。

贝叶斯网络是表示某一领域变量集合概率关系的有向无环图（DAG），图中的节点代表随机变量，有向弧表示节点之间存在因果关系。网络的拓扑结构包含了特定领域的定性知识，而条件概率表具体量化了节点间的因果关系。

贝叶斯网络的推理模式包括：

1）因果推理。由原因推理结果发生的概率。

2）诊断推理。由结果推理起因的概率。

3）混合推理。包括因果和诊断推理。

利用贝叶斯网络完成不确定性推理的主要优点如下：贝叶斯网络的概率估计以概率论为数学基础；贝叶斯网络的结构反映了某一领域变量之间的因果关系；支持多种推理模式。

基于 Cyber 的空间操作地面实验系统的姿轨动力学预测本质上是一个利用动态贝叶斯网络进行后验概率推理的过程。该过程包括两个层次的推理：第一层是共享控制模式推理，即通过场境感知子系统获得操作所处的子任务，然后确定操作采用的共享控制模式，该推理过程中的隐状态变量和观测变量都是离散值；第二层是包括人机控制权限自适应切换、末端操作方式自适应选择、人机智能权值自适应分配的推理过程，以人机智能权值自适应分配过程为例，该过程利用通信状况测量软件获得时延和丢包数据，并以此确定人机智能权值分配，该过程的输入变量是第一层的观测变量，而隐状态和观测变量都是连续值。图 11 - 8 为在 T 个时间片内的 DBN。本章约定离散变量为方框，连续变量为圆圈；隐变量为浅色，观测变量为深色。

共享控制模式推理实际上是确定条件概率 $P(s_{t+1} \mid U_0^t, Y_0^t)$ 的过程，而人机智能权值推理则是求解条件概率 $P(x_{t+1} \mid U_0^t, Y_0^t)$ 的过程。由图 11 - 8 可知，共享控制模式和任务所处阶段是离散变量，人机

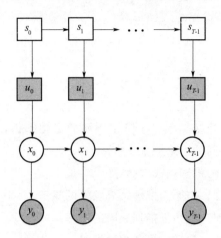

图 11 - 8　在 T 个时间片内的 DBN

智能权值和时延丢包数据是连续变量，其中任务所处阶段和时延丢包数据是可观测变量。显然，图 11 - 8 的 DBN 推理模型是一个既包含离散变量又包含连续变量的分层混合状态系统，是由隐马尔科夫模型 HMM 和基于 KFM 的线性动态系统紧密耦合而成的，其推理过程不能简单地通过单独应用 HMM 或 KFM 推理求解。另外，对于混合状态的 DBN 推理，精确推理往往很难操作，通常只能采用近似推理算法。

11.5.2　动态贝叶斯网络推理

一个动态贝叶斯网络可以定义为 $(B_0, B_{\rightarrow})$，其中 B_0 是一个标准贝叶斯网络，定义了初始时刻的概率分布 $P(Z_0)$，$B_{\rightarrow}$ 是一个包含两个时间片的贝叶斯网络，定义了两个相邻时间片的各变量之间的条件分布，即

$$P(Z_t \mid Z_{t-1}) = \prod_{i=1}^{N} P(Z_t^i \mid \pi(Z_t^i)) \tag{11-34}$$

其中 Z_t^i 是位于时间 t 时的节点 i，$\pi(Z_t^i)$ 是 Z_t^i 的父节点。$B_{\rightarrow}$ 中前一个时间片中的节点可以不给出参数，第二个时间片中的每个节点

都有一个条件概率分布 $P(Z_t^i \mid \pi(Z_t^i))$，$t > 0$。节点 Z_t^i 的父节点 $\pi(Z_t^i)$ 可以在同一时间片内，也可以在前一时间片内。位于同一时间片内的边可以理解为瞬时作用，而跨越时间片的边可以理解为时变作用，反映了时间的流逝。

动态贝叶斯网络包含了两个假设：1) 一阶马尔科夫性，即各节点之间的边或者位于同一时间片内，或者位于相邻时间片之间，不能跨越时间片；2) 时齐性或齐次性，即 $B_\rightarrow$ 中的参数不随时间变化。根据初始分布和相邻分布之间的条件分布，可以将动态贝叶斯网络展开到第 $T-1$ 个时间片，结果得到一个跨越多个时间片的联合概率分布，即

$$P(Z_{0:T-1}) = \prod_{t=0}^{T-1} \prod_{i=1}^{N} P(Z_t^i \mid \pi(Z_t^i)) \qquad (11-35)$$

动态贝叶斯网络推理的目的是计算概率分布 $P(X_t^i \mid Y_0^\tau)$。其中，当 $t = \tau$ 时为滤波过程；当 $t > \tau$ 时是预测过程；当 $t < \tau$ 时是平滑过程。动态贝叶斯网络推理的一个有效方法是前向/后向算法（Forward-Backward Algortithm，FBA）。FBA 通过两个步骤完成推理过程：即将概率先向前向（时间轴方向）传播，然后再向后向传播。

（1）前向传播

令 $\alpha_t(x_t)$ 为前向概率分布，是到 t 时刻为止的所有观测变量和 t 时刻的状态变量的联合概率分布

$$\alpha_t(x_t) = P(Y_0^t, x_t) \qquad (11-36)$$

根据动态贝叶斯网络的一般拓扑结构，易知

$$\begin{cases} \alpha_{t+1}(x_{t+1}) = P(y_{t+1} \mid x_{t+1}) \sum_{x_t} P(x_{t+1} \mid x_t) \alpha_t(x_t) \\ \alpha_0(x_0) = P(x_0) \end{cases} \qquad (11-37)$$

（2）后向传播

令 $\beta_t(x_t)$ 为后向概率分布，是在时刻 t 的状态条件下从 $t+1$ 到 $T-1$ 时刻为止的所有观测变量的条件概率分布

$$\beta_t(x_t) = P(Y_{t+1}^{T-1} \mid x_t) \qquad (11-38)$$

根据上面定义，下面的迭代关系成立

$$\begin{cases} \beta_{t-1}(x_{t-1}) = \sum_{x_t} \beta_t(x_t) P(x_t \mid x_{t-1}) P(y_t \mid x_t) \\ \beta_{T-1}(x_{T-1}) = 1 \end{cases}$$ (11-39)

定义前、后向概率分布传播后，可以根据过去的观测数据来预测隐状态和观测变量。其中一步预测可以表示为推理问题 $P(x_{t+1} \mid Y_0^t)$ 或 $P(y_{t+1} \mid Y_0^t)$

$$\begin{cases} P(x_{t+1} \mid Y_0^t) = \dfrac{\sum_{x_t} P(x_{t+1} \mid x_t) \alpha_t(x_t)}{\sum_{x_t} \alpha_t(x_t)} \\ P(y_{t+1} \mid Y_0^t) = \dfrac{\sum_{x_{t+1}} \alpha_{t+1}(x_{t+1})}{\sum_{x_t} \alpha_t(x_t)} \end{cases}$$ (11-40)

相对于考虑上面的概率分布函数，预测推理问题更方便的表达方式是将其表示为数学期望或最大似然估计形式

$$\begin{cases} \langle x_{t+1,t} \rangle = E[x_{t+1} \mid Y_0^t] \\ x_{t+1,tML} = \arg \max_{x_{t+1}} P(x_{t+1} \mid Y_0^t) \\ \langle y_{t+1,t} \rangle = E[y_{t+1} \mid Y_0^t] \\ y_{t+1,tML} = \arg \max_{y_{t+1}} P(y_{t+1} \mid Y_0^t) \end{cases}$$ (11-41)

$\langle \cdot \rangle$ 表示取数学期望。同理，可以导出动态贝叶斯网络的平滑推理过程

$$\gamma_t(x_t) = P(x_t \mid Y_0^{T-1}) = \frac{\alpha_t(x_t)\beta_t(x_t)}{\sum_{x_t} \alpha_t(x_t)\beta_t(x_t)}$$ (11-42)

$\gamma_t(x_t)$ 是平滑算子，其中一阶平滑过程定义为

$\xi_{k,k-1}(x_t, x_{t-1}) = P(x_t, x_{t-1} \mid Y_0^{T-1})$

$$= \frac{\alpha_{t-1}(x_{t-1}) P(x_t \mid x_{t-1}) P(y_t \mid x_t) \beta_t(x_t)}{\sum_{x_t} \alpha_t(x_t)\beta_t(x_t)}$$ (11-43)

11.6　系统中的时延分析

基于 Cyber 的任务级空间操作地面实验系统中，操作者面对 Cyber 实验系统的虚拟场景进行操作，此时执行的是一种"预操作"，即 Cyber 实验系统中的虚拟实验模型的位姿运动先于地面实验系统中的真实实验模型，Cyber 实验系统中的虚拟实验模型与地面实验系统中的真实实验模型是两个相互独立的系统，虚拟场景并不能反应当前真实实验模型运动的状态。在这种执行"预操作"的实验系统中，要求虚拟仿真环境模型要相当准确，这样虚拟场景才能最大限度地反映真实工作场景。而实际中建立完全准确的模型比较困难，虚拟模型与真实的工作场景总会存在误差，这就会造成真实实验模型实际工作状态与视觉反馈不一致的情况，难以保证系统工作的准确度。

Cyber 实验系统与地面实验系统的视觉图像结合可以提高视觉反馈的准确度。这种系统采用图形叠加技术，将工作现场图像与虚拟仿真环境图像相叠加，用以提高视觉反馈的真实度。但是网络通信的数据量会有很大程度的增加，势必会增大系统的时延。

Cyber 实验分系统与地面实验分系统之间通过 Internet 进行信息交互。操作者通过 Cyber 实验分系统向地面实验分系统发送控制信息，并依据反馈信息对工作现场进行监控和管理，在此基础上更正操作，以发出正确的控制指令。操作者完成正确操作的前提是该系统的控制信息和反馈信息能够及时、准确地在网络通信模块中传输。

11.6.1　影响网络时延的因素

影响网络时延的因素很多，主要有传输距离、路由策略、网络状况以及软件等因素。

（1）传输距离

数据包在两台计算机之间传输时，要经过一系列的结点，各结点之间的互联通过 TCP/IP 协议实现，数据传输过程如图 11 - 9 所示。

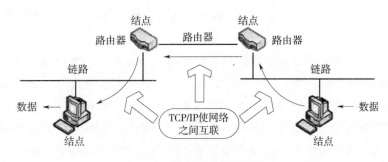

图 11 - 9　数据传输过程示意图

每个结点要处理来自不同数据源的数据包，对数据包进行排队，并把它们路由到离目的地最近的结点。如果一个结点超载，将丢掉一些进来的数据包或把它路由到一个负载少一些的结点。这样，就在数据流中引入了不可预测的延迟。数据传输距离越长，数据经过的结点越多，时延也就越大。

（2）路由策略

路由策略决定了数据在网络中的传输路径，路径不同，所经过的结点也不同，因此时延是一个随机量。当数据分组到达路由器和交换机时，路由器和交换机会把分组按照收到的顺序存放到分组的队列中，等候发送。当分组到达的速率大于分组处理的速率时，输入队列会变得越来越长。同样地，当分组离开的速率小于分组处理的速率时，输出队列会变得越来越长。输入与输出速度不一致时总有一方是等待的，数据传输速度取决于传输速度较慢的那一方，这样也会造成时延。

（3）网络状况

网络状况取决于网络的负载能力以及当前网络负载的大小。如果网络上的负载超过了网络的容量，在网络中就可能发生拥塞现象。拥塞现象有可能是瞬间，也有可能持续一段时间，主要取决网络超载的持续时间。当发生拥塞现象时，网络通信的时延和吞吐量都会受到影响。时延、吞吐量、网络负载之间的关系如图 11 - 10 所示。

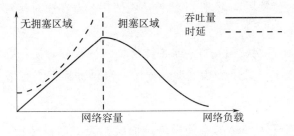

图 11 - 10　拥塞时参数关系示意图

当网络负载远小于网络容量时，时延为最小值。当负载接近网络容量时，由于网络中出现拥塞，路由器和交换机队列时延会增大，整个数据传输的时延急剧增大。当负载继续增大时，队列就会继续增长，时延就会继续增大。当一个分组推迟到达目标点时，发送点由于接收不到确认就会重传分组，这又加剧了时延和拥塞。

（4）软件因素

网络时延的大小与网络通信协议的选择有很大关系，在 TCP/IP 协议族中，TCP 协议与 UDP 协议是最常用的传输层协议。在以 TCP 作为传输协议的通信中，TCP 协议对所传输数据的检验、确认以及超时重传机制是造成时延的主要原因。在通信过程中，TCP 通过检验、确认以及超时这三个工具来进行差错控制。每一个报文段都包含检验和字段，用来检查受到损伤的报文段。若报文段受到损伤，就由终点报文段将其丢弃，并认为此报文段丢失。确认工具用来确认收到报文段。当接收端收到报文段后，就向发送端发送确认报文段，以此避免不必要的重传。超时工具用来实现数据报的重传。在数据传输过程中，当传输一个数据段时，发送端会设置一个计时器，接收端接收到数据后会发送一个应答信号，若在发送端接到应答信号之前，计时时间已到，则认为数据段已丢失，发送端会重传该数据。TCP 协议还有保证数据完整性功能 ，如果接收到数据出现错误，接收端会向发送端发出请求，请求重发一份数据拷贝。由于多种原因还会导致到达目的端的报文乱序，这时目的端的 TCP 会缓存接收到的数据段，通过 TCP 首部中的序列号完成对接收数据段的重新排序。

UDP 传输层使用端口号来创建进程到进程的通信，它没有流量控制机制，在收到分组时也没有确认，它只是提供了有限的差错控制，故通信时延较小。

11.6.2　基于 Cyber 的空间操作地面实验系统时延分析

系统时延由三部分组成：Cyber 实验分系统时延 T_c、网络通信时延 T_n 和地面实验分系统时延 T_s，其分布如图 11-11 所示。

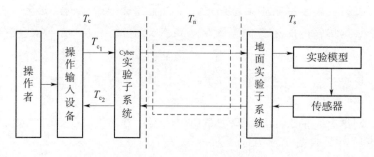

图 11-11　系统时延分析

（1）Cyber 实验子系统时延 T_c

Cyber 实验子系统时延 T_c 具体包括 Cyber 实验子系统输入设备输入姿轨机动参数的采样时延 T_{c_1} 以及实验模型的位姿信息经 Cyber 实验子系统主控机传输给 Cyber 实验子系统三维建模计算机并呈献给操作者的时延 T_{c_2}，此时延与实验系统的硬件有关。

（2）地面实验子系统时延 T_s

地面实验子系统时延 T_s 包括实验模型的指令执行时延 T_{s_1}、采样时延 T_{s_2} 以及仿真加入星地通信模拟时延 T_{s_3}。地面实验子系统接受来自 Cyber 实验子系统的数据包后，将其中的位姿控制信息与位姿传感器量测量比较运算，得位移偏差信号后通过 D/A 卡转换传输实验模型，以控制实验模型的运动，这个过程产生的时延为指令执行时延；位姿传感器不断采集实验模型位姿信息，并通过 A/D 转换后传输给地面实验子系统计算机，这个过程产生的时延为地面实验子系统采样时延，此时延与实验系统的硬件有关。星地通信模拟时延 T_{s_3} 是本系统为使地面实验更具可信度而设置的仿真模块。为此，在分析星地通信时延的主要影响因素基础上，开展了星地通信时延模拟、星地视频和指令数据传输方式等方面的研究，完成了星地视频和指令数据传输的模拟系统开发。

（3）网络时延 T_n

网络时延 T_n 包括 Cyber 实验分系统计算机向地面实验分系统计算机发送控制信息的发送时延 T_{n_1} 和 Cyber 实验分系统计算机接收端计算机反馈信息的接收时延 T_{n_2}。发送时延和接收时延都是网络时延，其产生原理都是一样的，所不同的就是它们在不同的数据传输过程下产生，由于数据量和传输协议有可能不同，两个时延大小是不同的。

11.6.3　星地视频和指令数据传输模拟

星地之间的视频、指令数据通信与通常的基于 TCP/IP 协议的网络数据通信有着很大的差别。首先，卫星到地球表面较长的距离，使得在地面站和卫星之间存在一个较长的通信时延。其次，卫星与地面站之间的通信环境、方式等因素，导致信道的带宽和通信的质量与有线网络通信存在较大差异。最后，结合视频、指令数据与星地传输的特性，选择恰当的通信协议模拟星地视频和指令数据的传输。

在星地视频和指令数据传输模拟模块中，可重点模拟星地通信中长时延、窄带宽的特性。

通信时延解决程度关系着任务完成的质量和效率。为了更好模拟空间操作中视频和指令数据传输，降低时延对操作的影响，需要分析星地通信的延时特性。

11.6.4 星地视频和指令数据传输方式

由于星地通信的环境、方式等因素的特殊性，导致星地通信的带宽比较窄，而且通信误比特率较高。为了模拟星地通信的窄带宽、高误比特率的特征，结合视频数据和指令数据的特点，采用 H263 编码压缩视频数据，UDP 和 TCP 两种协议分别传输视频数据和控制命令数据（见图 11-12）。

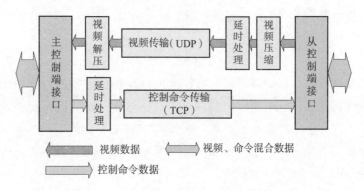

图 11-12 采用 UDP 和 TCP 两种协议传输视频和控制命令数据

在空间操作中，为了获得最新的远程场景，视频数据在传输过程中允许丢帧。并且，当在主控制端口（即地面站）出现视频数据累积的情况，允许丢弃冗余的数据。因此，采用 UDP 协议模拟星地视频数据传输。此外，为了保证控制命令的可靠传输，模拟星地通信链路中的长时延、窄带宽的特性，采用 TCP 协议传送控制命令。

11.6.5 影响星地通信时延的主要因素

星地通信时延主要与卫星距离地面站之间的距离、信号传播速率相关。此外，大气的温度、电离层等自然因素也会对星地通信时延产生一定的影响。

（1）星地距离分析

如图 11 - 13 所示，航天器具有椭圆形轨道，地心（地球球心）O 是该椭圆的一个焦点，航天器以速度 V 运动过程中，单位时间内地心 O 与航天器 S 的连线所扫过的面积（以轨道弧线为界）相等。

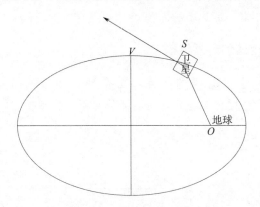

图 11 - 13　航天器轨道原理图

OS 为地心与航天器之间的距离，称为轨道半径，可用地球半径 R_e 与航天器到星下点（航天器－地心连线与地面的交点）的距离 h 之和来表示。对于椭圆轨道，$h = (h_{max} + h_{min})/2$，称为平均高度。显然，轨道半径等于椭圆轨道的半长轴（$h + R_e$）。计算空间操作的延时，只需要考虑航天器到星下点之间的距离（h）即可。

一般航天器轨道主要分为低轨、中轨和静止轨道三类。LEO 轨道航天器高度范围为 $500 \sim 1\,500$ km，MEO 的轨道高度约为 $10\,000 \sim 20\,000$ km，GEO 轨道高度为 $35\,786$ km。

由于航天器与地面站之间距离在 h_{max} 和 h_{min} 间变化，因此导致延时也会周期性变化。

（2）信号传播速率

航天器通信信号以电磁波的形式在空间中传播，速率近似于光速 $C = 3 \times 10^8$ m/s。

（3）自然因素的影响

对星地通信影响较大的自然因素主要包括大气层的温度和电离层。地面上空 $50 \sim 1\,000$ km 区域称为电离层，该层内的大气分子在太阳紫外线和高能粒子辐射作用下发生电离，产生大量自由电子和正离子。这些带电粒子的存在会减缓无线电波的传播速度，从而产生相对于真空中传播的额外传播时延。此外，大气的温度也会对星地通信时延产生一定的影响。

11.6.6　星地通信时延模拟

针对星地通信时延的特点，需要制定相应的解决方案。图11-14以视频数据传输为例，说明通信时延的处理技术。

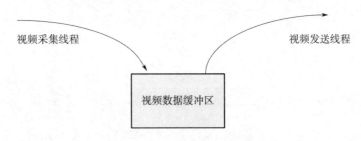

图 11 - 14　星地通信时延处理图

首先，创建视频数据缓冲区，用于存放已采集的视频数据。然后，创建视频采集线程和视频发送线程。视频采集线程将采集到的视频数据送到视频数据缓冲区中，而视频发送线程从缓冲区中读取视频数据，根据系统设置的星地通信时延，休眠一段时间后，将视频数据发送出去。视频采集线程和视频发送线程之间通过信号量的方式实现数据缓冲区的互斥访问。

11.7　Cyber 环境建模技术研究

Cyber 实验系统中的虚拟仿真模块是基于实时可视化三维建模软件 Multigen-Creator 软件建立的，通过这种可视化仿真场景，可以使操作者实时地观察到实验模型的工作状态，从而控制实验模型执行空间操作任务。

　　可视化仿真技术是建立一个尽可能与真实的被仿真系统相近的模型，然后通过分析运行该模型以达到对现实的一种模拟技术。它通过获取的各种数据和结果实现三维空间信息的可视化，也称为"视景仿真"。可视化仿真具有实时交互性，主要应用于模拟训练系统、三维游戏及各种场景的展示中。

　　基于 Cyber 的空间操作地面实验系统中应用的 Multigen-Creator 软件是 Multigen-Paradigm 公司专门针对可视化仿真行业的应用特点而开发的实时可视化三维建模软件系统，它采用独特的 OpenFlight 层次化数据结构，具有很高的实时渲染效率，能够满足模型的实时渲染要求。

参 考 文 献

[1] Stamma S, Motaghedib P. Orbital express capture system: concept to reality [J]. Proceedings of SP IE, 2004, 5419: 78 - 91.

[2] Shoemaker J, Wright M. Orbital express space operations architecture program [J]. Proceedings of SP IE, 2004, 5419: 57 - 65.

[3] Hastings L J, Tucker S P, Flachbart R H, et al. Mar—shall space flight center in—space cryogenic fluid management program overview [C]. 41st AIAA/ ASME/ SAE/ASEE Joint Propulsion Conference & Exhibit , July10—13, 2005.

[4] Howell J T. In-space cryogenic propellant depot potential commercial and exploration application [C]. 2006 J a pan2U. S. Science, Technology & Space Applications Program (JUSTSAP), Kohala Coast, Hawaii, Novem ber 12216, 2006.

[5] A. Casals, J. Fernandez and J. Amat. Augmentedreality to assist teleoperation working with reduced visual conditions. Proceedings of the 2002 IEEE international conference on robotics&Automation, Washington, DC, 2002: 235 - 240.

[6] Bejczy A, W Kim, S Venema. The phantom robot: Predictive display for teleoperation with time delay. In IEEE International Conference on Robotics and Automation, 1990: 546 - 551.

[7] Waltz D M. On-orbit servicing of space systems [M]. Florida: Krieger Publishing Company, 1993.